„Das Leben kann viel schöner sein“

Die 50er Jahre im Kieler Schaufenster

Veröffentlichungen
des Schleswig-Holsteinischen Freilichtmuseums
herausgegeben von Hermann Heidrich
Band 3

Sonderveröffentlichungen
der Gesellschaft für Kieler Stadtgeschichte
herausgegeben von Jürgen Jensen
Band 53

„Das Leben kann viel schöner sein“

Die 50er Jahre im Kieler Schaufenster

herausgegeben von
Hermann Heidrich und Ulrike Looft-Gaude

Begleitband zur gleichnamigen Sonderausstellung
im Schleswig-Holsteinischen Freilichtmuseum
vom 21.5.2006 bis 31.10.2006

Redaktion und Gestaltung: Ulrike Looft-Gaude
Redaktionelle Mitarbeit: Sigune Kussek, Astrid Paulsen
Umschlagentwurf: Hermann Heidrich
Umschlagbild: Schaufenster bei Karstadt, Kiel
Gesamtherstellung: G+D Grafik + Druck, Kiel
ISBN 3-9807490-5-3
Printed in Germany 2006
Verlag Schleswig-Holsteinisches Freilichtmuseum, Molfsee bei Kiel

Inhalt

Die Autoren:

U. L.-G.	Ulrike Looft-Gaude
S. K.	Sigune Kussek
A. P.	Astrid Paulsen
D. G.	Daniela Großke
M. J.	Maj-Britt Jönsson
H. K.	Hanna Kaps
C. R.	Christine Reh
M. S.	Malte Steins
F. S.	Franziska Stoll

Einleitung

Die 50er Jahre sind in vielerlei Hinsicht ein spannendes und langes Jahrzehnt, ein Jahrzehnt des Übergangs. Einerseits geprägt von Armut, Entbehrung und den existentiellen Problemen der Nachkriegszeit werden die Jahre im Westen Deutschlands auch durch Aufbruchsstimmung und ein neu entdecktes Selbstwertgefühl bestimmt. Kultur, Freizeit und Konsum formieren sich neu; der ökonomische Aufschwung trägt zur Lösung drängender, sozialer Probleme bei. Im Bereich der Sachkultur sind die 50er Jahre eine kreative Zeit mit einer eigenen Ästhetik.

Eine entmotivierte, frustierte und perspektivenlose Gesellschaft, der der Nationalsozialismus Militarismus und Intoleranz auch im Innern und Privaten verordnet hatte, haben wir in den unmittelbaren Nachkriegsjahren vor uns. Eine neue politische Klasse, teilweise identisch mit der alten, sollte ein besiegtes und kleiner gewordenes Land in eine neue Zukunft führen, von der viele keine rechten Vorstellungen haben. Zu groß ist die Verunsicherung über den eigenen Platz in der Welt, die noch lange bestehen bleibt. Zu sehr ist die Bevölkerung von einem kollektiven Schock erfasst angesichts der nationalsozialistischen Unmenschlichkeit und Gewaltherrschaft, die viele im ganzen Ausmaß erst jetzt erkennen können. Und zu vage sind die Vorstellungen von dem, was westliche Demokratie bedeutet, welche die Siegermächte verordnen.

Doch die Konsumgesellschaft formiert sich – dank alliierter Gunst und dank Arbeitswillen und Fleiß der deutschen Bevölkerung. Wohlstandsträume und Wohlstandssymbole steigen aus den Ruinen empor. Der Marshallplan pumpt Geld in dieses Land, das so grundlegend zerstört ist; eine Währungsreform führt die Deutsche Mark ein, die Stabilität verheißt – und einlöst. Wirtschaftswachstum und eine Vermehrung des privaten Konsums sind die Folgen. Der lang anhaltende wirtschaftliche Aufschwung wird bereits von Zeitgenossen als „Wirtschaftswunder" bezeichnet und trägt obsessive Züge – heute wissen wir, dass die Wohlstandsphase ab den 50er Jahren eine Ausnahmezeit ist.

Heute ahnen wir, dass während dieses Jahrzehnts die Menschen in den Glauben an einen stetig wachsenden Wohlstand eingeübt werden.

Der Wohlstand berührt nicht alle gleich, aber er leuchtet am Horizont. Die Löhne steigen im Verhältnis zu den Lebenshaltungskosten und die Arbeitslosigkeit sinkt. Vollbeschäftigung heißt das damals. Wirtschaftsminister Ludwig Erhard ist die Symbolfigur für Massenkonsum und Marktwirtschaft, die man harmonisch als sozial bezeichnet. „Wohlstand für alle" heißt das Ziel – er kommt in Wellen daher. Zunächst das Essen – an die so genannte Fresswelle erinnert man sich noch heute und auch an den Wohlstandsbauch, dann die Kleidung, dann Möbel und Haushaltsgeräte. In den späten 50er und verstärkt in den 60er Jahren folgen Automobil, Reisen und Wohnungen.

Es geht den Menschen besser als vorher; dadurch entsteht Motivation und entstehen Perspektiven, die Folge ist aber auch ein Rückzug ins Private und in den Konsum. Eine notwendige Aufarbeitung der eigenen Vergangenheit bleibt aus, die Gründe für den Nationalsozialismus werden kaum breit diskutiert, eher verdrängt, die Mehrzahl der bundesdeutschen Bevölkerung ist unfähig zu trauern (Mitscherlich).

Werte werden in Ernstfällen gelernt. Als die Ruinen beseitigt und die Städte wieder aufgebaut werden, spürt man Solidarität. Die „Trümmerfrauen" sind Symbol für Aufbauwillen und Überlebenskraft. Sie schleppen Steine, ziehen Wagen und Loren für 60 bis 70 Pfennige in der Stunde und für größere Lebensmittelrationen. Später übernehmen das Geschäft Baufirmen, doch zunächst verrichten Frauen diese Schwerstarbeit, denn die Männer sind noch in Gefangenschaft oder der Krieg hat sie getötet. Heute baut man das Leben auf Entlastung, in den 50er Jahren auf Belastung auf.

Groß sind die Probleme angesichts der Zerstörung von 4,8 Millionen Wohnungen. Um die Not zu lindern, errichten die Militärregierungen Barackendörfer oder stellen, wie in der britischen Besatzungszone, „Nissenhütten" auf, Provisiorien aus Wellblech. Und es wird gebaut: ein unglaublicher Bauboom erfasst die Städte, teilweise ohne Gesamtkonzept. Im Ganzen geht es um Quantität und Schnelligkeit, denn der Bedarf muss schnell befriedigt werden. Drei Millionen Wohnungen sind so innerhalb von 15 Jahren entstanden, und die vielen Billigbauten tragen zum schlechten Image der Architektur der 50er Jahre bei, das nicht allgemein gerechtfertig ist. Denn es gibt auch kühne und wegweisende Entwürfe und auch stadtplanerische Ideen, die in die Zukunft weisen, wie die Schaffung von Grünzonen, die Integration des Autoverkehrs oder die Anlage von Fußgängerzonen, deren erste in Kiel entsteht.

Verschärft wird die Wohnungsnot durch den Zustrom von rund 12 Millionen Flüchtlingen, die oft mit wenig Habseligkeiten in ihre neue Heimat kommen. Den höchsten Flüchtlingsanteil an der Wohnbevölkerung haben Schleswig-Holstein, Niedersachsen und Bayern. Mit 860.000 aus ihrer Heimat vertriebenen Menschen steigt die Einwohnerzahl Schleswig-Holsteins um ein Drittel! Dadurch gerät die eigene Kultur in vielen Regionen durcheinander, denn die fremde Kultur bringt andere Mentalitäten, andere kulturelle Ausdrucksformen, andere Nahrungsgewohnheiten mit. Das geht nicht ohne Konflikte, aber die Integration der Millionen ist geglückt und sie ist eine der herausragenden gesellschaftlichen Leistungen der Nachkriegszeit.

Die Integrationstoleranz der deutschen Bevölkerung wird ab 1955 und verstärkt ab den 60er Jahren ein weiteres Mal auf dem Prüfstand stehen. Anwerbeverträge zunächst mit Mittelmeerländern bringen ausländische Arbeitnehmer ins Land, die man „Gastarbeiter" nennt, weil sie nach ihrem Arbeitsaufenthalt in das Herkunftsland zurückkehren sollen. Mit befristeten Verträgen arbeiten sie insbesondere in Bauwirtschaft, Bergwerk und Industrie und wohnen oft unter schlechten Bedingungen in Baracken und Sammelunterkünften. Sie bilden den Bodensatz in einer „nivellierten Mittelstandsgesellschaft" (Schelsky) und arbeiten mit am Wirtschaftswunder. 1960 liegt der Ausländeranteil an der Wohnbevölkerung in Deutschland erst bei 1,2 %; 1964 wird der millionste Gastarbeiter in Köln begrüßt und mit einem Moped beschenkt. Die Wirtschaft braucht die Menschen, doch die Vorurteile gegen Ausländer blühen.

Fremdheitserlebnisse ganz anderer Art empfinden die besiegten Menschen unmittelbar nach Kriegsende, als sie in Kontakt mit den Angehörigen der alliierten Streitkräfte kommen, besonders mit den kaugummikauenden, zigarettenrauchenden amerikanischen Soldaten. Die lässige Körperhaltung und die lockeren, ungezwungenen Gebärden stehen im deutlichen Gegensatz zur Disziplin und Steifheit der deutschen Wehrmachtsangehörigen, die man als Gegenbild kennt. Dieser Kulturtransfer im Bereich des Alltäglichen wird Auswirkungen zeigen. Und anders als in den 20er Jahren, als amerikanisches Lebensgefühl (mit Charleston, Slowfox und Shimmy) in den pulsierenden deutschen Metropolen rezipiert wird, geht es jetzt in die gesellschaftliche Breite. Amerika wird zum großen Bruder Westdeutschlands, die entstehenden Amerikahäuser dienen der Vermittlung amerikanischer Demokratie und Kultur. Das ist ein unumkehrbarer Prozess, der in den 50er Jahren große Breitenwirkung entfaltet und auch von Kritik begleitet wird. Aber die Faszination angloamerikanischer Populärmusik, Mode und Unterhaltungsfilme ist mächtig, zu mächtig besonders für eine junge Generation, der glaubhafte und verlässliche Werte abhanden gekommen sind. Bürgerliche Tugenden wie Disziplin, Gehorsam und Ehre, wozu sich die vorherige Generation verpflichtet fühlt, bleiben in den 50er Jahren nicht mehr ohne Widerspruch. Eine suchende Jugend findet keine Antworten auf die Frage, wie alles geschehen konnte, findet kaum Vorbilder in der nahen Vergangenheit. Sie übt sich ein im Ungehorsam. Widerspruch gegen einen gesellschaftlichen Wertekonsens wird in den 50er Jahren denkbar; in den 60er Jahren bricht er auf.

Die Politik der 50er Jahre ist konservativ und gediegen. Konrad Adenauer, der „Wundergreis" (Haffner), macht keine Experimente. Er führt das Land in die soziale Marktwirtschaft und leitet die Westintegration ein, er söhnt sich mit dem „Erbfeind Frankreich" aus und setzt die Wiederbewaffnung durch. Er ist schlau, pragmatisch und reduzierend im Stil, und sein patriarchalischer Fürsorgehabitus wird von der Mehrzahl akzeptiert. Dass er 1955 in Verhandlungen mit der Sowjetunion die Freilassung der Kriegsgefangenen erreicht, macht ihn beliebt, dass er den Nationalsozialismus eher vergisst und verdrängt, macht ihn angenehm. Ein rosenzüchtender Rheinländer im provinziellen Bonn als provisorischer Hauptstadt irritiert nicht.

Restaurativ ist die Familien- und Frauenpolitik der Adenauer-Ära, in der das Rollenverständnis der 30er und 40er Jahre fortgeführt wird. Besonders die Familienpolitik des strengen Katholiken Franz Josef Wuermeling – von 1953 bis 1962 der erste Familienminister – ist in Erinnerung. Die Phase der unmittelbaren Nachkriegsjahre, als sich Frauen in traditionelle Männerberufe einüben können und müssen, ist rasch vorüber. Die Kriegsheimkehrer nehmen ihre Plätze und ihre Rolle als Ernährer ein, patriarchalische Strukturen dominieren wieder. Erst nach langer Diskussion kommt es zur Aufnahme des Gleichberechtigungsgrundsatzes in das Grundgesetz der Bundesrepublik Deutschland. Gleichwohl ist seit 1945 ein steter Abbau historischer Männlichkeitsmerkmale zu beobachten.

Die Mehrzahl der Menschen der 50er Jahre jedoch träumt sich in das Glück hinein und erliegt den Verlockungen der Konsumangebote und den Illusionen der Werbung. Postmoderne Werte wie das Streben nach Freizeit und nach Vergnügen sind in den 50er Jahren angelegt, doch der Weg dorthin ist weit. Wie nie zuvor häufen sich Medien in einer Fülle und Konzentration – Rundfunk, Zeitungen und Illustrierte, Film und Schallplatte –, die Botschaften verbreiten. Filme und Schlager handeln von Heimweh und Fernweh, vom Wannsee und den Alpen, von Italien und der Südsee; die Werbung von Schönheit und Mode, von Möbel und Kühlschrank, von Auto und Waschmaschine, von Nylons und Nyltest. Es ist eine frohe Werbe- und Medienwelt, doch es könnte alles noch viel schöner sein. Denn nicht jeder kann sich alles leisten: Reisen ins Ausland bleiben für viele zunächst ein Traum – aber: ist es zuhause nicht ohnehin am schönsten – und Waschmaschinen kosten mehrere Monatsgehälter. Da bringt der Ratenkauf oftmals Abhilfe.

Glücksträume und Konsumangebote zeigen sich besonders in den Tempeln des Konsums, den Kaufhäusern, und dort insbesondere bei der Schaufensterwerbung und -gestaltung. Dort ist alles, was man haben kann, ausgestellt. Die Schaufensterdekorationen bieten einen repräsentativen Einblick in die Konsum- und Alltagsgeschichte der

50er Jahre, über Wohnungseinrichtung, neue elektrische Geräte, Gläser und Geschirr, Wäsche, Kleidung, Spielzeug u.a.m. Zum Vorschein kommen auch die hinter den Objekten liegenden Einstellungen und Bilder vom neuen Wohlstand und vom modernen Alltagsleben. Facetten dieser Geschichte sollen in diesem Buch und der begleitenden Ausstellung verfolgt werden.

Dieses Buch- und Ausstellungsprojekt ist wesentlich umfangreicher geworden, als ursprünglich geplant. Ausgangspunkt war ein Kontakt mit der Sammlerin Conny Landsberger, die uns mit einem Konvolut historischer Fotografien von dekorierten Schaufenstern des Karstadt-Kaufhauses am Alten Markt in Kiel aus der Zeit von 1956 bis 1962 und mit ihrer 50er-Jahre-Sammlung konfrontiert hat. Besonders die aussagekräftigen Schaufensterfotografien, die alles zeigen, was die Kieler Bevölkerung in den 50er Jahren bestaunen und kaufen konnte, hat uns überzeugt, eine Ausstellung über diese Zeit unter diesem etwas anderen Blickwinkel zu wagen. Wir danken Frau Landsberger sehr herzlich, dass sie uns viele ihrer Sammlungsstücke als Leihgaben zur Verfügung gestellt hat.
Weitere Leihgaben stammen aus den Beständen des Volkskundemuseums am Hesterberg, der Familie Lehmhaus aus Molfsee und anderer Privatpersonen. Allen gilt unser herzlicher Dank.

An der konkreten Vorbereitung und Realisierung haben viele mitgewirkt und vielen ist zu danken, allen voran Ulrike Looft-Gaude. Sie hat die Hauptlast der Buchbearbeitung, der Objektrecherche und der Ausstellungsvorbereitung übernommen und von ihr stammen auch die meisten Beiträge in diesem Buch. Am Katalog mitgearbeitet haben weiterhin Sigune Kussek mit einem Beitrag über Lampen und „Richtig Waschen – keine Kunst!" sowie Astrid Paulsen zum Thema „Urlaub". Beide haben auch die redaktionelle Arbeit und den Ausstellungsaufbau unterstützt.

Ein wichtiger Teil des Buches und auch der Ausstellung ist durch die Zusammenarbeit mit der Christian-Albrechts-Universität zu Kiel zustande gekommen. Beteiligt war eine Gruppe von Studierenden (Daniela Großke, Maj-Britt Jönsson, Hanna Kaps, Christine Reh, Malte Steins und Franziska Stoll), die im Rahmen eines Hauptseminars zur Kultur der 50er Jahre am Seminar für Europäische Ethnologie/Volkskunde zeitaufwendige Befragungen von Zeitzeugen durchgeführt haben. Ihr Beitrag „Wie Kieler die 50er Jahre erlebten. Aufbruchsgefühle und Realitätserfahrungen von Zeitzeugen" schildert deren subjektive Eindrücke und Erinnerungen an die 50er Jahre in Kiel und ist ein spannendes Dokument. Den Studierenden sei für ihr großes Engagement, das die Mitarbeit an einem Seminar bei weitem übersteigt, allen Zeitzeugen, die anonym bleiben müssen, für ihre Bereitschaft, an dem Projekt mitzuwirken und auch private Fotografien zur Verfügung zu stellen, ganz herzlich gedankt. In dem Zusammenhang danken wir auch der Leitung der Altstadtresidenz in Kiel, die den Kontakt zu einigen Gewährspersonen ermöglicht hat.

Danken möchten wir schließlich auch der Karstadt AG, Kiel, besonders Herrn Wolfgang Jacob, für die freundliche Zusammenarbeit und die finanzielle Unterstützung. Nicht zuletzt danken wir Jürgen Jensen für seine Bereitschaft, unser Buch zusätzlich in die Schriftenreihe der Gesellschaft für Kieler Stadtgeschichte aufzunehmen.

Hermann Heidrich

Konsum und Kaufhaus

Warenangebot und Kaufverhalten
Konsum in den 50er Jahren

Nach dem Ende des Zweiten Weltkriegs lag die deutsche Wirtschaft vollkommen am Boden. Es gab keine geregelten Arbeitsverhältnisse, keine regelmäßigen Löhne und fast nichts zu kaufen. Erich Kästner beschrieb diesen Zustand 1948 so: „Es war einmal ein Land, in dem gab es keine Zündhölzer. Und keine Sicherheitsnadeln. Und keine Stecknadeln. Und kein Garn zum Stopfen und keine Seide und keinen Zwirn zum Nähen. Und kein Seifenpulver. Und kein Endchen Gummiband weit und breit, und schmales auch nicht."[1]

Die Währungsreform

Zu Beginn des Jahres 1947 wurde der amerikanisch besetzte Teil Deutschlands mit dem englischen, zu dem auch Schleswig-Holstein gehörte, zur „Bizone", einem „Vereinigten Wirtschaftsgebiet", zusammengeschlossen. Zwei Jahre nach Kriegsende gab es in Deutschland zwar immer noch die Reichsmark, aber ihre Kaufkraft war nur noch gering, denn der nationalsozialistische Staat hatte sich vollkommen verschuldet und dabei zu viel Geld in Umlauf gebracht.
Im April 1948 beschloss der amerikanische Kongress das Hilfsprogramm „European Recovery Program", das bei uns unter dem Namen des amerikanischen Außenministers George C. Marshall bekannt wurde. Es sah einerseits Lieferungen von Lebensmitteln und Rohstoffen sowie das Bereitstellen von Krediten vor, verfolgte aber andererseits das Ziel, – wenn auch unter Einschränkungen eine eigene deutsche Wirtschaftsentwicklung zu fördern, weil die Bevölkerung wieder in die Lage versetzt werden sollte, sich selbst zu versorgen und zu verwalten. In diesem Zusammenhang wurde eine Währungsreform beschlossen und der Termin für die Einführung der neuen „Deutschen Mark" auf den 20. Juni 1948 festgelegt.
Zur Einführung erhielten alle Einwohner 40 DM und im August noch einmal zusätzlich 20 DM. Außerdem wurden die alten Reichsmarkguthaben, soweit noch welche vorhan-

den waren, im Verhältnis 100 RM zu 6,50 DM umgetauscht. Und in den Regalen der Geschäfte lag tatsächlich wieder fast alles, was vorher nicht zu bekommen war. Die Händler hatten von dem Moment an, als der Beschluss einer Währungsreform bekannt war, so viel Ware wie möglich für den „Tag X" gehortet. Der zuständige Wirtschaftsrat der Bizone erließ zwar im März 1948 noch ein „Enthortungsgesetz", um das Zurückhalten von Waren zu unterbinden, aber schon im April ließ Ludwig Erhard, damals Direktor der Verwaltung für Wirtschaft, verbreiten, dass niemand dagegen vorgehen würde. Er wollte so sicherstellen, dass bei Einführung der „DM" auch genügend Waren vorhanden sein würden, um den Handel in Gang zu bringen.
Von dem vorhandenen Geld konnte sich allerdings kaum jemand die Waren leisten. Vor allem Flüchtlingsfamilien und alle, die im Krieg ausgebombt worden waren, mussten mit fast Nichts beginnen und beispielsweise erst einmal Kochtöpfe kaufen. Für sie war das Auskommen extrem knapp.
Im Rückblick markierte die Währungsreform jedoch einen radikalen Wendepunkt in der wirtschaftlichen Situation jedes Einzelnen. Lutz Niethammer fasst diese Einschätzung nach einer Befragung von Zeitzeugen so zusammen: „... (jetzt) erscheint ihnen dieses Erlebnis, obwohl es unmittelbar für sie persönlich durchaus Unterschiedliches bedeutete und viele sich betrogen fühlten, wie der Mythos vom Ursprung des goldenen Zeitalters."[2]
Die meisten Menschen lebten auch 1949 und 1950 noch „von der Hand in den Mund", selbst wenn sie Arbeit hatten, weil ihre Löhne kaum für die Lebenshaltungskosten reichten. Das durchschnittliche Nettoeinkommen eines Arbeiters betrug zu dieser Zeit im Monat 212 DM.[3] Der Karnevalsschlager von 1949 konnte sich deshalb auch zum dauerhaften musikalischen Hit entwickeln, denn sein Text traf genau ins Schwarze: „Wer soll das bezahlen, wer hat das bestellt? Wer hat soviel Pinkepinke, wer hat soviel Geld?"
Generell ging es mit dem Beginn der 1950er Jahre aber für fast alle langsam bergauf. Die Hungerjahre waren vorbei, die Städte wieder aufgeräumt von Schutt und Trümmern. Wer irgendwie konnte, begann, sich ein gemütliches Heim zu schaffen, und viele junge Menschen planten, endlich zu heiraten und eine Familie zu gründen.

rechte Seite oben:
Trauung im alten Kieler Standesamt am Kleinen Kiel, Käthe und Erich L., November 1949

rechte Seite unten:
kirchliche Trauung in der Kieler Pauluskirche am Niemannsweg, Ehepaar L., 1949;
beide Priv.-Bes.

unten:
Werbung in der Kieler Ausgabe des Hausbuchs, 1950;
Priv.-Bes.

Familiengründungen in Kiel

Nicht nur in Kiel wurde jungen Paaren zur standesamtlichen Eheschließung das 1950 erschienene „Hausbuch für die deutsche Familie" überreicht – als Ratgeber für wichtige Fragen, die zu Beginn einer Ehe auftauchten.[4]
In die Kieler Ausgabe war zusätzlich Werbung von damals bekannten Kieler Einzelhandelsgeschäften eingebunden, von denen heute leider nur noch wenige existieren. So warb zum Beispiel Meislahn um die jungen Paare als Kunden mit „Meine Spezialität: Brautausstattungen". Betten-Schmitz hatte außer Betten auch „über 100 Kinderwagen und Sportkarren stets auf Lager!" Und im Knooper Weg gab es die, von einer Frau geleitete, „Erste Kieler Kinderwagenzentrale", die auch Puppenwagen und Spielsachen im Angebot hatte.[5]
Grundsätzlich war die Ansprache in den Werbeanzeigen sehr höflich, nicht nur das Modehaus Hartung schrieb, es „bittet um ihren Besuch!" Die Konsum Genossenschaft warb um Mitglieder unter der immer noch um ihr tägliches Auskommen besorgten Kundschaft mit dem beruhigenden Slogan: „Wie die Familie für das Kind, so sorgt die Genossenschaft für die Familie."
Betten Reimers in der Holtenauer Straße versicherte den potentiellen künftigen Kunden: „... wir ... widmen dem kleinsten wie dem größten Auftrag das gleiche Interesse", um möglichen Hemmungen junger Paare vorzubeugen, die keine finanziellen Mittel hatten, alles neu zu kaufen, denn auch „auf dem Gebiet der Bettfedern-Reinigung können wir uns als führend bezeichnen."
Fast alle versicherten, gute Qualität für wenig Geld zu bieten. Bei Arthur Rümmeli hieß es: „Mit guten Schuhen, welche preiswert sind, bemühe ich mich, ihr Vertrauen zu gewinnen." „Auswahl, Qualität und Preis werden Sie überraschen!" versprach das Möbelhaus C.F. Dela, und das Teppichhaus Holm im

Sophienblatt lockte: „unsere günstigen Preise ermöglichen es Ihnen auch, wieder die ersten Groschen in die Sparbüchse zu tun."
Eine Finanzierungsmöglichkeit, die 1950 noch wenig genutzt wurde, in den folgenden Jahren aber eine immer größere Rolle spielte, war der Ratenkauf. So wies auch die Firma für „Radio-Anlagen" Paul Griese in der Möllingstraße darauf hin, dass „günstige Teilzahlungen!" möglich wären. Zunächst einmal versuchten die Deutschen jedoch, ihre Anschaffungen durch Sparen zu bewältigen. Familien liehen sich Geld bei den Großeltern, und Lohnvorauszahlungen waren ebenfalls nicht unüblich. Einer Umfrage nach hatten 1952 in den letzten Wochen vor Weihnachten jedoch immerhin schon 22 % der befragten Haushalte etwas auf Raten angeschafft.[6] Zehn Jahre später sprachen sich laut Umfrage des DIVO-Instituts immer noch 29 % der damals Befragten gegen Kreditkäufe aus.[7]
Dabei propagierte der deutsche Wirtschaftsminister, Ludwig Erhard, wiederholt öffentlich die positive Wirkung jeder Verbrauchssteigerung für die gesamte Wirtschafts-

Frau und junges Mädchen mit Sportkarre und Kinderwagen, Kiel, ca. 1955; Priv.-Bes.

entwicklung, und dazu gehörte zweifellos auch der Ratenkauf. Er bemühte sich, den zu Sparsamkeit erzogenen Deutschen die Gewissensbisse in dieser Hinsicht zu nehmen. Denn der Kreditkauf ermögliche dem Einzelnen eine Wohlstandsverbesserung und steigere gleichzeitig die Nachfrage, was wiederum zu mehr Arbeitsplätzen und höheren Verdiensten führen würde.

Das reale wirtschaftliche Wachstum in den 1950er Jahren ist unter anderem an den Einkommenssteigerungen abzulesen: von 1950 bis 1954 wuchs das durchschnittliche Arbeitnehmereinkommen in Deutschland mit 40 % am stärksten an, bis zum Jahr 1963 hatte es sich dann gegenüber 1950 verdoppelt.[8]

Davon mussten neben den Lebenshaltungskosten in den ersten Jahren des Jahrzehnts vor allem Möbel und Haushaltsgegenstände angeschafft werden, die entweder durch den Krieg verloren gegangen oder zur Ausstattung eines neuen Familienhaushalts unerlässlich waren. Die Ausgaben hierfür kletterten bis 1960 sogar auf das Dreifache. Erst langsam nahmen in der ersten Jahrzehnthälfte die Ausgaben für elektrotechnische Geräte zu. Die Aufwendungen für Kleidung verdoppelten sich im Laufe des Jahrzehnts und stiegen auch im Verhältnis zu den Gesamtkosten von 13,6 auf 15,4 %, die Kosten für die Wohnung blieben im Verhältnis zum Gesamtverdienst dagegen konstant bei 9 %.[9]

Überdurchschnittliche Steigerungen gab es bei den Stromkosten – neben den zahlreich angeschafften neuen Geräten schlug hier vor allem die Umstellung auf Strom betriebene Herde zu Buch.[10]

Werbung im Hausbuch 1950, o. S.

Anmerkungen:

1 Zit. nach Krüger 1986, S. 15
2 Zit. nach Wildt 1996, S. 33
3 Ebd., S. 63
4 Hausbuch 1950
5 Ebd., alle ohne Seitenangabe
6 Wildt 1996, S. 67
7 Ebd., S. 67
8 Ebd., S. 63
9 Ebd., S. 70
10 Ebd.

Literatur:

Delille/Grohn 1985
Hausbuch 1950

Die Entwicklung des Kaufhauses

Schon im Mittelalter gab es in Städten „Kaufhäuser" oder Markthallen. Sie standen unter kommunaler Aufsicht und boten verschiedenen Händlern die Möglichkeit, ihre Waren zu verkaufen. Gleichzeitig fand dort eine Zollkontrolle statt.

Der Beginn der modernen Einkaufszentren ist aber erst um 1800 anzusetzen, als in Paris Passagen mit Läden, die so genannten „Galerien", entstanden. In der zweiten Hälfte des 19. Jahrhunderts wurden dann in vielen großen Städten, vor allem in denen der romanischen Länder, solche Passagen gebaut. Man ging dort nicht nur des Einkaufens wegen hin oder um die besondere Architektur zu genießen, die Galerien waren auch Orte der Kommunikation.

In Hamburg bestand seit 1845, und damit relativ früh in Deutschland, in der Innenstadt die „Passage am Jungfernstieg". Insgesamt gab es darin 34 Einzelläden sowie eine achtseitige Eingangshalle, in der sich Kunden und Spaziergänger an musikalischen Darbietungen erfreuen konnten. Nach nur 36 Jahren wurde sie 1881 aber bereits wieder abgerissen, weil nun die Kaufhäuser aufkamen, von denen man sich mehr Wirtschaftskraft versprach.

Zwischen den Begriffen „Kaufhaus" und „Warenhaus", die heute im täglichen Sprachgebrauch synonym verwendet werden, besteht streng genommen ein Unterschied, denn das Kaufhaus bietet nur Waren aus bestimmten Handelssegmenten, wie zum Beispiel Textilien, an, während Warenhäuser mit Waren aller Art handeln. Diese Unterscheidung geht auf die Einführung einer Sondersteuer für Warenhäuser mit dem alles umfassenden Angebot zurück, die im Jahr 1900 von Preußen erlassen wurde. Um sie zu umgehen, wichen viele Handelshäuser auf die Gründung von Kaufhäusern mit begrenzten Warenangeboten aus. Heute gibt es die Sonderbesteuerung nicht mehr, sodass keine begriffliche Trennung mehr nötig ist.

In Berlin hatte kein geringerer als Karl Friedrich Schinkel 1827 bereits ein „Kaufhaus" entworfen. Es war „Unter den Linden", an der Stelle der heutigen Staatsbibliothek, geplant, kam jedoch nicht zur Ausführung. Schinkel war

von 1815 an als Geheimer Oberbaurat verantwortlich für die Entwicklung Berlins und legte König Friedrich Wilhelm III. zahlreiche Gestaltungskonzepte vor, die dann nur zum Teil ausgeführt wurden. Die Zeichnung zeigt eine auf die Straße ausgerichtete klassizistische Dreiflügelanlage mit tiefem Innenhof und umlaufend zweigeschossig mit großen hohen Fenstern. Dass im Erdgeschoss Schaufenster geplant waren, erkennt man an den ebenfalls umlaufenden Vordächern. Es sollte ein Einkaufszentrum unter freiem Himmel für Einzelgeschäfte werden, an denen man vor Sonne und Regen geschützt entlang flanieren und anschließend in einem Café im Hof hätte einkehren können.

Karl Friedrich Schinkel: Entwurf für ein Kaufhaus in Berlin, Unter den Linden, 1827; Kat. Stuttgart 1974, S. 30

Pariser Kaufhaus „Bon Marché", 1874; Kat. Stuttgart 1974, S. 29

Für die weitere Entwicklung des Kaufhauses spielte dann die Weltausstellung von 1867 in Paris eine wichtige Rolle. Dort entstand, von sozialen Ambitionen getragen, die Idee, für die Arbeiterschaft durch Kaufhaus-Großbauten günstigere Preise erreichen zu können.
Die ersten großen Kaufhäuser im heutigen Sinn entstanden in Frankreich; es waren gewaltige Gebäude mit hohen Hallen, gläsernen Oberlichtern und riesigen Treppenhäusern: Als erstes das „Bon Marché" 1852, dann die „Magazins du Louvre" 1855 und ein Jahr später das „Samaritaine". 1869 wurden schließlich die beiden

Warenhaus Carson, Pirie & Scott, Chicago, 1898-1904, gebaut von Louis Sullivan; das Gebäude wurde zum Vorbild späterer europäischer Kaufhäuser, weil es als erstes die Skelettbauweise auch zum formalen Strukturprinzip machte; Wingler 1975, S. 223

heute noch weltberühmten Häuser „Printemp" und „Galerie Lafayette" errichtet.

Als erstes deutsches Kaufhaus wurde das von Wertheim in Berlin von 1896 bis 1904 nach Plänen von A. Messel gebaut. Seine Architektur mit den großen Verkaufsflächen, die nur durch wenige Stützen unterbrochen waren, mit weitem, hohem Lichthof inmitten des Gebäudes, Eingängen an allen Seiten sowie außen im Erdgeschoss umlaufenden Schaufenstern bildete in der Folgezeit das Vorbild für weitere Kaufhausbauten.

Kurze Zeit später entstand das wohl bekannteste, das KaDeWe – Kaufhaus des Westens —, damals noch außerhalb Berlins in Charlottenburg. Es ist 1907 als letztes der großen Häuser vor dem Ersten Weltkrieg eröffnet worden. In Kiel entstand in dieser Zeit neben dem Karstadtbau[1] am Alten Markt eins von zwei „Jacobsen-Warenhäusern"[2]. Das zweite wurde nach Plänen des Kieler Architekten E. Stoffers außerhalb der Innenstadt am Dreiecksplatz errichtet und 1911 eröffnet[3]. Es ist im Krieg schwer beschädigt und 1956 von der Firma „Merkur" übernommen und einige Zeit als Kaufhaus weitergeführt worden.

Nach dem Zweiten Weltkrieg verschwanden die Kommunikationselemente aus den Kaufhäusern erst einmal. Die auf kontinuierliche Steigerung angelegte Wirtschaft verlangte nach stetiger Erweiterung der Nutzflächen. Das Berliner KaDeWe ist heute nach den jüngsten Erweiterungen mit 60.000 qm das größte Kaufhaus Europas, sogar größer als Harrods in London. In dem blockartigen Gebäude ist der große, über mehrere Etagen reichende Lichthof wieder hergestellt worden. Bei den meisten Wiederaufbauten anderer zerstörter Kaufhäuser hatte man darauf zugunsten erweiterter Nutzflächen verzichtet.

In architektonischer Hinsicht ist festzuhalten, dass die Neubauten der 50er Jahre zwar noch klaren Entwurfskonzepten folgten und dadurch durchaus harmonische Ge-

Warenhaus Jacobsen
am Dreiecksplatz, Kiel,
Postkarte 1915; SHFM

bäude errichtet wurden, dass aber sehr bald der Zwang zum ständigen weiteren Ausbau jedes formale Ursprungskonzept optisch zerstörte.
In Kiel mussten, weil die Innenstadt 1945 fast total zerstört war, alle Kaufhäuser neu errichtet werden. Am Alten Markt blieb Karstadt auf seinem angestammten Platz neben der Nicolaikirche.

Anmerkungen:
1 S. S. 24-27
2 S. S. 26/7
3 Abb. S. 23

Literatur:
Kat. Stuttgart 1974
Wingler 1975

Die Geschichte des Kaufhauses Karstadt

rechte Seite:
Eingang des 1922 eröffneten Karstadtneubaus in Kiel;
Karstadt 1981, S. 15

unten:
Karstadtfiliale in Eutin von 1896;
Karstadt 1981, S. 9

Die Geschichte der Karstadt-Kaufhäuser begann 1881 in Schwerin. Dort besaß Christian Karl Karstadt, ein Färbermeister, ein Manufakturwarengeschäft. Zur damaligen Zeit war es üblich, die Preise der Waren nur mittels Buchstaben zu kennzeichnen. Der Kunde konnte deshalb nicht selbst feststellen, wie viel er zu bezahlen hätte, sondern musste es sich vom Verkäufer sagen lassen. Dieser konnte bei der Angabe des Betrags auf den jeweiligen Käufer und auf seine finanziellen Möglichkeiten Rücksicht nehmen oder eigener persönlicher Sympathie folgen. Außerdem war es üblich, anschreiben zu lassen, anstatt sofort beim Kauf bar zu bezahlen.
Rudolph Karstadt (1856 – 1944), ein Sohn aus zweiter Ehe, sah nicht nur die Probleme dieses Systems, er entwickelte auch ein alternatives Geschäftsmodell: feste, billige Preise, Barzahlung und schnell wechselnde Waren. Nach langen und heftigen Diskussionen mit seinem Vater stellte dieser ihm, seinem Bruder Ernst und der Schwester Sophie-Charlotte zusammen ein Kapital von 1.000 Talern sowie ein Sortiment von Textilien zur Verfügung, um die Idee zu verwirklichen.
Die Geschwister mieteten 1881 in Wismar in der Krämerstraße ihren ersten Laden, einen langen Raum mit einem schmalen Schaufenster an der Straße. Am 14. Mai 1881 fand die Eröffnung statt. Obwohl am ersten Tag – wohl aus Neugier – sehr viele Menschen kamen, lief das Geschäft nicht gut an. Es war für die Käufer zweifellos gewöhnungsbedürftig, immer gleich bezahlen zu müssen. Im Herbst stiegen die Geschwister wieder aus

KARSTADT
RUDOLPH
KARSTAD
DAS
MODERN
KAUFHAU
FÜR
BEKLEIDU
HAUSRA
MÖBEL

Alle sprechen vom
SOMMER
SCHLUSS
VERKAUF
bei
KARSTADT
KARSTADT

dem Unternehmen aus und Rudolph war alleiniger Inhaber.
Nach den anfänglichen Problemen entwickelte sich der Verkauf jedoch bald so gut, dass Karstadt bereits 1884 in Lübeck eine Filiale gründen konnte. Dieses Verkaufshaus wies bereits vier, wenn auch kleinere, Schaufenster auf. Das Warenangebot wurde um Haushalts-, Galanterie-, Leder- und Spielwaren erweitert. 1888 folgten Häuser in Neumünster und 1890 in Braunschweig.
Im Oktober 1893 eröffnete Rudolph Karstadt in Kiel nicht nur eine Filiale, sondern er zog auch hierhin um. Die Stadt war seit 1871 Reichskriegshafen und erlebte ein rasantes stetiges Wachstum, das gute Verkaufsbedingungen garanierte. Ab 1902 gab es neben dem großen Haus, das in Schleswig-Holstein führend war, noch ein kleineres in der Holstenstraße 18 für Herren- und Militärartikel. Weitere Geschäfte in Schleswig-Holstein entstanden 1893 in Preetz und Heide, 1895 in Mölln und 1896 in Eutin.

linke Seite oben:
Blick vom Alten Markt auf die zerstörten Gebäude von Karstadt (links) und Jacobsen (rechts), 1946, Foto: W. Dreyer;
Hedwig Sievers: Kiel einst und jetzt. Kiel 1963, Nr. 40 b

linke Seite unten:
Sommerschlussverkauf bei Karstadt 1951, Foto: Magnussen; Stadtarchiv Kiel

unten:
Alter Markt mit Straßenbahnhaltestelle und Karstadtneubau im Hintergrund, 1952, Foto: Magnussen; Stadtarchiv Kiel

Mit der Eröffnung des Hamburger Geschäftes in der Mönkebergstraße im Jahr 1912 waren neue Dimensionen erreicht. Auf einer Fläche von insgesamt 10.000 qm wurde verkauft, und in 34 Schaufenstern konnten Kunden informiert und beworben werden. Die Zentrale verlegte Karstadt nun von Kiel nach Hamburg.

Die wirtschaftlichen Probleme des Ersten Weltkriegs brachten das Handelshaus dann in Schwierigkeiten. Karstadt nahm deshalb 1917 Kontakt auf zu Theodor Althoff, dem Besitzer des gleichnamigen Kaufhauses in Dortmund, das außerhalb Berlins in Deutschland das größte war. Im folgenden Jahr wurde die Firma Rudolph Karstadt eine Kommanditgesellschaft unter Beteiligung der Theodor Althoff KG.

oben:
Karstadt in Kiel, ca. 1955,
Foto: unbekannt

linke Seite oben:
Verkauf bei Karstadt
in Kiel, ca. 1950,
Foto: unbekannt

linke Seite unten:
Schlangestehen vor dem Eingang
von Karstadt, 1953,
Foto: Magnussen;
alle drei Stadtarchiv Kiel

Obgleich die Bedingungen auch in der Zeit nach dem Ersten Weltkrieg nicht einfach waren, konnte 1922 in Kiel ein großer Neubau eröffnen, ein imposantes Gebäude, das nach außen eine hohe erste Etage, quasi ein „Piano nobile", ein repräsentatives, besonders hohes Geschoss wie in der Palastarchitektur aufwies, im Inneren aber vier gleich hohe Geschosse besaß.
1944 wurde das Haus durch Fliegerangriffe so schwer beschädigt, dass nur noch eine unbenutzbare Ruine stehen blieb. Nach Kriegsende dauerte es drei Jahre, bis wieder auf einer Fläche von 1.500 qm verkauft werden konnte. 1950 ist der Verkaufsraum sogar auf 4.250 qm vergrößert worden, und im Laufe der 50er und 60er Jahre fanden weitere Baumaßnahmen statt, die den Nutzraum erweiterten.
Heute gehört in der unteren Holstenstraße das Sporthaus zu Karstadt, und im Jahr 2001 wurde das Warenhaus Hertie am Sophienhof mit übernommen.

Literatur:
Karstadt 1956
Karstadt 1981

Schaufenster

Die Geschichte des Schaufensters

Wer fährt heute noch in die Stadt zum Schaufensterbummel? – Die Bedeutung des Schaufensters ist in den letzten drei Jahrzehnten kontinuierlich zurückgegangen, denn durch Werbung, vor allem in Zeitungsbeilagen, ist eine größere potentielle Kundenzahl zu erreichen. Folgerichtig nahmen finanzieller, personeller und künstlerischer Aufwand für die Fenstergestaltungen stetig ab. Dort, wo man grundsätzlich weiter daran festhält, zeigen jedoch puristische Gestaltungen nur noch das Nötigste. Und viele Kaufhäuser verzichten inzwischen ganz auf diese Präsentationsform, lassen stattdessen durch die Fenster im Erdgeschoss den Blick frei in den Verkaufsraum fallen, was dem Prinzip historisch früher Schaufenster entspricht.

Läden in einem Fachwerkhaus von 1686 in Riedingen/Donau; Kat. Stuttgart 1974, S. 33

Von der Bude zum Schaufenster

Seinen Anfang nahm das Schaufenster in den antiken und mittelalterlichen Verkaufsbuden, kleinen Räumen mit einer großen Öffnung, die über Nacht durch einen hölzernen Laden verschlossen wurden. Die Bezeichnung für ihre „Läden" ging im Laufe der Zeit auf die Verkaufsräume selbst über. In die Budenöffnungen setzte man später Türen und verglaste Fenster ein. Durch letztere war das Angebot von draußen zu sehen, und bei geöffnetem Fenster konnte über einen Tresen auf dem Fenstersockel verkauft werden. Als nächsten Schritt bauten die Händler zur besseren Präsentation ihrer Ware außen hölzerne, verglaste Kästen an, in denen sie Muster ihres Angebots ausstellten.

Kunst- und Musikaliengeschäft in Hamburg mit Schaufenstern, Straße zur St. Petrikirche, 1837; I.C.W. Wendt und C.E.L. Kappelhoff: Hamburgs Vergangenheit und Gegenwart. 2 Bde. Hamburg 1896, Bd. 1, S. 115

Das erste „richtige" Schaufenster ist für 1740 in Augsburg belegt. In Berlin werden erstmals 1835 ausdrücklich welche erwähnt[1], der Kaufhausentwurf von Schinkel aus dem Jahr 1827[2] sah jedoch bereits eine ganze Reihe von Schaufenstern vor. Überwiegend aber war durch das Fenster nur in das Ladeninnere zu sehen.
Mit der Eröffnung zahlreicher Kaufhäuser in der zweiten Hälfte des 19. Jahrhunderts nahmen auch die Schaufenster in größeren Städten zu, vor denen es sich lohnte, stehen zu bleiben, um die Auslagen zu betrachten. – Das war jedoch keineswegs ein angemessenes Verhalten für jedermann bzw. „jedefrau". Für Damen, die das Angebot wahrscheinlich oft besonders interessierte, war es zunächst absolut nicht schicklich, dies zu tun. So heißt es in einem Anstandsbuch: „Eine sich zur guten Gesellschaft zählende Dame läuft weder wie ein Dienstmädchen, noch

Schaufenster mit ausgestellten Korsetts, ca. 1890; Usinger/Heeren 1956, S. 15

geht sie so langsam, als wolle sie promenieren; ebensowenig steht sie vor Läden still."[3]

Seit etwa 1900 wurde dann zunehmend auf eine künstlerische Gestaltung der Schaufenster Wert gelegt, was dazu führte, dass Passanten die Fenster mit mehr Aufmerksamkeit wahrnahmen. Diese anwachsende Beachtung hatte wiederum in den 1920er Jahren zur Folge, dass der Einzelhandel seine Bedeutung als Massenmedium erkannte und Theorien zu seiner größtmöglichen Nutzung entwickeln ließ. Ein Ausdruck dieser gehobenen Wertschätzung ist auch die Herausgabe einer eigenen Zeitschrift, die ab 1925 regelmäßig unter dem Titel „Schaufenster-Kunst und Technik" erschien.

Auffällig waren in diesen Jahren die Anklänge an verschiedene Kunststile: an die Neue Sachlichkeit, an Konstruktivismus, Bauhaus und Expressionismus. Ein Fenster aus dem Jahr 1930 aus Leipzig bei Theodor Althoff[4] erinnert zum Beispiel an Bilder von Fernand Leger durch das Zusammenspiel gegensätzlicher Gestaltungselemente und -prinzipien, wie der naturalistischen und der abstrahierten Figur, dem Ineinandergreifen von Geradlinigem und Geschwungenem, von Geometrischem und Malerischem.

In den 30er Jahren ließ die Vielseitigkeit dann nach, denn der Einfluss der nationalsozialistischen Ideologie bestimmte die Gestaltung ganz erheblich. Während des Krieges mussten die Schaufenster schließlich ganz verdunkelt werden, um kein Ziel für feindliche Angriffe zu bieten.

Die Gestalter

Mit der steigenden Bedeutung und der zahlenmäßigen Zunahme der Schaufenster bildete sich seit Anfang des 20. Jahrhunderts ein eigener Berufszweig heraus: der des Schaufenstergestalters. Zunächst gab es verständlicherweise weder feste Richtlinien für Ausbildung und Beruf noch einen speziellen Ausbildungsweg. Im Jahr 1902 wurde dann eine

Schaufenster mit Frühjahrsmode, Theodor Althoff, Leipzig, Schaufenster-Kunst und Technik, März 1930; Kat. Stuttgart 1974, S. 49

erste private Kunstgewerbeschule zu diesem Zweck eingerichtet, der 1911 eine höhere Fachschule für Dekorationskunst folgte.

Unabhängig von der Schaufensterdekoration hatte es um 1900 lange theoretische Auseinandersetzungen darüber gegeben, wo die Grenze zwischen der reinen Kunst einerseits und dem Kunstgewerbe andererseits verliefe. Zum Beginn des 20. Jahrhunderts schloss sich diese Kluft, sodass anerkannte Künstler sich dem Entwerfen kunstgewerblicher Gegenstände zuwandten. Sie sahen in praktisch anwendbarem Gestalten keine minderwertige Arbeit mehr und suchten nach weiteren Betätigungsmöglichkeiten auf diesem Gebiet – wozu auch die Schaufensterdekoration gehörte.

1904 engagierte das damals größte Kaufhaus, Wertheim, als erstes eine Künstlerin zur Leitung der Schaufensterdekoration: Elisabeth von Stephani-Hahn. Zunächst fürchteten die Dekorateure um ihre Kompetenzen, langfristig aber entwickelten die Fenster sich zu derartigen Anziehungspunkten, dass alle Seiten davon profitierten. Von Stephani-Hahn schrieb 1919, vor allem der Kaufmann „erkannte sehr bald, wie durch die künstlerisch dekorierten Schaufenster ihm ein neues großes Reklamefeld erschlossen wurde und die Auslagen der Ware in Schönheit, d.h. ... durch Kunstgesetze zu ihrem höchsten Reiz gebracht, das Publikum zum Kaufen mehr animierte als alle Plakate."[5]

Seit 1925 gab es schließlich den Bund der Schaufensterdekorateure, der auch die erwähnte Schaufenster-Zeitschrift herausgab. Aus einer dreijährigen Ausbildung, für die zunächst nur eine betriebliche Lehre verpflichtend war, wurden 1927 vier Jahre, weil offiziell der einjährige Besuch einer Kunstgewerbeschule hinzukam. Damit trug man zwar endlich auch in der Ausbildung der Tendenz zu mehr künstlerischer Gestaltung Rechnung, aber die Restriktionen der 30er Jahre schränkten die künstlerischen Freiheiten sehr schnell wieder ein. 1939 gab es in Deutschland etwa 2 Millionen Schaufenster, die zu gestalten waren, und 10.000 ausgebildete Dekorateure.

Nach dem Krieg begann die Ausbildung 1950 wieder mit 931 männlichen und nur 73 weiblichen Lehrlingen. Fünf Jahre später entschied der Bundesfinanzgerichtshof aus steuerpolitischen Gründen, dass das Dekorieren von Schaufenstern keine künstlerische Tätigkeit sei.

Otto Dix: Prager Straße, 1920; Städtische Galerie Stuttgart

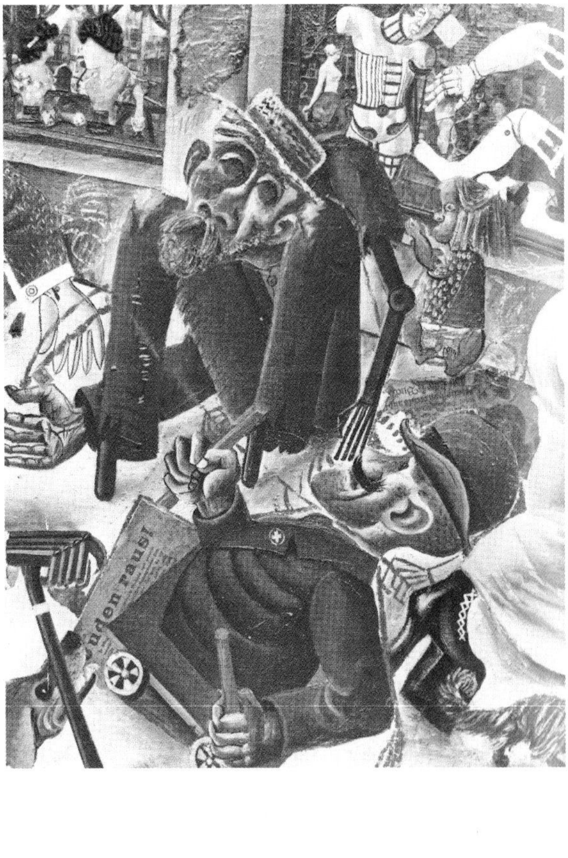

Es gab zu allen Zeiten immer wieder Diskussionen, vor allem zwischen Dekorateuren und den Kaufleuten, weil letztere zu Stapelfenstern tendierten, einerseits um möglichst viel zeigen zu können, andererseits, weil sie billiger herzustellen waren. Die Dekorateure wiesen demgegenüber darauf hin, dass solche Gestaltungen bei Wettbewerben leer ausgingen.[6]

Ihnen allen war aber auch klar, was Usinger 1955 in seinem Lehrbuch für Schaufensterdekorateure formulierte: „Das Ziel heißt in jedem Fall: Verkaufen."[7] Teil der Ausbildung war deshalb auch die Vermittlung verkaufspsychologischer Kenntnisse. Die Aufmerksamkeit des Betrachters sollte durch Blickfänge geweckt und dann gezielt geleitet werden. Außerdem wäre die Laufrichtung der Passanten zu bedenken und eine Gruppierung bestimmter Artikel, sodass sie besonders gut wahrgenommen werden könnten.

Als besonders gelungenes Beispiel einer Gestaltung führt Usinger ein Fenster an, das für Geschirrtücher werben

sollte: Es zeigte eine Hausfrau beim Abtrocknen vor einem immensen Stapel von Tellern und auf einem darüber liegenden Band stand: „Und dafür gibt es keinen Orden!"[8] Vor dieses Fenster, so war man sicher, würden zahllose Frauen ihre Männer ziehen, um ihnen zu zeigen: Siehst du, hier werden unsere Leistungen endlich einmal anerkannt. – Ob die Männer dadurch zu Käufern der Handtücher wurden, bleibt dennoch fraglich.
Die Planung der Fenstergestaltung zielte auf Jahreszeiten hin, wobei das Interesse aber immer etwas früher und langsam erweckt werden sollte. Deshalb war beispielsweise Frühlingsmode bereits zum ersten Mal zu sehen, wenn noch Schneematsch auf den Straßen lag.

Schaufenster in der Kunst

Angesichts des Schaufensters als künstlerisches Arbeitsfeld scheint es nicht verwunderlich, dass sich Künstler mit ihm auch in Bildern und anderen Werken auseinandersetzten. Bis Anfang des 20. Jahrhunderts hatte es eine Nebenrolle gespielt in realistischen Stichen von Straßen oder Plätzen, in naturalistischen Genrebildern, die Alltagsgeschehen abbildeten, oder in impressionistischen Darstellungen, die Eindrücke aus Großstädten einfangen beziehungsweise widergeben wollten.
Als erster machte August Macke in den Jahren 1913/14 Schaufenster sehr ausführlich zum Hauptmotiv. In etwa zehn expressionistischen Gemälden malte er stark abstrahierte, farbenfrohe Szenerien, in denen modisch gekleidete Passanten vor Fenstern stehen, die Auslagen betrachten und durch unterschiedliche Körperhaltung und Farbigkeit Interesse, Faszination oder Desinteresse zum Ausdruck bringen.
In den 20er Jahren nutzte George Grosz (1893 – 1959) in seinen sozialkritischen Zeichnungen Schaufenster als Spiegel einer wohlhabenden Gesellschaftsschicht, die das weit verbreitete Elend jener Jahre neben sich bewusst ignorierte. Noch schärfer fiel die Kritik bei Otto Dix (1891 – 1969) aus, der 1920 einen bettelnden Krüppel, vermutlich einen Versehrten des Ersten Weltkriegs, auf dem Boden sitzend vor einem Schaufenster zeigte. Darin waren Prothesen ausgestellt, wie er sie bräuchte – die er sich aber nicht leisten konnte.[9]

Bei den weitaus meisten Künstlern allerdings finden sich Schaufenster eingegliedert in analytische, beschreibende Blicke auf großstädtische Platz- und Straßenansichten. Unmittelbar aufgegriffen hat Christo, eigentlich Christo Javacheff (geb. 1935), das Thema zwischen 1966 und 1968: Im Maßstab von 1:1 baute er einen Schaufenstergang, in den Betrachter wie in eine Passage hineingehen konnten. Die Fenster waren jedoch von innen zugebaut und das Einzige, was die Besucher betrachten konnten, war der eigene Schatten in den Scheiben. Die so erfolgte Umkehrung der Sicht sollte die Betrachter mit ihren eigenen Verhaltensmustern konfrontieren und sie zur Auseinandersetzung mit der medialen Wirkung von Schaufenstern anregen.[10]

ein Stapelfenster mit Schuhen zum Ausverkauf, ca. 1958, Karstadt, Kiel; Priv.-Bes.

Nach 1945

Der Verkehr in den Innenstädten nahm im Verlauf der 50er Jahre kontinuierlich zu, sodass der Schaufensterbummel in engen Straßen zur Gefahr für Fußgänger und Fahrzeuge wurde. Die Fenster von Geschäften an verkehrsreichen Straßen konnte man kaum noch in Ruhe betrachten, weil sich während der Haupteinkaufszeiten Ströme von Passanten auf schmalen Fußsteigen drängten. Weder für die Kaufleute noch für Kunden oder Autofahrer waren die Bedingungen auf Dauer zufriedenstellend.
Viele Geschäfte begegneten dem Problem dadurch, dass sie den Eingang zurückversetzten, wie beispielsweise in Kiel das Modehaus Hartung in der Holstenstraße, und dabei seitlich zusätzliche Schaufenster schafften. Oder man zog wie beim damals gegenüberliegenden Konkurrenten Rolfs die Fassade im Erdgeschoss insgesamt zurück, um davor eine Passage einbauen zu können. Gelegentlich entstand auch im ersten Stock ein extra Rund-

ein Stapelfenster besonderer Art mit Werbung für Kurzwaren, ca. 1958, Karstadt, Kiel; Priv.-Bes.

gang um das Gebäude mit zusätzlichen Schaufenstern.[11] Die erste Stadt in Europa, die das Problem grundlegend und beispielhaft anging, war Rotterdam. Sie machte aus der Lijnbaan, einer Haupteinkaufsstraße, eine Fußgängerzone, in der man in Ruhe und ungefährdet bummeln konnte. Als erste deutsche Stadt folgte Kiel diesem Vorbild und gestaltete die Holstenstraße schon im Jahr 1951 zur Fußgängerzone um. Andere Städte gingen diesen Schritt wesentlich später, so ist die Hamburger Spitalerstraße zwischen Bahnhof und Rathaus erst 1968 Fußgängerbereich geworden.

Die Schaufenster der 50er Jahre trugen häufig ein Motto, unter das die gesamte Gestaltung gestellt war, oder sie erzählten phantasievolle kleine Geschichten, die man gern anschaute. Bis ins Kleinste war alles sorgfältig und liebevoll gestaltet. Über die Farbigkeit lässt sich leider nur wenig aussagen, weil die Fotografien, wie meistens in den 50er Jahren, noch schwarz-weiß waren. Besonders auffällig ist im Vergleich zu Dekorationen anderer Zeiten ein leichter, schwebender Charakter, der unter ande-

rechte Seite:
Fernsehübertragung
im Schaufenster, ca. 1956,
Karstadt, Kiel; Priv.-Bes.
in Schaufenstern fanden auch
andere Aktionen statt, wie
z.B. Modenschauen, s. S. 158

unten:
ein Schaufenster im Schaufenster
mit Werbung für Reiseutensilien,
ca. 1957,
Hertie, Neumünster; Priv.-Bes.;

rem dadurch entstand, dass vieles an farblosen Schnüren aufgehängt war. Nicht nur bei der Unterwäsche, deren Besonderheit ja das geringe Gewicht war, auch Hüte und sogar Haushaltsgegenstände sah man im Raum schweben. Dieser Eindruck von Leichtigkeit ist kein reines verkaufspsychologisches Argument, denn er kommt auch in Möbeln und Architektur zum Ausdruck, weil er einem Lebensgefühl des Jahrzehnts entsprach.

Anmerkungen:

1 Kat. Stuttgart 1974, S. 60
2 S. S. 21
3 Karstadt 1956, S. 90
4 Abb. in Kat. Stuttgart 1974, S. 49
5 Zit. nach Kat. Stuttgart 1974, S. 264
6 Usinger/Heeren 1956, S. 13
7 Ebd., S. 20
8 Ebd., S. 21
9 „Prager Straße", 1920, Städt. Galerie Stuttgart; Abb. in Kat. Stuttgart 1974, S. 290
10 Kat. Stuttgart 1974, S. 308-311
11 Usinger/Heeren 1956, S. 35

Literatur:

Görsdorf/Böhmert 1952
Kat. Stuttgart 1974
Usinger/Heeren 1956

Die Entwicklung der Schaufensterpuppen

Wer heute in der Stadt bewusst Schaufensterpuppen betrachtet und vergleicht, wird feststellen, dass sie nicht nur übermäßig idealisierte Körpermaße aufweisen, sondern dass ihre Gesichter ebenfalls nicht mehr viel Ähnlichkeit mit menschlichen Vorbildern haben. Es sind keinerlei individuellen Züge auszumachen, und meistens sieht in einem Fenster eine Puppe wie die andere aus. Es gibt noch Hersteller, die optisch anspruchsvolle Figuren herstellen, aber die wenigsten Händler scheinen in solchen Investitionen noch einen wirtschaftlichen Sinn zu sehen.

Modepuppen

Vorgängerin der Schaufensterfigur war die Modepuppe. Schon vom Ende des 14. Jahrhunderts ist bekannt, dass aus Frankreich und Italien einige nach England an den Hof geschickt wurden. Sie dienten dazu, Kleidermode zu präsentieren und hatten unterschiedliche Größen, einige waren sogar lebensgroß. Gelegentlich standen sie auch auf Marktplätzen, wie auf dem Markusplatz in Venedig. Die ersten Puppen waren aus Holz gearbeitet, später gab es auch welche aus Wachs und – vermutlich aber kleinere – aus Porzellan. Seit der zweiten Hälfte des 18. Jahrhunderts schickte die französische Regierung in jedem Monat eine frisierte und nach der neusten Mode ausstaffierte, lebensgroße Modepuppe nach England. Später gingen außerdem Kopien in andere europäische Großstädte und sogar nach Nordamerika. So sollte der Export von Samt, Seide und Spitzen gefördert werden. Die Figuren trugen entweder eine Staatstoilette, dann sprach man von der großen „Pandora", oder ein „Negligé" (ein Hauskleid), das war dann eine „kleine Pandora".[1] Napoleon hat diese Modewerbung dann beendet, weil er fürchtete, die Puppen könnten zum Transport von Spionagenachrichten missbraucht werden.[2] Die erste Modepuppe, die sich bewegen konnte, soll ab 1844 in dem Laden der, in bescheidenen Verhältnissen in Deutschland geborenen, späteren Gräfin Danner in Kopenhagen gestanden haben.

Die ersten Schaufensterfiguren

Um 1900 standen in den Schaufenstern noch keine Puppen, allerdings verwendete man gelegentlich schon dekorierte Schneiderbüsten, weil sie eine dreidimensionale Präsentation ermöglichten, durch die Kleidung wesentlich besser zur Geltung kam.
Die ersten richtigen Figuren sind, so wie es von den Modepuppen bekannt war, aus dem besonders gut formbaren Wachs hergestellt worden. Leider waren sie dadurch aber sehr hitzeanfällig, was hinter großen Scheiben oft Probleme aufwarf. Es gab sowohl ganzfigurige Puppen wie auch Torsi und einzelne Köpfe.
Zu Beginn der 20er Jahre entwickelte sich eine regelrechte Schaufensterindustrie, die in zunehmendem Maß auch Puppen verkaufte. Führende Firmen, die ihre Produkte innerhalb Europas und sogar nach Amerika und Australien exportierten, saßen damals in Berlin. Eine zu jener Zeit von A. Alegiani gegründete Firma stellt heute noch Figuren unter dem alten, bekannten Namen „Mannequin" her. Entworfen wurden sie damals von Bildhauern. So hatte Alegiani selbst eine Bildhauerausbildung als Meisterschüler an der Preußischen Akademie der Bildenden Künste absolviert, bevor er seine Firma gründete.
Der Einfluss, den die Malerei in den 20er Jahren grundsätzlich auf die Schaufenstergestaltung ausübte, ist schon angesprochen worden, er erstreckte sich aber natürlich auch auf die Figuren. Stile wie der Surrealismus hatten die Menschen gelehrt, genauer hinzuschauen und eine Logik hinter den Objekten zu suchen. Die Figuren wurden nicht mehr nur als den Menschen ähnliche Kleiderständer betrachtet, sondern als Symbolträger. Die zahlenmäßige Herstellung von Schaufensterpup-

Anzeige in: Schaufenster-Kunst und Technik, November 1925; Kat. Stuttgart 1974, S. 179

pen und ihre Verschiedenartigkeit nahmen in dieser Zeit deutlich zu.

Schaufensterpuppen spiegeln zu jeder Zeit das jeweilige Schönheitsideal der Gesellschaft wider. Drückten die ersten, noch kaiserzeitlichen, Werte wie Würde, Edelmut und Bescheidenheit aus, ist in den 20er Jahren eine wachsende Lebendigkeit und Freizügigkeit zu erkennen. Beim Material für die Figuren war man bald nicht mehr auf Wachs angewiesen, sondern verwendete eine Gipsmasse oder Zelluloid.

Im Nationalsozialismus veränderten sich die Puppen deutlich. Man fand auch hier den propagierten arischen Idealtyp wieder. In einer Ausgabe von „Schaufenster-Kunst und Technik" aus dem Jahr 1934 hieß es dementsprechend: „Die Schaufensterfigurenindustrie kann stolz sein auf ihre Produkte. Sie beweist neuerdings, dass ihre Leistung dem entspricht, was man von ihr erwarten kann! Der modischen Figur das Antlitz und die Haltung zu verleihen, die deutscher Wesensart entspricht."[3]

Der Zweite Weltkrieg unterbrach natürlich auch die Produktion und Entwicklung der Schaufensterfiguren. In die-

oben:
Frauenschaufensterpuppe ca. 1958,
Ausschnitt aus Schaufensterfotografie,
Karstadt, Kiel; Priv.-Bes.

rechts:
Kinderschaufensterpuppe „Bertchen" von Käthe Kruse,
Postkarte, ca. 1955;
Käthe Kruse Archiv

sen Jahren begann die heute sehr bekannte dänische Firma Hindsgaul, die seit 1913 nur Ladentheken und Schaukästen vertrieben hatte, mit der Herstellung von Figuren, weil der Import nicht mehr möglich war.

humorvolle Schaufensterfiguren von Heinrich Obermaier, ca. 1950; Görsdorf/Böhmert 1952, S. 252

Die Schaufensterpuppen der 50er und 60er Jahre

Eine weitere bekannte Firma, die in den 50er Jahren Schaufensterpuppen auf den Markt brachte, war Käthe Kruse, die mit Kinder-Puppen berühmt wurde. Sie trieb für die Fensterfiguren den gleichen liebevollen und sorgfältigen Aufwand, wie für ihre kleinen Puppen. Von hier kamen die ersten fast vollbeweglichen Figuren, mit denen weitgehend natürliche Körperhaltungen und dadurch auch Szenerien möglich wurden, in denen die Figuren zueinander in vielerlei Beziehungen gezeigt werden konnten. Die Produktion wurde aber schon 1958 wieder eingestellt.
In diesen Jahren kamen neue, gut formbare Kunststoffe auf den Markt, die die Herstellung der Figuren erleichterten. Die meisten Firmen entwickelten dabei ihre eigenen Methoden. Wesentliche Vorteile der neuen Materialien lagen in ihrem geringeren Gewicht und der größeren Widerstandsfähigkeit der Oberfläche.
Die meisten Puppen der 50er wurden naturalistisch gestaltet. Weibliche Figuren entsprachen dem zeitgenössischen Frauenideal, zierlich, figurbetont und immer in anmutiger Haltung. Die männlichen dagegen waren nicht schlank, viele wirkten eher schon korpulent, und sie entsprachen, soweit das an Hand von Fotos zu beurteilen ist, durchweg Männern im Alter zwischen 30 und 50 Jahren.
Neben diesen naturalistischen Puppen entwickelte Heinrich Obermaier Figuren mit lustigen, überzeichneten Gesichtern. Sie waren sehr ausdrucksstark und wurden gern gewählt, um Stimmungen oder Gefühle zum Ausdruck zu bringen. Auch bei den Betrachtern fanden sie großen Anklang.

Männerfiguren, ca. 1960, Ausschnitt aus Schaufensterfotografie, Karstadt, Kiel; Priv.-Bes.

Puppen seit etwa 1970

Seit den 70er Jahren wurden die Puppen zunehmend bewegter, wobei sie nicht wirklich beweglicher waren, sondern nur in verschiedensten Körperhaltungen hergestellt. Sie schienen nicht mehr züchtig auf einem Fleck stehen oder kleine Schritte machen zu müssen und sollten meistens sportlich wirken. Ihre Staturen waren immer sehr schlank und dabei deutlich größer, v.a. die Beine gestreckt, Bauch, Hüfte und Po ohne weiblichen Rundungen. Und sie zeigten das Bild selbstbewusster Frauen.

Heute sind sie im Ausdruck reduziert, was auch im weitgehenden Verzicht auf Farbigkeit zum Ausdruck kommt. Einfarbige helle Figuren mit Längen von gut 180 cm und minimalen Umfangmaßen stehen meistens isoliert im Raum und recken mit selbstbewusst vorgeschobenem Kinn die Köpfe in die Luft. – Stellen sie wirklich das Idealbild des modernen Menschen dar, mit dem der Betrachter sich identifizieren könnte?

linke Seite:
Schaufensterpuppen
von Käthe Kruse, ca. 1952,
Thomas & Co., Bremen;
Görsdorf/Böhmert 1952, S. 288

Die Schaufensterpuppe der Zukunft

Für die Zukunft ist mit völlig anderen Figuren zu rechnen. Angeblich arbeiten die Japaner an der Entwicklung eines weiblichen Schaufensterroboters, der den Codenamen „Palette" trägt. Er soll sich in den auszustellenden Kleidungsstücken wie die international bekannten Mannequins bewegen, allerdings erhält er zuerst nur einen Metallständer statt der Beine. Die sollen sich jedoch ebenfalls in der Planung befinden. „Palette" wird, um nicht von der Kleidung abzulenken, gesichtslos sein. Außerdem soll dadurch verhindert werden, dass sich jemand in „sie" verliebt. – Dieser Gedanke ist keineswegs so abwegig, wie er vielleicht erscheint, denn Schaufensterpuppen haben tatsächlich viele verschiedenartige Liebhaber.

Das Revolutionärste an „Palette" soll jedoch seine Fähigkeit werden, die Kunden auszuspionieren. Durch Kameras wird er dem Händler Informationen über Geschlecht, Alter und Kaufverhalten der Kundschaft liefern.[4]

Anmerkungen:

1 Döbler 1972, S. 106
2 Döbler 1972, S. 121
3 Katalog Stuttgart 1974, S. 183
4 www.netzwelt.de/news

Literatur:

Görsdorf/Böhmert 1952
Kat. Stuttgart 1974
Loschek 1987
Usinger/Heeren 1956

Stilrichtungen der 50er Jahre

Organisches oder funktionalistisches Design

Jede Zeit hatte ihre eigenen, absolutistisch oder freiheitlich geprägten Vorstellungen davon, was gut oder schön ist, und die spielten dann nicht nur in der Kunst, sondern auch im Alltag eine Rolle. Während des Nationalsozialismus waren sie durch eine ideologische Definition beherrscht, die nur dort Schönheit anerkannte, wo Dinge und Menschen dem faschistischen Gesamtkonzept dienten. Diskussionen über verschiedenartige Auffassungen erstickte man im Keim, indem Andersartiges für „entartet" erklärt und kurzerhand verboten wurde.

Beistelltisch mit Zeitschriftenablage, ca. 1954, Foto: Looft-Gaude; Priv.-Bes.

Gelsenkirchener Barock

Mit dem wirtschaftlichen Aufbruch nach dem Krieg entstand eine zunehmende Nachfrage nach Alltagsgegenständen, zunächst vor allem nach Mobiliar. Die Möbelindustrie brachte Einrichtungsgegenstände auf den Markt, die bekannte historische Stilelemente – dunkles Holz, braune Stoffe, geschwungene Beine – aufgriffen. Rohrgeflechte in den Sitzwangen sorgten für eine gewisse Leichtigkeit im Erscheinungsbild. Nach dem Standort einer der ersten großen Fabriken – Gelsenkirchen – erhielt dieser Stil später den Namen „Gelsenkirchener Barock". Die Einstellung, die hinter dem großen Erfolg und der wachsenden Nachfrage stand, könnte man wohl mit dem Werbeslogan Konrad Adenauers für seine Wiederwahl 1957 „Keine Experimente" umschreiben. Die Möbel vermitteln den Eindruck

von Behaglichkeit, von solider und biederer Häuslichkeit – offensichtlich das, was die geschundenen Körper und Seelen in dieser Zeit brauchten.
Auch der Städtebau orientierte sich in den ersten Nachkriegsjahren an bekannten Stilelementen der jüngeren Vergangenheit. Öffentliche Neubauten repräsentierten wieder mit Hilfe massiver, pompöser Architekturmotive in NS-Tradition.
Während Wohnungseinrichtungen und Architektur auf diese restaurative Weise Gestalt annahmen, entwickelten sich Anfang der 50er Jahre aber auch neue Designformen, die von zeitgenössischen Architekten und Künstlern geprägt wurden. Die Tradition des von Künstlern gestalteten Kunsthandwerks lebte hier weiter und führte zu interessanten, verschiedenartigen und wegweisenden Entwürfen, deren Wurzeln alle in die erste Hälfte des Jahrhunderts zurückreichten.

Musikschrank mit Radio und Schallplattenspieler im Stil des Gelsenkirchener Barocks, ca. 1955, Foto: Looft-Gaude; Priv.-Bes.

Organische Formen

Seit Beginn des 20. Jahrhunderts hatten sich Theoretiker im Bereich des Kunsthandwerks intensiv damit auseinandergesetzt, wann man von „guter Form" sprechen könne. Die Vertreter des Werkbunds, eines 1907 in München gegründeten Zusammenschlusses von Künstlern, Handwerkern und Industriellen, verstanden darunter Formen, die dem Material und der Funktion des jeweiligen Objekts angemessen, die nicht verselbstständigt, sondern ausschließlich dem Gebrauch dienend waren.
Im Futurismus hat sich die Begeisterung für das Sichtbarmachen von Geschwindigkeit – eine neue Erfahrung durch Entwicklungen im Motorsport – niedergeschlagen. In beiden Fällen verschwanden die geradlinigen Konturen zugunsten organisch geschwungener oder aerodynamischer Formen.
Auch der Jugendstil hatte eine ausgesprochene Freude an der elegant geschwungenen Linie, sei es bei den farbig ineinander fließenden Mustern von Vorsatzpapieren oder an den Konturen kunsthandwerklicher Gegenstände, wie beispielsweise denen eines Spiegelrahmens.
Gewölbte, „organische" Formen wurden dann ab 1940 wieder zum bestimmenden stilistischen Mittel einer ganzen Kunstrichtung. Das Museum of Modern Art in New York schrieb 1940 einen Gestaltungswettbewerb zum Thema „Organic Design" aus, der dazu beitrug, dass sich viele Künstler in den folgenden zwei Jahrzehnten mit dieser Idee auseinandersetzten.
In einer Definition der Veranstalter hieß es damals: „Ein Design kann als organisch bezeichnet werden, wenn es bezüglich der Struktur, des Materials und des Zwecks eine harmonische Ordnung der einzelnen Teile innerhalb des Ganzen gibt. Innerhalb dieser Definition ist zwar kein Platz für Ornament und Überflüssiges, die Bedeutung der Schönheit ist dennoch groß, sie manifestiert sich in der idealen Wahl des Materials, in der visuellen Verfeinerung und der funktionalen Eleganz der zum Gebrauch bestimmten Dinge."[1]
Ihre Vorlagen für die Entwicklung organischer Formen suchten die Künstler einerseits in Vorbildern der Natur, im Ei, in Blüten oder anderem. Andererseits rückte der Mensch wieder dort ins Zentrum der Überlegungen, wo Kunsthandwerkliches gestaltet werden sollte, das zur

rechte Seite:
Gardinenstoff, ca. 1955,
Foto: Looft-Gaude; Priv.-Bes.

direkten Benutzung gedacht war. So wie zum Beispiel der Griff eines Bügeleisens die Negativform zum Griff einer Hand erhielt, wurden Stühle und Sessel so geformt, dass sie sich dem Körper wie eine „Schmiegetangente"[2] beziehungsweise im Idealfall wie eine zweite Haut anpassten.

Diese an der Natur orientierte Formensprache, die zuerst in Gestaltung von Sitzmöbeln, Tischen oder Glasvasen Anwendung fand, setzte ihren Siegeszug weiter fort. Die Idee, das Umfeld dem Menschen anzupassen und nicht umgekehrt, ermöglichte eine veränderte Weltsicht – und das nach der vorangegangenen Zeit, in der ein Menschenleben nichts gegolten hatte.

In der konkreten Anwendung dieser Formideale auf funktionale Gegenstände, wie zum Beispiel hölzerne Sitzmöbel, die einen möglichst großen Sitzkomfort bieten sollten, hatten sich aber zunächst Probleme ergeben, weil Holz nicht so leicht dreidimensional formbar ist. Trotzdem war es schon für die New Yorker Ausstellung 1940 zwei Künstlern, Charles Eames und Eero Saarinen, gelungen, eine Sitzschale aus Formsperrholz herzustellen, die dann auch mit dem ersten Preis ausgezeichnet wurde.

Der Däne Arne Jacobsen setzte nach dem Krieg an diesem Punkt an und entwickelte Schalen, die zugleich Sitz und Lehne bildeten, indem er Leinen mit verleimte, das dem Holz Elastizität und Stabilität verlieh.

Die Beherrschung des Materials stellte in den 50er Jahren schließlich kein unüberwindliches Hindernis mehr dar, weil sich das Angebot an künstlichen, nach Bedarf modellierbaren Materialien ständig erweiterte. Auch die dreidimensional im Raum geschwungenen Polstermöbel wären ohne die Entwicklung von Schaumstoff nicht möglich gewesen. Der organisch gerundeten Form war so um die Mitte des Jahrzehnts keine praktische Grenze mehr gesetzt, und sie führte ihren Siegeszug weiter von den künstlerischen Entwürfen in die Alltagskultur.

Folgerichtig griff die organische Form auch auf die Architektur über und führte, statt zu gradlinigen kubischen Formen, zu geschwungenen Wänden, Dächern, ganzen Räumen und Gebäuden. Als international wohl bekanntestes Beispiel ist hier die Wallfahrtskirche von Le Corbusier in Ronchamps zu nennen, die von 1952 – 1955 errichtet wurde. Anklänge daran finden sich im Süden

Kiels in der 1959 nach Plänen des Architekten Otto Andersen (1924 – 1981) gebauten Schulenseer Kirche.

die von Otto Andersen gebaute und 1959 eingeweihte Schulenseer Kirche, Foto: Looft-Gaude

„Wände ... durch die die Sonne scheint"

Ein weiteres Merkmal der 50er Jahre, die Freude an Helligkeit, Leichtigkeit und Beweglichkeit, findet am stärksten Ausdruck in der Architektur, zum Beispiel in als Fensterfronten gestalteten Fassaden, und das um so mehr, wenn sie auch noch schwingen, als folgten sie einer inneren Dynamik des Raums selbst, oder wenn Fenster, nach vorne geneigt, dem Gebäude jede lastende Schwere nehmen.
Schon die Vertreter der Glasarchitektur an der Wende vom 19. zum 20. Jahrhundert, zu denen auch Paul Scheerbart (1863 – 1915) gehörte, hatten die Grenzen des Raums auflösen wollen: „Wir wollen Wände haben, durch die die Sonne scheint am Tage – und nachts der große Mond mit den großen Sternen des unbesiegten endlosen Weltraums."[3] Der Architekt Bruno Taut (1880 – 1938), der ebenfalls dieser Richtung angehörte, nahm in seiner Theorie „Gläserne Kette" 1919 bereits Entwicklungen der 50er Jahre vorweg, indem er die kristalline (gläserne) Erscheinung und die Idee organischer Formgestaltung in Bezug zueinander brachte.[4]

Bauhaus-Lampe, 1927/8, entworfen in der Metallwerkstatt in Dessau, in Berlin serienmäßig hergestellt; Wingler 1975, S. 436

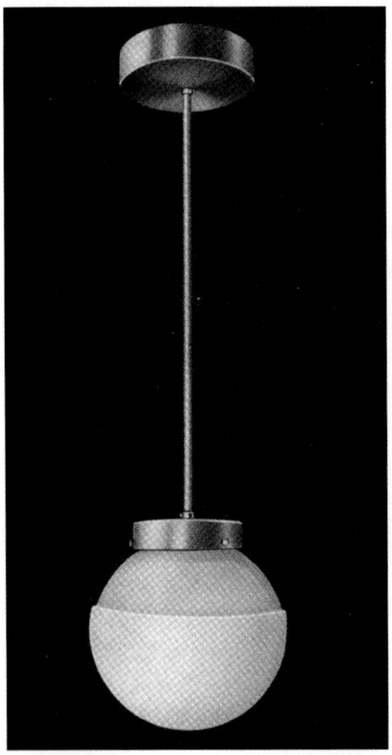

Vorläufer in der Malerei

Sowohl für das grundsätzliche Formverständnis der 50er Jahre wie auch konkret für Entwürfe von Stoff- und Tapetenmustern spielt die Malerei der vorangegangenen Jahrzehnte eine wichtige Rolle. An erster Stelle kann hier Piet Mondrian (1872 – 1944) genannt werden, der zuerst in Amsterdam, dann in Paris lebte. Er begann 1908 seine bis dahin realistische Malerei zunehmend zu abstrahieren, indem er sich auf reine Farben beschränkte und einzelne Motive in einfache graphische Formen brachte und symbolhaft in der Bildfläche so wiederholte, dass lineare Strukturen entstanden. Unter dem Einfluss der Pariser Malerkollegen beschränkte er seine Kompositionen später auf einige rechteckige Felder, die er durch kräftige schwarze Linien voneinander trennte. Die meisten Felder fasste er weiß, grau oder schwarz, nur einzelne kräftig farbig in Rot, Gelb oder Blau. In diesen „Tableaus", wie er sie nannte, zeigte er als erster, dass auch in einer asymmetrischen Gliederung ein Gleichgewicht von Formen möglich ist.

Die jüngeren Künstler, wie Willi Baumeister (1889 – 1955) und Max Bill (1908 – 1994), sowie die Architekten des Bauhauses arbeiteten auf dieser Grundlage weiter und bewiesen für die angewandte Kunst und Architektur ebenfalls, dass asymmetrisch gestaltete Körper ausgewogen sein konnten.

In der Stoffgestaltung der 50er Jahre lassen sich auch Nachklänge des Abstrakten Expressionismus erkennen, für den das Werk Willi Baumeisters von entscheidender Bedeutung war. Beeinflusst durch Kandinsky (1866 – 1944) und das Dessauer Bauhaus, war ihm von den Nationalsozialisten als „entartetem Künstler" die Fortführung seiner Arbeit untersagt worden. Er wandte sich deshalb in den folgenden Jahren dem Studium prähistorischer Kulturen zu, deren Formensprache von da an als kalligraphische Zeichen seine Bilder bestimmten. 1947 erläuterte er in „Das Unbekannte in der Kunst" seine Theorie: Der Künstler sollte seine Phantasie nutzen, um Unbekanntes aus seinem Innersten in einen Malakt umzusetzen. Dabei müsste er ohne vorheriges Konzept seine subjektive Formensprache anwenden. Das Kunstwerk würde so „zum Rätsel, dessen Reiz in der Verbilderung des Kreativitätsprozesses an sich liegt."[5] Die Entwürfe HAP Grieshabers (1909 – 1981) für Stoffe und Tapeten in den 50er Jahren[6] zum Beispiel standen unter diesem Einfluss.

Bauhaus-Klappstuhl, Holz und Stahlrohr, 1927, von Marcel Breuer in Dessau entworfen und von der Firma „Standart Möbel" serienmäßig hergestellt; Wingler 1975, S. 341

Die sachlich funktionalistische Richtung

Die gestalterische Gegenbewegung zur freien Formfindung der organischen Richtung gründete sich auf die Tradition des 1919 von Walter Gropius in Weimar gegründeten Bauhauses. Dort war in den 20er Jahren ein sachlicher Funktionalismus zum Programm entwickelt worden. Schönheit sollte nicht individuell und gefühlsmäßig erfassbar sein, sondern methodisch und rational erarbeitet. Um diese Lehre im Alltagsleben auch umsetzen zu können, übernahmen Künstler und Kunsthandwerker Entwurfsarbeiten für industrielle Fertigungen. Als Materialien wählten sie vornehmlich moderne, industriell hergestellte, wie Stahlrohr und Sperrholz, und in der Form verzichteten sie auf jeden Anschein von Ornament, sodass klare Linien das Aussehen bestimmten. Das Bauhaus richtete 1926 sogar eine eigene Vertriebsorganisation ein, um die von Künstlern entwickelten Bauhausprototypen an die Industrie verkaufen zu können.

Den Gedanken, Lehre und Entwurfsarbeit zu verbinden, griff Otl Aicher (1922 – 1991) 1949 wieder auf und setzte sich erfolgreich für eine Hochschule für Gestaltung ein. 1953 wurde sie in Ulm gegründet, und 1955 übernahm Max Bill, der auch den Gebäudeentwurf geliefert hatte, die Leitung. Innerhalb kurzer Zeit entstand hier ein westdeutsches Zentrum für sachliches, konstruktivistisches Design. Das Ziel der Schule war, künftigen Gestaltern solide technologische sowie wissenschaftliche Kenntnisse und gleichzeitig ein kritisches Bewusstsein zu vermitteln.

Mitte der 50er Jahre entstand dann in Kooperation zwischen Hochschule und der Firma Braun eine für alle Seiten fruchtbare Zusammenarbeit. Die Firma wurde seit dem frühen Tod ihres Gründers Max Braun, der gleichzeitig Erfinder und Unternehmer war, von den beiden Söhnen geleitet. Sie holten 1953 den Kunsthistoriker und Regisseur Fritz Eichler in die Firma, um neue, kreative Wege zu finden. Als erstes verpflichtete Eichler den Weimarer Bauhauskünstler Wilhelm Wagenfeld, Entwürfe für Braun zu liefern. Dann stellte er den Kontakt zur Ulmer Hochschule her, und fortan arbeitete eine Gruppe von Studenten unter der Leitung von Hans Gugelot (1920 – 1965) an neuen, zeitgemäßen Industrieentwürfen für die Firma und entwickelte die bekannte „Braun-Linie". Das typische Braun-Design zeichnete sich durch eine konsequente Sachlichkeit aus, die auf viele Betrachter damals sogar provokant wirkte.[7]

Gemeinsam mit Philip Rosenthal, dem Chef des gleichnamigen Porzellanherstellers, gründete Eichler einen Kreis mit Vertretern anderer gestaltungsbewusster Firmen. Aus

rechte Seite:
Küchenmaschine „KM 3",
Braun, 1957;
der Entwurf von Gerd A. Müller war revolutionär auf dem Gebiet der elektrischen Küchengeräte;
er war wie die anderen Braun-Entwürfe schmucklos, bestand aber aus fließenden, ineinandergreifenden Formen;
Bernd Polster nennt sie in der Braun Monographie „eine Marilyn Monroe unter den Küchenmaschinen";
Polster/Meyer 2005, S. 376-379

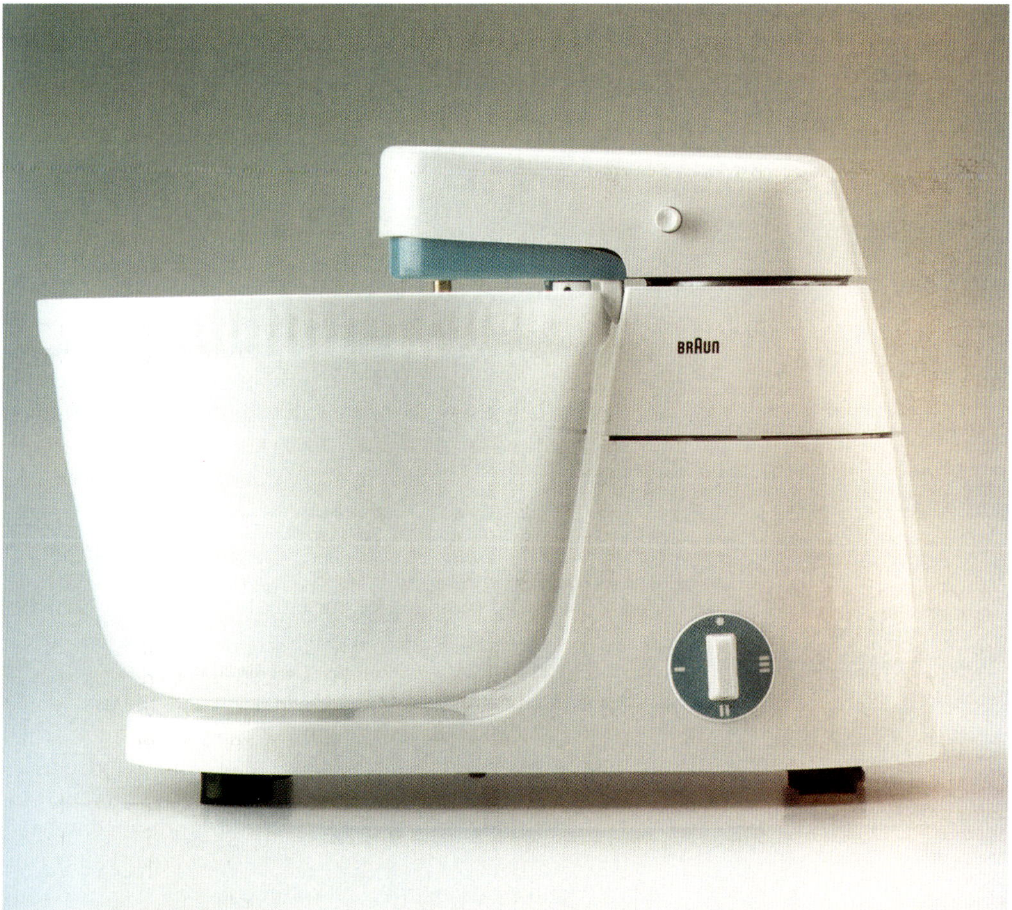

dieser Zusammenarbeit ging eine Ausstellung hervor, die ab 1956 unter dem Titel „form, farbe, fertigung" für drei Jahre durch Deutschland reiste, um den Besuchern vorbildlich gestaltete Produkte zu zeigen.
Im Rückblick auf die Übernahme der beiden ästhetischen Grundtendenzen in den 50er Jahren durch die Bevölkerung – naturalistisch beeinflusste organische Formgebung einerseits, sachlich rationales Design andererseits – ist festzuhalten, dass die weich fließende Form den weitaus größeren Zuspruch erhielt. Organische Formen fanden sich schließlich in allen Bereichen und bis in die letzten Ecken der Wohnungen. Sie wurden dabei jedoch so sehr zum Selbstzweck, zur Form aus Prinzip, ohne dass noch ein Sinn hinter der Gestaltung zu erkennen gewesen wäre, dass die Menschen ihrer nach Ablauf des Jahrzehnts auch recht bald überdrüssig wurden. Und von da an setzte sich die „gute Form" der konstruktivistischen Richtung immer stärker durch. Ihre sachlich klaren Gestaltungen waren so zeitlos, dass sie großenteils bis heute Bestand hatten.

Anmerkungen:

1 Zit. nach Eva-Lena Neul: Organische Form. Das Atelier Natur. In Kat. Hamburg 2005, S. 35
2 Fuchs/Burkhardt 1985, S. 60
3 Ebd., S. 57
4 Ebd., S. 71
5 Thomas 1981, S. 254
6 Abb. des Stoffdruckentwurfs „Eningen" von 1954 in: Kat. Hamburg 2005, S. 43
7 Polster/Meyer 2005, S. 38

Literatur:

Fuchs/Burkhardt 1985
Kat. Hamburg 2005
Polster/Meyer 2005
Thomas 1981
Wingler 1975

Der Haushalt

„Schöner Wohnen – froher Leben"
Die Wohnsituation in den 50er Jahren

rechte Seite oben:
Bau von Sozialwohnungen auf dem Kieler Ostufer, 1953, nach dem Krieg war hier kaum noch alte Bausubstanz erhalten, Foto: I. Looft

rechte Seite unten:
Neubauten mit Sozialwohnungen an der Klagemauer, Holtenauer Straße, Kiel, ca. 1954; Priv.-Bes.

Der Zweite Weltkrieg hatte in den Städten etwa die Hälfte aller Wohnungen zerstört. In Kiel als Standort der Marine lagen die Schäden sogar noch höher. Die Menschen lebten in den ersten Jahren in den Ruinen der zerbombten Häuser, in Gartenlauben, Baracken oder in Nissenhütten, den tonnenförmigen Wellblechschuppen mit Fenstern und Türen in den Schmalseiten. Oft gab es weder eine Kochgelegenheit noch einen Wasseranschluss – ganz zu schweigen von ordentlichen sanitären Verhältnissen.
Und die Wohnprobleme verschärften sich durch den stetigen Zustrom der 13 Millionen Flüchtlinge, die aufgenommen und mitversorgt werden mussten. Die schleswig-holsteinische Bevölkerung wuchs von im Jahr 1939 gezählten 1.589.000 Bewohnern auf 2.740.000 im Jahr 1948 an.[1] Schleswig-Holstein war das „Flüchtlingsland Nr. 1", denn zum einen war es als letztes durch die Alliierten im Frühjahr 1945 besetzt worden, zum anderen blieb all denen, die über die Ostsee geflüchtet waren, kaum eine Alternative, als hierher zu kommen.
Der wenige vorhandene Wohnraum wurde nicht frei vergeben, sondern seit 1946 durch die „Wohnraum Bewirtschaftung", die die Zuweisung nach Bedarf vornahm. Familien mit Kindern rangierten vor Ehepaaren ohne Kin-

Wohnbaracke bei Bordesholm, ca. 1950; Geschichtsverein Bordesholm

der. Einzelpersonen und unverheiratete Paare hatten kaum eine Chance. Selbst Mitte der 50er Jahre war es für sie noch schwer, mehr als ein möbliertes Zimmer zu erhalten.
Der Anteil der Heimatvertriebenen machte in Schleswig-Holstein 1948 im Schnitt 42 % aus.[2] Und bis 1956 kamen kontinuierlich weitere Flüchtlinge dazu. In Kiel, wo der Gesamtprozentsatz niedriger lag, standen dennoch am Stadtrand 20 Vertriebenenlager, in denen die Lebensbedingungen wie überall vorwiegend sehr schlecht waren.
Die Bundesregierung bemühte sich, das Problem durch das erste Wohnungsbauprogramm, das sie am 24.4.1950 erließ, in den Griff zu bekommen: In einem Zeitraum von sechs Jahren sollten mindestens 1,8 Millionen Sozialwohnungen gebaut werden. Ihre Größe musste mindestens 32 qm, durfte aber höchstens 65 qm betragen. Sie sollten 2 ½ Zimmer aufweisen, und für die Mieter galt ein maximales Einkommen von 600 DM.[3]
Die meisten Wohnungen hatten Küche und Bad, es gab aber auch noch welche mit Waschgelegenheit in der Küche und einem Plumpsklo im Flur. Geheizt wurde durch Öfen, die Schlafzimmer allerdings blieben kalt.
Parallel entstanden in diesen Jahren an den Ortsrändern die Siedlungshäuser, in denen der vorhandene Raum ebenfalls knapp war, zumal damals in der Regel mehrere Generationen unter einem Dach wohnten.
Die Raumverhältnisse veränderten sich im Laufe der Zeit in beiden Wohnformen: Statt der alten geräumigen Wohnküchen gab es nun kleine Arbeitsküchen, und die Wohnzimmer entwickelten sich parallel dazu zu Allzweckräumen. Hier konnte man nicht nur gemütlich zusammensitzen, sondern am Esstisch gemeinsam die Mahlzeiten einnehmen, Gäste bewirten, und oft mussten hier eine oder mehrere Personen schlafen.
Die Planungszahl der Regierung für das Wohnungsbauprogramm konnte bis 1956 sogar übertroffen werden: statt 1,8 waren sogar 2 Millionen Wohnungen gebaut; 1959 lag die Zahl bereits bei drei Millionen Sozialwohnungen. Trotzdem wohnten 1957 noch mehr als 11 % der Arbeiter Deutschlands in Notunterkünften.[4]

rechte Seite:
Jugendzimmer, Illustration zur modernen Farbigkeit der Räume; Schöpflin o. J., S. 21

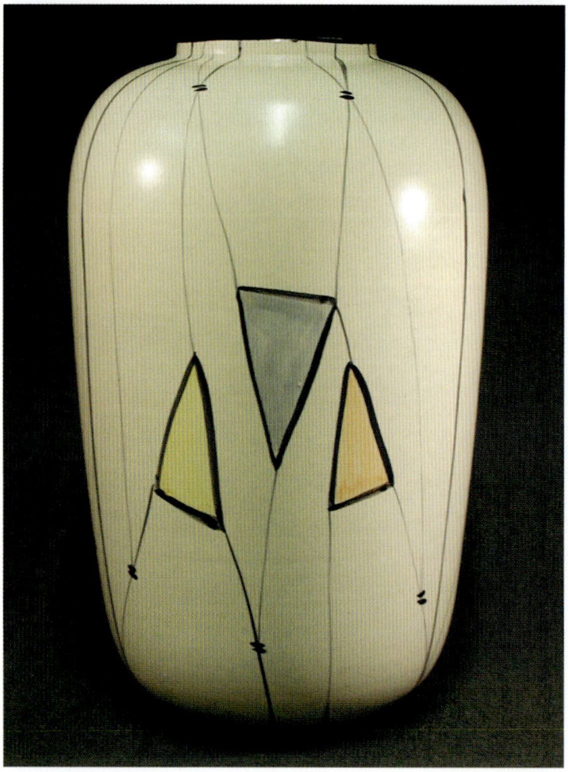

Ratgeber

Die große Zahl von Ratgebern, die im Verlauf der 50er Jahre erschien, lässt vermuten, dass die Verunsicherung der Menschen doch recht groß gewesen sein muss. Denn in der Tat sollte ja möglichst nichts mehr an die Kriegs- und Nachkriegszeit erinnern. Das bereits mehrfach erwähnte Hausbuch für die deutsche Familie von 1950 für Kieler Brautleute äußert sich auch zu den Wohnungsproblemen junger Paare und gibt entsprechende Verhaltensratschläge. Auf die Frage, „Ja, wie kommen wir nun aber heute zu einer Wohnung?" heißt die Antwort: „Meist ist es notwendig, daß wir zuerst heiraten, weil wir erst mit der Heirat ein Anrecht auf eine Wohnung haben."[5] Und um allzu große Hoffnungen gleich zu dämpfen, steht dort weiter, sie wird „jedenfalls klein und bescheiden" sein. Glücklich sei, wer die finanziellen Mittel hätte, sich „mit einem Baukostenzuschuss an einem Neubau oder dem Anbau einer Ruine (zu) beteiligen". – Aber wer konnte das schon?!

Also „... werden wir abwarten müssen, was das Wohnungsamt uns anbietet. Wir werden sehr glücklich sein, wenn es eine eigene kleine Wohnung ist. Häufig wird es aber auch nur eine Teilwohnung sein ... Vielleicht müssen wir auch mit einem Zimmer mit Kochgelegenheit ... Vorlieb nehmen."[6]

Im Folgenden stehen dann Tipps, wie auch „aus unerfreulichen Wohngelegenheiten wahrhaft gemütliche Heime werden." „Das Heim" sei „das Wesentliche" – „nicht die ... Wohnung."[7]

Allen, die gezwungen waren, mit

anderen in einer Wohnung zusammenzuleben, wurde erstens nahegelegt, klare Regelungen für die Nutzung der gemeinsamen Räume zu finden und zweitens eigene Kochgeräte, Möbel und Geräte anzuschaffen.
Bei der Einrichtung des Wohnraums – egal ob er zugleich Schlafraum sei – wäre zu bedenken, dass neben einem gemütlichen Teil auch ein Essbereich entstehen müsse, an dem viele weitere Arbeiten ebenfalls erledigt werden könnten. Auf einen Schreibtisch sollte man aus Platzgründen verzichten, wenn er nicht unbedingt notwendig sei. Ein kombinierter Schrank für Geschirr und Bücher wurde empfohlen, eine Anrichte für Tischwäsche, Besteck und Anderes, sowie ein mobiler Teewagen, der verschiedene „gute Dienste" leisten könn-

oben:
Wohnzimmer einer Kieler Wohnung, ca. 1956

unten:
Wohnzimmerschrank mit geöffneter Hausbar in dem oben abgebildeten Wohnzimmer, ca. 1956;
beide Priv.-Bes.

linke Seite oben:
Keramikkopf, der als Wandschmuck aufgehängt wurde, ca. 1955

linke Seite unten:
Keramik-Bodenvase, ca. 1955,
Fotos: Looft-Gaude;
beide Priv.-Bes.

te. Und schließlich müsste es „auch für die Kinder ... eine eigene Ecke geben."[8]

Für die Kombination von Wohn- und Schlafraum sollte ein Vorhang oder ein in den Raum gestellter Schrank eine optische Trennung schaffen, damit „Geräte oder Verrichtungen, die eigentlich nicht ins Wohnzimmer gehören, unseren Blicken entzogen" wären.[9]

Ebenfalls ein Thema für Ratgeber waren die Farben der Wohnung. So wurde beispielsweise erklärt, wie wichtig sie für das Wohlbefinden und welche konkret für bestimmte Funktionen geeignet seien.

In einem Leitfaden für junge Mädchen von Rosemarie Schittenhelm heißt es, die Wiederentdeckung der Farbe sei „das Geschenk unserer Zeit".[10] Aber sie müsse gezielt und maßvoll eingesetzt werden: Rot sei Farbe des Lebens, der Wärme und Kraft, aber gleichzeitig auch die der Unruhe und des Kampfes; deswegen dürfe sie im Raum nie großflächig verwendet werden, das mache den Menschen kribbelig. Sparsam verwendet würde sie dagegen beleben. Gelb wirke positiv anregend und sei nahezu uneingeschränkt zu empfehlen. Grün als Farbe der Harmonie und Ruhe sollte in Räumen der Erholung dominieren. Blau dagegen wird nur für Küchen empfohlen, weil Fliegen und Insekten es angeblich meiden, ansonsten wäre es zu unpersönlich und zu kühl. Allerdings könnte es nervösen Menschen im Schlafzimmer die Einnahme von Schlaftabletten ersetzen.[11]

rechte Seite:
Cocktailsessel, ca. 1955;
Priv.-Bes.

unten:
Wohnzimmerkissen, ca. 1955,
Foto: Looft-Gaude;
SHFM

Als „Entdeckung unserer Zeit" wird Schwarz hervorgehoben. Zwar dürfe es nicht in zu großen Flächen erscheinen, aber als Gegenpol zu Buntfarben wäre es „apart" – wir erinnern uns an die Funktion schwarzer Linien in den Bildern Piet Mondrians –, allerdings setze seine Verwendung viel Erfahrung und Geschmack voraus, um zu den gewünschten optischen Ergebnissen zu kommen.

Weiß als bestimmende Raumfarbe lehnt Schittenhelm radikal ab, schließlich seien sowohl Gespenster wie die Eiswüste weiß. Ein so gestrichenes Zimmer „falle auseinander".[12] Als Tupfen oder Streifen beispielswei-

oben:
Glasvase, ca. 1958,
Foto: Looft-Gaude;
Priv.-Bes.

se belebe es jedoch die anderen Farben drum herum. Auch für die Aufstellung der Möbel im Raum gab es neue Richtlinien. Keinesfalls durfte ein Zimmer vollgestellt erscheinen, was angesichts der realen räumlichen Enge in den meisten Wohnungen schwierig war. Also empfahl man, die Möbel nicht in der Mitte sondern in den Raumecken aufzustellen: „Modern einrichten heißt, die Gewichte an den Rand zu verlagern", „Die leere Mitte ist ein geheimnisvolles Kraftzentrum des Lebens." Und „Leerer Raum in der Wohnung ist wie Atem für die Seele. Dort, wo keine Möbel stehen, entfaltet sich das Glück."[13] Neben den Büchern informierten auch viele Ausstellungen darüber, wie eine zeitgemäße Möblierung aussah. Unter dem Titel „Schöner Wohnen – froher leben" konnte man in Hamburg eine Ausstellung fertiger Sozialwohnungen des Wohnungsbauprogramms besichtigen.[14]

Die Aufzeichnungen einer Kieler Familie

Über die realen Wohnbedingungen in den 50er Jahren in Schleswig-Holstein geben zumindest ansatzweise Aufzeichnungen Auskunft, die das Statistische Landesamt von Bürgern hat vornehmen lassen. Nach der Auswertung wurde das Gros zwar vernichtet, eine kleine Auswahl aber zu dokumentarischen Zwecken dem Landesarchiv in Schleswig übergeben. Darunter befinden sich auch die Haushaltsbücher einer Familie „Z." aus Kiel.[15] Der Ehemann war 1924 geboren, 1950 also 26 Jahre alt, und arbeitete bei der Stadt als Maschinenschlosser. Seine Frau, Jahrgang 1923, war Hausfrau und versorgte die beiden Kinder, einen Sohn, geboren 1946, sowie die ein Jahr jüngere Tochter. 1949, zu Beginn der Aufzeichnungen, wohnte die Familie in einem Zimmer, für das sie 8 DM Miete im Monat zahlte, das Einkommen des Ehemannes betrug in dieser Zeit 300 DM.[16] Im November 1950 konnten sie in eine Neubauwohnung umziehen, die aber auch nur ein Zimmer hatte. Allerdings gab es eine Wohnküche, sodass der abgetrennte Raum Schlafzimmer wurde. Insgesamt standen ihnen damit 30 qm zur Verfügung, die 23,60 DM monatlich kosteten. Auch diese Wohnung war für vier Personen zu klein, es stellte aber trotzdem einen Glücksfall dar, überhaupt eine richtige abgeschlossene Wohnung zu bekommen. Anlässlich des

rechte Seite oben:
Radio, Nordmende „Elektra",
1958; SHFM

unten:
das Radio im Wohnzimmer
von Hans T. stand auf dem alten
Schellackplattenspieler, ca. 1956;
Priv.-Bes.

Einzugs kaufte die Familie Gardinen, einen Kokosläufer und Lampen für die Einrichtung. Zusammen mit einem Mülleimer und einer Zinkwanne gaben sie dafür 30 DM aus, für die sie allerdings Schulden aufnehmen mussten. Von den Eltern liehen sie sich 24 DM für einen Küchentisch.[17] Um bei der Kleidung sparen zu können – bei heranwachsenden Kindern waren die Kosten nicht unerheblich –, nähte Frau Z. selbst.
Herr Z., der die Listen führte, vermerkte jede Kleinigkeit gewissenhaft. Der weitaus größte Teil des Lohns musste demnach für den Lebensunterhalt aufgebracht werden, sodass für notwendige Anschaffungen nicht viele Mittel zur Verfügung standen.
Ein weiteres Mal zogen sie Ende des Jahres 1955 in eine 2 ½-Zimmerwohnung mit Bad und Küche um. Die Kinder waren inzwischen neun und acht Jahre alt und erhielten einen der Räu-

Standfernseher von Philips mit Schiebetüren, ca. 1959, Foto: Looft-Gaude; Priv.-Bes.

me als Kinderzimmer. An Miete waren hier 67,58 DM aufzubringen. Und wieder forderte die größere Wohnung weitere Einrichtungsgegenstände. Herr Z. verdiente inzwischen 450 DM, wovon im Durchschnitt 400 DM für die Lebenshaltung gebraucht wurden. Vom verbliebenen Rest konnten die Käufe zur Wohnungsausstattung, Gardinen, Deckenleuchte und Leselampe nicht geleistet werden. Dafür liehen sie sich von den Eltern des Mannes 40 DM. Die größte Anschaffung in diesem Zusammenhang war eine „Klubgarnitur", bestehend aus Sofa und zwei Sesseln.[18] Hier musste ein Lohnvorschuss helfen.

Im Schnitt gaben die Arbeitnehmerhaushalte laut Statistiken des Landesamtes etwa 9 % der Einkommen für ihre Wohnungen aus. Dieses Verhältnis blieb über die Jahre auch bei gestiegenen Einkommen erhalten.[19] 1957 kaufte Familie Z. sich für 339 DM ein Radio, das aus eigenen Mitteln bezahlt werden konnte, und einen Wohnzimmerschrank für 730 DM.[20] Obwohl Herr Z. zusätzlich durch Akkordeonspielen Geld verdiente, musste der Schrank in Raten bei der Waren-Kredit-Gesellschaft abgezahlt werden. Dies war die erste Erwerbung auf Raten, aber weitere folgten, unter anderem eine Einbettliege – wahrscheinlich waren die Kinder nun zu groß, um gemeinsam in einem Bett zu schlafen – sowie ein Kleiderschrank für 148 DM.

Die Radioanschaffung lag mit 1957 relativ spät. Alte Radios, soweit vorhanden, erfüllten den modernen Standard nicht mehr. Auf der Kopenhagener Wellenkonferenz von 1948 waren Deutschland nur vier Mittelwellensender zugestanden worden. Deshalb wich der Rundfunk auf die Ultrakurzwelle (UKW) aus, wo Hunderte von Sendern arbeiten konnten. Um die Programme zu empfangen, brauchte man allerdings neue Apparate. Als erste Firma hatte Grundig 1950 ein solches Gerät herausgebracht und mit dem Slogan „zukunftssicher durch UKW" geworben.[21]

Einen besonderen Platz im Haushaltsbuch nimmt die Notierung eines neuen Fernsehgeräts, Typ „Weltblick", am 24.12.1958 ein. Es kostete 885 DM, die ebenfalls auf

Wandteller, Keramik, ca. 1955; SHFM

junge Frau an einer Musiktruhe, ca. 1956;
Geschichtsverein Bordesholm

Raten verteilt werden mussten.[22] Mit diesem Kauf lag die Familie zeitlich durchaus im üblichen Rahmen.
Das Fernsehen hatte zwar am 1.11.1954 offiziell begonnen, aber zunächst stand damals nur in 0,5 % der Haushalte ein Apparat. Schließlich waren die Geräte noch sehr teuer, und es gab auch erst wenig Programm. Außerdem machten die kleinen Bildschirme das gemeinsame Zuschauen mühsam. Um die Erweiterung und Verbesserung bemühte Programmgestalter kamen damals auf die Idee, telefonische Befragungen vorzunehmen, weil sie – offensichtlich zu Recht – davon ausgingen, dass die Besitzer eines Fernsehers auch gleichzeitig ein Telefon besaßen.

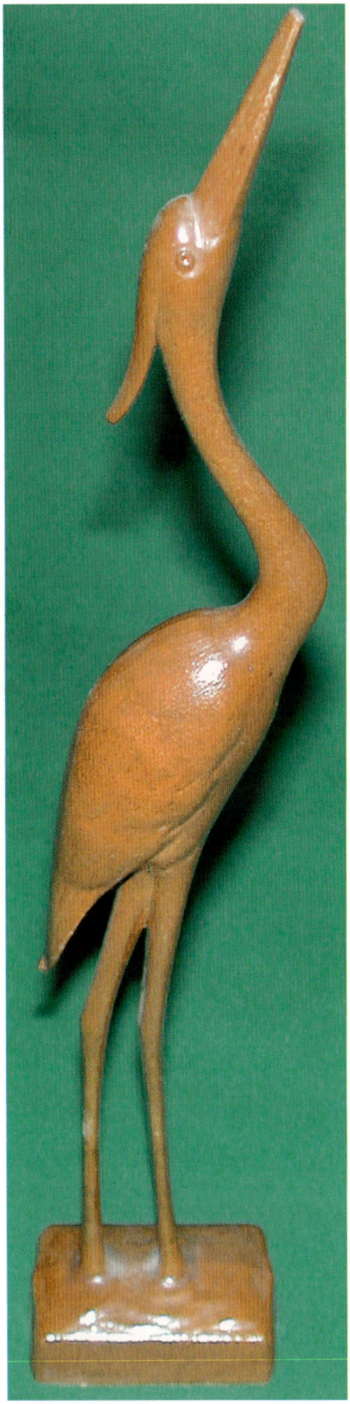

Wohnzimmermöbel

In den wenigsten Wohnzimmern standen in den 50er Jahren ausschließlich die von uns heute für die damalige Zeit als typisch angesehenen Möbel. Die meisten Haushalte hatten mit Einrichtungen im Gelsenkirchener Stil begonnen und schafften sich im Laufe des Jahrzehnts einzelne Möbel oder eine Sitzgruppe dazu an. Für die kleine Wohnung, in der der Wohnraum gleichzeitig Schlafzimmer war, hatte man vielleicht einen Schrank gekauft, der von außen wie ein Stubenmöbel mit einem gläsernen Schaufach in der Mitte wirkte, in Wahrheit versteckten sich jedoch hinter den Seitentüren die Kleiderschränke.

Cocktailsessel boten den Vorteil, dass sie sich problemlos nach Bedarf im Raum verstellen ließen. Sie waren leicht vom Gewicht her, und ihre Form, die nach oben breiter werdende Rückenlehne sowie die dünnen, ausgestellten Beine verstärkten diesen Eindruck noch. Sie erfüllten damit eine wesentliche Anforderung des Stilempfindens, das Streben nach Leichtigkeit.

Neben dem obligatorischen rechteckigen Esstisch mit leicht ausgestellten Beinen gehörte wohl zu jeder Wohnung mindestens ein Beistelltisch mit organisch geformter Platte – sie musste nicht zwangsläufig nierenförmig sein. Es gab sie in allen Größen und vor allem waren sie als Blumenhocker beliebt. Ihre Platten bestanden meistens aus Resopal oder anderen Kunststoffbelägen, sie waren oft mehrfarbig und in verschiedenen Mustern gearbeitet.

Die Wände des Wohnzimmers hatten meistens Tapeten in zurückhaltenden Farben und daran hingen neben Bildern die keramischen Köpfe junger Mädchen mit Pferdeschwänzen, afrikanische Masken, bemalte Wandbehänge aus Bast oder Holzskulpturen fliegender Vögel. Die neuen Regalsysteme der 50er Jahre, die mit ihren Sprossenwangen ebenfalls sehr leicht wirkten, konnten glücklicherweise problemlos angebaut und erweitert werden, denn der Lesehunger war gewaltig.

In den Schaufenstern der Kaufhäuser spielten gesamte Zimmermöblierungen vor allem wohl wegen der Raumgröße, die sie beanspruchten, keine große Rolle. Wenn sie in den 50er Jahren auftauchten, ging es meistens darum, Textilien für den Wohnbereich, wie Gardinen und

Teppiche zu präsentieren. Und es wurden Wohn- oder Esszimmereinrichtungen aufgebaut, keine Schlafzimmer. Aufstellen von Betten in der Öffentlichkeit ging für die aus heutiger Sicht erstaunliche Prüderie der 50er Jahre offensichtlich über eine Schmerzgrenze hinaus. Das Karstadthaus in Kiel zeigte um 1960 immerhin ein Jugendzimmer, zu dem auch die Schlafgelegenheit gehörte, aber dabei handelte es sich, wie in jener Zeit üblich, um ein Verwandlungsmöbel, das während des Tages als Sofa diente.[23] Das Bettzeug verschwand dann in einem eigens dafür vorgesehenen Schrank. So praktisch die Lösung war, sie stellt gleichzeitig ein Beispiel für das Verstecken alles dessen dar, was auch nur irgendwie mit sexuellen Bedürfnissen in Verbindung gebracht werden konnte.

linke Seite:
Reiher, lackiertes Holz,
Höhe: 26 cm; SHFM

auf dieser Seite:
Rehkitz aus Porzellan,
Höhe: 9 cm,
Foto: Looft-Gaude;
Priv.-Bes.

Anmerkungen:

1 Degn 1994, S. 225
2 Jensen/Wulf 1991, S. 402
3 Lehmann 1983, S. 14
4 Strobel 2002, S. 117
5 Hausbuch 1950, S. 89 f.
6 Ebd.
7 Ebd.
8 Ebd., S. 93
9 Ebd., S. 96
10 Schittenhelm 1958, S. 171
11 Ebd., S. 173
12 Ebd.
13 Schittenhelm 1958, S. 170
14 Hajo Bücken und Dieter Rex: Die wilder Fünfziger. Reichelsheim 2001, S. 14
15 Wildt 1996
16 Ebd., S. 40
17 Ebd., S. 41
18 Ebd., S. 54
19 Ebd., S. 70
20 Ebd., S. 55
21 Lehmann 1983, S. 12
22 Wildt 1996, S. 55
23 Abbildung auf S. 180

Literatur:

Degn 1994
Jensen/Wulf 1991
Schittenhelm 1958
Strobel 2002
Wildt 1996

„Moderne Lampen – gutes Licht"

Tütenlampen und andere Leuchten der 50er

„Zwischen Nierentisch und Tütenlampe. Ehepaar Zahn und das Lebensgefühl der 50er Jahre."[1] Mit dieser prägnanten Überschrift wurde vor nicht allzu langer Zeit ein Bericht über ein Sammler-Ehepaar aus der Nähe von Husum, das sich auf Alltagsgegenstände dieser Zeit spezialisiert hat, eingeleitet. Die meisten Menschen verbinden heute spontan die 50er Jahre mit diesen beiden bekannten Einrichtungsgegenständen. Hellmuth Karasek bringt diese gängige Assoziation in einem „Spiegel"-Artikel über die 50er Jahre auf den Punkt, indem er von der „Nierentisch- und Tütenlampe-Epoche" spricht und betont, dass diese Zeit für ihre Tische und Lampen „berühmt-berüchtigt" geworden sei.[2] Gespräche mit Zeitzeugen hingegen bestätigen eine weite Verbreitung dieser scheinbar so typischen Einrichtungsgegenstände nicht, im Gegenteil – die meisten wollen beides gar nicht besessen haben. Und tatsächlich ergab eine Umfrage von 1955, dass 61 % der Deutschen sich „ganz konservativ zu holzfurnierten Möbelgarnituren" bekannten.[3] Nur wenige Haushalte waren ausschließlich oder zum größten Teil mit jenem Mobiliar und Zubehör ausgestattet, das wir heute als so typisch für die 50er Jahre ansehen. Modische, farbenfrohe Accessoires wie die Tütenlampen, aber auch kleine Nierentischchen, Blumenhocker und Vasen, dienten vielen Käufern im Nachkriegsjahrzehnt dazu, etwas „Farbe, Schwung und einen Hauch modernen Lebensgefühls in die soliden, etwas spießigen Wohnstuben" zu bringen.[4]
Die Tütenlampe, die eigentlich korrekterweise „Tütenleuchte" heißen müsste,[5] ist heute die bekannteste Lampenform der 50er Jahre, damals war sie aber nur eine von vielen. Das Angebot an Lampen bzw. Leuchten war recht breit gestreut, es sollte schließlich eine größere Bandbreite an Geschmäckern abgedeckt

linke Seite:
Lampenschaufenster ca. 1958, Karstadt, Kiel; Priv.-Bes.

unten:
zweiarmige Stehleuchte mit „Tüten", ca. 1953, Foto: Looft-Gaude; Brandschutzsammlung der Provinzial Brandkasse/SHFM

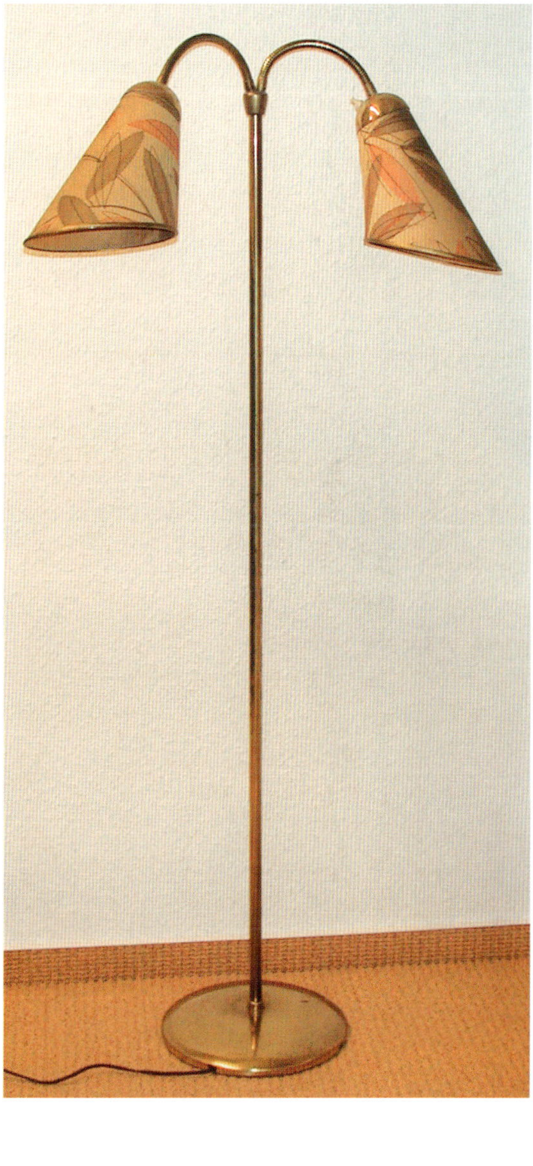

werden. Auch innerhalb des Leuchten-Designs dominierten die beiden allgemein vorherrschenden ästhetischen Grundtendenzen der 50er Jahre: zum einen die naturalistisch beeinflusste organische und zum anderen die funktionalistische, geometrische Formensprache.[6]
Das funktionalistisch geprägte Leuchten-Design der 50er steht in der Nachfolge des Bauhauses der 20er Jahre, deren Vertreter klare, geometrische Linien bevorzugten und die auf überflüssige Ornamentik verzichteten. Eine Lampe ist hierbei sogar zum Synonym für das Bauhaus geworden, und zwar die so genannte Bauhausleuchte aus dem Jahr 1924, eine Halbkugel-Mattglas-Tischleuchte des Bauhauskünstlers Wilhelm Wagenfeld (1900 – 1990).[7] Wagenfeld entwarf auch Jahrzehnte später noch Lampen, so beispielsweise 1958 eine Spiegellampe aus Porzellan für die Lindner Porzellan-Fabrik, die ganz in der Tradition des puristischen, rationalen Designprogramms der 20er Jahre stand.[8]
Nach dem 2. Weltkrieg bestimmten in erster Linie die skandinavischen Designer die Formgestaltung der Leuch-

Tütenwandlampen in einem Kieler Wohnzimmer, Sitzgarnitur und Tisch waren im Stil des Gelsenkirchener Barocks, 1956; Priv.-Bes.

ten. Der Däne Poul Henningsen (1894 – 1967) wurde für seine „PH-Leuchten" bekannt, die er allerdings ebenfalls schon in den 20er Jahren entwickelte. Seitdem sind sie aber in zahlreichen Entwürfen in Serie gegangen und zu einem Klassiker der Moderne geworden, wie z.B. seine Tischleuchte PH 4/3 von 1927.[9] Henningsens Anspruch, die Leuchten sollten abends perfekte Lichtquellen und tagsüber schöne Kunstwerke sein, findet sich in dem späteren Konzept des funktionalistischen Designstils der 50er Jahre wieder. Ein Beispiel hierfür ist die teilweise schwarz lackierte Messing-Lampe der Firma Fog und Morup aus Dänemark, die in klaren Linien von Sven Age Holm Soerensen 1957 entworfen wurde.[10] Sie wirkt wie eine moderne Skulptur, die auch bei Tageslicht die Wohnungseinrichtung optisch bereichert.

Mit der Einführung des Werkstoffs Plastik traten dann seit Ende der 50er Jahre die Italiener in der Entwicklung des Lampendesigns in den Vordergrund, sie konnten offensichtlich mit dem neuen Material am besten umgehen.[11] Die Lampenfirma „Artemide", 1959 von Ernesto Gismondi in Mailand gegründet, gilt sogar als „der wichtigste Urheber des heute weit verbreiteten Geometrie-Looks im Lampen-Design."[12] Der Unternehmer Gismondi vertrat – ähnlich wie der Designer Henningsen – die Meinung, Leuchten sollten auch im ausgeschalteten Zustand schön anzuschauen sein.[13] Andere Firmen, wie „Arteluce", „Arredoluce", „Lumen" und „Stilnovo", lieferten laut Christian Borngräber „die elegantesten und verrücktesten Leuchten Italiens".[14]

Die Lampen-Designer arbeiteten aber nicht nur im funktionalistischen Stil, ihre Entwürfe zeigten ebenso organische Formen, die sich an den Vorgaben der Natur orientierten.[15] Diese Stilrichtung äußerte sich in den Entwürfen von 50er Jahre-Leuchten in einer Formgebung, die Blüten, Blumen und schlängelnde Pflanzen nachahmte. So erinnert zum Beispiel die Form einer italienischen Wandlampe von „Fontana Arte" aus Messing mit fünf Glasschirmen an aufrecht stehende,

Tischleuchte
mit Lamellenschirm,
ca. 1955,
Foto: Looft-Gaude;
Priv.-Bes.

Stehleuchte auf drei Beinen, ca. 1960, Foto: Looft-Gaude; Priv.-Bes.

leicht im Wind schwankende Wasserpflanzen.[16] Eine Stehleuchte der italienischen Firma „Arredoluce", ebenfalls aus Messing, mit elf geraden, schlanken Armen, an deren oberen Ende sich je ein Lampenschirm in Form einer Blüte befindet, wirkt wie ein übergroßer Blumenstrauß.[17] Bei einer anderen Stehleuchte aus Italien („Stilnovo") zweigen ungefähr in der Ständermitte mehrere Spiralarme unregelmäßig schräg nach oben ab. Deren Lampenschirme sind ebenfalls wie Blüten geformt, sodass diese Leuchte die Gestalt eines blühenden Buschs oder kleinen Bäumchens annimmt.[18]

Aus diesen Blumen und Blüten nachempfunden, zum Teil recht verspielt und extravagant wirkenden, eleganten Leuchten hat sich die „berühmt-berüchtigte" Tütenlampe entwickelt. Die Tütenform als Lampenschirm lässt noch organisch geschwungene Formen erkennen, sie erscheint jedoch eher wie eine stilisierte Fortsetzung jener Schirme, die Blütenkelche noch naturalistischer nachzuformen versuchten. Wie eine stilisierte Blume wirkt beispielsweise das Exemplar einer Wandleuchte mit zwei Tütenschirmen, bei der die Wandhalterung asymmetrisch, in der Gestalt eines Blütenblatts geformt ist.[19] Einer blühenden Pflanze gleich ist eine Stehlampe mit drei Armen und Tütenschirmen sowie einer organischen geformten Abstellplatte im unteren Teil des Ständers, die aussieht wie das Blatt einer Seerose.[20] Während die Tütenschirme in der Regel einen asymmetrischen Abschluss haben, sind andere, der Tüte noch nahe stehende Schirme gerade abgeschnitten und eher als trapezförmige Kegel zu bezeichnen.

Die Schirme der Tütenlampen sowie die Schirme und Lampenfassungen der anderen Leuchten im organischen Design befanden sich häufig an beweglichen Spiralarmen, sodass sie in alle Richtungen schwenkbar waren und den Eindruck eines im Winde wogenden Pflanzenstängels erweckten. Auch geschwungene Ständer, an denen der Schirm frei herunter hängen kann, wie z.B. bei der Bogenwandleuchte aus Holz und Bast imitierenden Kunststoffbändern (s. S. 76), vermittelten ein Bild von Leichtigkeit und Beweglichkeit, wie es zarteren Pflanzen eigen und für den Stil der 50er kennzeichnend ist.

Das Karstadt-Schaufenster der 50er Jahre, das unter dem Motto „Moderne Lampen – gutes Licht" stand, führte dem potenziellen Kunden einen bunten Reigen verschiedener

Hänge-, Wand-, Boden- und Tischleuchten vor Augen. Es zeigt nicht nur sehr anschaulich, wie viele Variationen an Lampentypen angeboten wurden, sondern vor allem, dass die organische, gewölbte und weichere Formgebung weit stärker vertreten war als der strenger wirkende funktionalistische Lampenstil. Auch die Hänge- und Wandplatten, die der Dekorateur zur Befestigung der Wand- und Hängeleuchten verwendete, sind in der organischen geschwungenen Form ausgeschnitten.
Karstadt bot in seinem Schaufenster Hängeleuchten mit Lampenschirmen in der Gestalt von Schalen an, die aussahen wie der untere Teil einer Eierschale, aber auch Leuchten mit größeren und kleineren Blüten- oder Tütenschirmen. Stehleuchten waren je nach Wunsch mit einem, zwei oder drei Armen zu kaufen, die Lampenschirme in Form einer schräg oder gerade abgeschnittenen Tüte oder einer wie ein Kegel geformten Tüte. Außerdem gab es einige Wand- und Hängeleuchten ohne Lampenschirm, stattdessen mit einer Lampenfassung, die wie ein Blütenkelch die Glühbirne umfasste. Leuchten im funktionalistischen Design hingegen lassen sich lediglich in den schlichten Tischlampen aus Metall im Vordergrund ausmachen, die eine glänzende, nach unten geöffnete Schale als Lampenschirm hatten.
Darüber hinaus sind im Karstadt-Schaufenster Lampenschirme zu sehen, die weder der einen noch der anderen beschriebenen Designrichtung entsprechen. Hierbei handelt es sich um die kleinen Tisch- bzw. Nachttischleuchten im Vordergrund rechts,

Stehleuchte mit beweglichen Spiralarmen und buntfarbigen Tütenschirmen, ca. 1950; SHFM

oben:
Bogenleuchte aus Holz und Kunststoff, ca. 1955; SHFM

rechte Seite:
im Arbeitszimmer der neu eingerichteten Wohnung von Hilde und Meta L. gab es eine zweiarmige Stehlampe, einen Deckenleuchter mit sechs verschiedenfarbig gestreiften Schirmen sowie eine zweiarmige Wandlampe, 1957; Priv.-Bes.

die einen gerafften Lampenschirm – vermutlich aus Stoff – haben. Ebenfalls beliebt waren Leuchten mit einem Lamellenschirm aus Kunststoff (s. S. 73).
Die verwendeten Materialien lassen sich auf den Fotografien der 50er Jahre nicht immer identifizieren, anhand der erhaltenen Leuchten aber immerhin für eine ganze Reihe – ohne Garantie auf Vollständigkeit – benennen. So bestanden Lampenfuß und -ständer in der Regel aus lackiertem oder unlackiertem Metall (Messing, Aluminium, Gusseisen), seltener aus Holz. Der Lampenschirm konnte aus Glas (milchig-weiß), Plexiglas (eingedrückt, klar, milchig-weiß, gelb, rot), Porzellan, Lochblech und vor allem aus Kunststoff sein. Der Kunststoff war ein beliebter Werkstoff der Lampen-Designer und -Hersteller, der besonders für die Schirme der Tütenlampen Anwendung fand, aber auch nicht ganz unproblematisch war. Braune Flecken auf den Schirmen benutzter Tütenleuchten zeugen davon, dass die Kunststoffschirme nicht brandschutzsicher waren und besser nicht unbeaufsichtigt angeschaltet blieben.
Hinsichtlich der Farben bzw. der Farbigkeit der Muster geben die meisten zeitgenössischen schwarz-weißen Fotografien genauso sparsam Auskunft wie zum Material der Leuchten. Einen Einblick in die Farbenvielfalt von Lampenschirmen ermöglicht aber immerhin die Nachbildung eines Lampengeschäfts in Puppenformat, die in die zweite Hälfte der 50er Jahre zu datieren ist.[21] Hier sind Lampenschirme in zartem Zitronengelb, blassem Rosa, hellem Grün, aber auch in kräftigem Gelb, Rot und sattem Grün zu sehen. Daneben gab es allerdings ebenso dezente Farbtöne, wie Lampenschirme in weiß, cremeweiß, hellem oder dunklerem Beige. Auch die Muster der Schirme variieren von auffälligen geometrischen Zeichnungen, wie im Karstadt-Schaufenster, bis hin zu Streifen, kleinen Punkten oder naturalistischen und stilisierten Blumenmustern.
Das Leuchten-Sortiment der 50er Jahre umfasste vor allem Lampen im geschwungenen, organischen Designstil. Hier hatten die Kunden die Möglichkeit, innerhalb einer Spannbreite von unauffälligen, sich dem Mobiliar im Stil des Gelsenkirchener Barock anpassenden Modellen bis zu extravaganten, gewollt ins Auge fallenden Leuchten auszuwählen. Bereits der Leuchtentyp der Tütenlampe bot diese Alternativen: Die Mutigen oder be-

sonders Modebewussten kauften zum Beispiel ein buntes Modell mit drei verschiedenfarbigen Schirmen in Rot, Grün und Gelb. Die einen Kompromiss suchenden Kunden nahmen die Tütenleuchte mit zwei gleichen Schirmen in gedeckten, dunkleren Farben und einem dezenten Blumenmuster, die sich wesentlich „ungefährlicher" in eine biedere Wohnungseinrichtung einfügte.
Die Designer-Lampe in puristischer, funktionalistischer Formgebung ist in den 50er Jahren vom überwiegenden Teil der deutschen Bevölkerung für ihre Wohnungseinrichtungen nicht angenommen worden. Doch hat dieser Leuchtentyp im zeitlos wirkenden Design in neuen bzw. neu aufgelegten Modellen bis heute überlebt, während die ehemals modischen, oft verspielt wirkenden Leuchten wie die „berühmt-berüchtigten" Tütenlampen nur noch als Liebhaber- oder Erinnerungsstücke in den Wohnungen zu finden sind.

Anmerkungen:
1 Kieler Nachrichten 8.7.2005
2 Karasek 2006, S. 75
3 Schuwirth 2005, S. 13
4 Schuwirth 2005, S. 15
5 Mit „Lampe" bezeichnet man eigentlich nur das Gerät zur Erzeugung von Licht (wie z.B. eine Glühlampe), während die „Leuchte" den darum gestalteten Formkörper (Lampenschirm, Halterung) meint
6 Vgl. S. 46-55
7 Abb. bei Matz 2000, S. 75; eine ähnliche Lampe s. S. 52
8 Abb. bei Kuhn 1989, S. 28
9 Vgl. Matz 2000, S. 77
10 Abb. bei Kuhn 1989, S. 28; Borngräber 1979, S. 165, Abb. 5.14
11 Vgl. Matz 2000, S. 77
12 Matz 2000, S. 77 f.
13 Matz 2000, S. 78
14 Borngräber 1979, S. 158
15 Vgl. S. 48-51
16 Abb. bei Kuhn 1989, S. 28
17 Borngräber 1979, S. 166, Abb. 5.16
18 Borngräber 1979, S. 167, Abb. 5.20
19 Abb. bei Matz 2000, S. 78
20 Abb. bei Schuwirth 2005, S. 17
21 Metzger/Tremmel-Endres 1996, S.77

Literatur:
Borngräber 1979
Kuhn 1989
Matz 2000
Metzger/Tremmel-Endres 1996
Schuwirth 2005

„Freizeit für die Hausfrau"
Die elektrische Revolution im Haushalt

Schaufenster mit Werbung für elektrische Haushaltsgeräte, ca. 1955, Kaufhof AG, Köln; Usinger/Heeren 1956, S. 197

Die erste Elektrifizierungswelle hatte es in den 20er Jahren des 20. Jahrhunderts gegeben, als immer mehr Haushalte Anschluss an eine zentrale Stromversorgung erhielten. Damals waren bereits elektrische Haushaltsgeräte auf den Markt gekommen. Nach dem Ende des Krieges gab es davon in unzerstörten Häusern noch das eine oder andere, aber zu viele Menschen hatten fast alles verloren. Die Produktion von Elektrogeräten beschränkte sich in dieser Zeit auf notwendige Dinge, insbesondere auf die Herstellung kleiner billiger Kocher, die von den vielen Menschen gebraucht wurden, die keine eigene Küche zur Verfügung hatten.

Die 40 beziehungsweise 60 DM, die 1948 zur Währungsreform ausgegeben wurden, reichten nicht einmal für lebenswichtige Dinge, und die Löhne der ersten Jahre

mussten ebenfalls für die notwendige Grundversorgung aufgewendet werden.
Elektrische Geräte waren Luxusartikel, weil die meisten ihrer Funktionen auch in Handarbeit von den Frauen geleistet werden konnten. Zumal diese nach Rückkehr der Männer aus dem Krieg – sofern sie zu den glücklichen Heimkehrern gehörten – vielfach wieder ganz an den heimischen Herd zurückkehrten, um sich um Haushalt und Familie kümmern zu können.
Und bei den vielen Alleinstehenden, Unverheirateten, Witwen sowie den Frauen von Vermissten war das finanzielle Auskommen so knapp, dass an derartige Anschaffungen zunächst einmal auch nicht zu denken war.
Trotzdem machten sich öffentliche Bauherren, Architekten und Bauschulen Gedanken über das Aussehen geeigneter neuzeitlicher Küchen, die der Hausfrau möglichst großen Arbeitskomfort boten und unnötige Wege vermieden, um Zeit zu sparen. Als perfekte Ergänzung solcher modernen Küchen boten sich fast zwangsläufig arbeitserleichternde elektrische Geräte an.
Zu den ersten Elektrogeräten, die schon in der ersten Hälfte der 50er Jahre angeschafft werden konnten, zählte statistisch der Staubsauger. Nach einer Erhebung des Instituts für Demoskopie besaßen 1955 immerhin 39 % der westdeutschen Haushalte einen.[1] Auf die Frage, welche Geräte man bräuchte, damit es einem gut gehe, standen jedoch an erster Stelle der Kühlschrank, an zweiter die Waschmaschine und erst an dritter Stelle der Staubsauger. Allerdings war die Anschaffung von Letzterem wegen des geringen Preises eher möglich.[2] So kostete der „Siemens Rapid" beispielsweise 1956 ohne Zusatzgeräte 144 DM, die auch in Monatsraten ab 9 DM abzahlbar waren.[3] Ein großer Teil der Staubsauger wurde damals tatsächlich bei dem sprichwörtlichen Staubsaugervertreter gekauft,[4] der an die Tür kam. Aber auch bei anderen Geräten erfolgte der Vertrieb nicht nur über Spezialgeschäfte, lokale- oder Versand-Warenhäuser, also über den normalen Weg, sondern zum erheblichen Teil durch Vertreter, die in großen Zahlen durchs Land zogen. Die schwierige Arbeitssituation zwang viele Männer, zumindest zeitweise, in diesem Arbeitsbereich ihr Auskommen zu suchen.
Ebenfalls zu den Anschaffungen der frühen Konsumjahre gehörte der Elektroherd. Standen zu Beginn der 50er Jah-

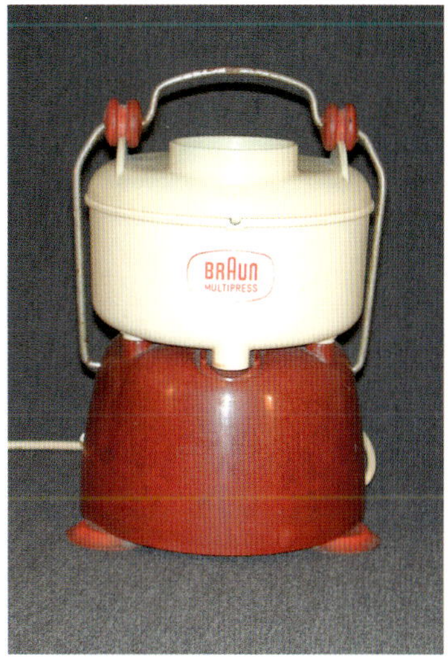

oben:
Saftzentrifuge „Multipress",
Braun, 1950; SHFM

unten:
elektrischer Ventilator,
Philips, ca. 1955,
Foto: Looft-Gaude;
Priv.-Bes.

re in den Küchen überwiegend Kohle- oder Gasherde und auch Kombinationen von beiden, so kochten die Frauen 1958 inzwischen in 32 % der Haushalte mit Hilfe von Strom.[5]

Den wichtigsten Wunsch, einen Kühlschrank, konnten sich bis zu diesem Zeitpunkt immerhin auch schon 21 % leisten, das heißt, in gut jedem fünften Haushalt stand einer. Zu Beginn des Jahrzehnts hatte es danach noch nicht ausgesehen. Finanzminister Schäffer plante 1951 sogar, Kühlschränke mit einer Luxussteuer zu belegen.[6] Er reagierte damit auf eine anscheinend noch verbreitete Meinung, wie sie in einem Handbuch zur Rationalisierung der Hausarbeit zum Ausdruck kommt: „Ein elektrischer Kühlschrank lohnt nur, wenn die Wohnung am Rande einer Stadt oder auf dem Lande liegt, so daß die Beschaffung von Kunsteis auf Schwierigkeiten stößt, und wenn durch einen Kühlschrank viele Einkaufswege erspart werden. Ein Luxusgegenstand bleibt er trotzdem."[7] 1955 gaben 10 % der befragten Haushalte an, einen Kühlschrank zu haben; von diesem Zeitpunkt an stieg die Anschaffungsquote, weil die Preise gesunken waren. Im Frühjahrskatalog bot Neckermann ein 55-Liter-Absorbergerät für 268 DM an, der 92-Liter-Kompressor-Kühlschrank sollte dagegen noch 498 DM kosten[8] – etwa so viel, wie der Monatslohn eines Arbeitnehmers mit einer vierköpfigen Familie betrug.

Die Werbung bemühte sich in diesen Jahren noch, den Kunden zu vermitteln, dass ihr Kühlschrank auch an heißen Sommertagen zuverlässig sei. Die Firma Siemens schreibt unter dem Bild von Sonne, Thermometer und dem Titel „Tropenstark": „Der ... T3 meistert durch seine größere Kühlleistung spielend jede noch so außergewöhnliche Belastung. Das zeigt sich so recht an den Hundstagen ... Dann brauchen Sie schon einen tropenstarken Kühlschrank."[9] Zu Beginn der 60er Jahre – so geben die Statistiken an – besaßen 51,8 % sämtlicher Haushalte, aber 63 % von denen mit vier Personen einen Kühlschrank.[10] Für alle, die einen hatten, erleichterte er das Hauswirtschaften und Einkaufen, sie mussten nicht mehr täglich etwas besorgen gehen und konnten bei Sonderangeboten auf Vorrat kaufen. Als weiteres Argument für einen Kühlschrank wurde häufig angegeben, dass man damit im Kühlfach selbst Speiseeis herstellen könnte. Wie bei den anderen Geräten gab es auch hier neben dem Einzelhandel weitere Einkaufsmöglichkeiten, und zwar über Beziehungen direkt beim Hersteller oder im Großhandel. Dort wurde sogar die Hälfte aller Geräte gekauft – für 10 bis 20 % unter dem Ladenpreis.[11]

Ab Mitte der 50er Jahre erhielt die Werbung der Hersteller von Elektrogeräten Unterstützung durch Stromlieferanten – immerhin profitierten sie von der kontinuierlichen Zunahme der Stromkosten: In Rendsburg beispielsweise veranstaltete die Schleswag in einer eigens zu diesem Zweck eingerichteten Lehrküche Kurse für Hausfrauen und Schülerinnen von Hauswirtschafts- oder Landwirtschaftsschulen, in denen praktische Erfahrungen mit den neuen elektrischen Geräten gesammelt werden konnten. Und auch auf den jährlich stattfindenden Landwirtschaftsschauen in Rendsburg konnten die Besucher sich am Schleswagstand, der das Motto trug: „Wir raten! Wir hel-

oben:
Haushaltsmaschine „Piccolo", ca. 1952; damit konnte nicht nur gemixt und gerührt, sondern auch gebohnert und gesaugt werden; solche Maschinen gab es nur kurze Zeit, weil Einzelgeräte für die Hersteller lukrativer waren; SHFM

links:
Schleswag-Stand auf der Landwirtschaftsschau in Rendsburg, 1958; Schleswag Nachrichten 10/1958, S. 5

linke Seite:
Anzeige für einen Kühlschrank von Siemens;
Film und Frau 2/1956, S. 25

fen! Wir dienen!", informieren.[12] Die Ausgaben für Strom stiegen dann auch bis 1960 auf ein Drittel der gesamten Aufwendungen für Energie.

Am häufigsten waren in den Küchen Handgeräte zum Schlagen und Rühren sowie Mixer in Gebrauch.[13]

Großer Beliebtheit erfreuten sich auch die Zentrifugen zum Auspressen von Zitrusfrüchten, die endlich wieder ausreichend vorhanden und zudem bezahlbar waren. Die großen Haushaltsmaschinen dagegen blieben nach einiger Zeit meistens im Schrank stehen, weil die Reinigungsprozedur so aufwändig war, dass die Hausfrauen die Arbeiten lieber und vielleicht sogar schneller mit der Hand machten. Dabei hatten sie beim Kauf wahrscheinlich das erwartet, was die Werbung ihnen versprach: „Freizeit für die Hausfrau."[14] In der Erläuterung dazu hieß es : „Endlich einmal wieder Zeit haben für schöne Dinge – Theater, Konzert, Bücher – das ist ein heißer Wunsch der heute so überlasteten Hausfrau ... Ja, wenn man eine Bosch-Küchenmaschine hätte! Sie schafft in Minuten, wofür früher Stunden erforderlich waren ..." Das Bild einer verträumt am Flügel sitzenden Frau unterstützt den Inhalt.

Aber nicht nur Zeit wurde in der Werbung versprochen – auch Gesundheit. Bei einem flüchtigen Blick auf das Bild einer anderen Anzeige könnte man meinen, die Werbung für ein Medikament vor sich zu haben: Eine junge Frau steht am Tresen einer Apotheke, der Apotheker hält eine Flasche in der Hand und daneben steht die Frage: „Kann man Gesundheit kaufen?" Die Aufklärung findet sich

darunter neben dem Bild eines Bohnerbesens: „Ja! – Mit einem Fakir 3 SL Elektrobohner kann man einer Frau Gesundheit kaufen, weil dieses moderne Gerät der Hausfrau den anstrengendsten Teil der Hausarbeit, die Bodenpflege, abnimmt. So bleiben die Kräfte der überlasteten Hausfrau geschont und sie kann stolz auf ihre gepflegte Wohnung sein ..."[15]
Der stilistische Aspekt elektrischer Geräte geriet erst durch die konsequenten Bemühungen der Firma Braun um eine „gute Form"[16] ins Blickfeld, die auch bei reinen Gebrauchsgeräten für klare ansprechende Formen eintrat.

linke Seite:
Werbung für eine Küchenmaschine von Bosch;
Film und Frau 9/1956, S. 63

auf dieser Seite:
Werbung für einen Elektrobohner von Fakir;
Ihre Freundin 8/1956, o. S.

Anmerkungen:
1 Wildt 1996, S. 53
2 Ebd., S. 53
3 Anzeige in Stimme der Frau 1956, o. S.
4 Wildt 1996, S. 53
5 Ebd., S. 124
6 Ebd.
7 Zit. nach Wildt 1996, S. 124
8 Ebd., S. 125
9 Stimme der Frau 14/1956, S. 25
10 Wildt 1996, S. 124
11 Ebd., S. 126
12 Schleswag Nachrichten 10/1958, S. 5
13 Ebd., S. 129
14 Film und Frau 9/1956, S. 63
15 Ihre Freundin 14.8.1956, o. S.
16 S. S. 54/55

Literatur:
Polster/Meyer 2005
Wildt 1996

Service, Cocktailspieße und gute Manieren
Geschirr, Gläser und alles, was man für Gäste brauchte

Schaufenster mit verschiedenen Gläsern, ca. 1957, Karstadt, Kiel; Priv.-Bes.

Die Geselligkeit spielte in den 50er Jahren für die meisten Deutschen eine bedeutende Rolle. Man ging zwar abends durchaus zu öffentlichen Veranstaltungen, vor allem aber besuchte man sich in regelmäßigen Abständen gegenseitig und feierte in größeren Runden, was immer es zu feiern gab. Als Anlass reichte auch die Tatsache, dass man sich lange nicht gesehen hatte. In den vielen schweren und knappen Jahren hatten sowohl die räumlichen wie auch die finanziellen Möglichkeiten für solche Feste gefehlt. Nun nutzte man die Gelegenheiten, ausgelassen und fröhlich zu sein, aus der Erleichterung, es überstanden zu haben und davongekommen zu sein.
Rückblickende Berichte aus diesen Jahren geben den

Charakter solcher Feiern wieder: „(Es war) ... eine ganz andere Geselligkeit. Wir sind ja so was von ausgelassen gewesen ..."[1] Auf die Frage, ob man lebensfroher gewesen wäre, lautete die Antwort: „Ja, sehr. Woran das lag? Ich weiß es nicht, man freute sich immer, wenn man feiern konnte, sich das leisten konnte, zu feiern. Es war etwas Besonderes. Das ging nun nicht jeden Sonnabend, sondern einmal im Vierteljahr. Aber dann wurde auch kräftig gefeiert, bis morgens hin."[2]
Die Kosten für so einen Abend trug man zumindest teil-

oben:
Salzstangenhalter aus eloxiertem Metall, Kunststoff und Glas

unten:
Liegevase, Keramik,
Fotos: Looft-Gaude; Priv.-Bes.

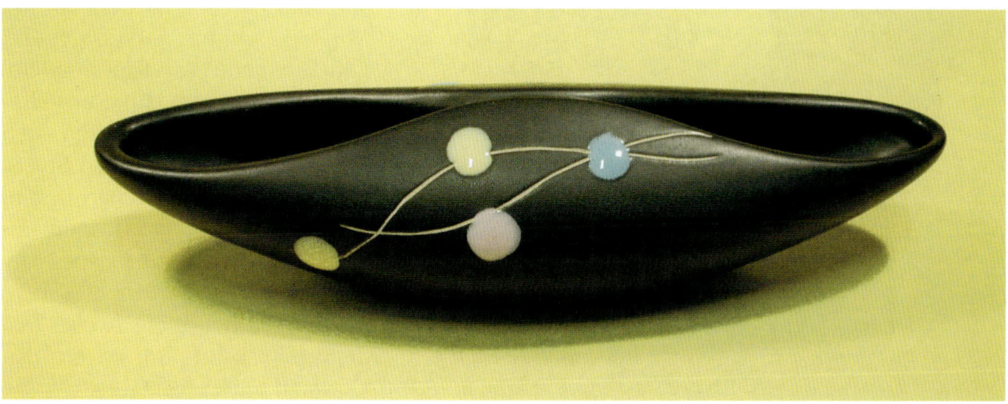

weise gemeinsam, indem jeder etwas mitbrachte. Richtige Abendessen waren noch nicht üblich, denn die hätte sich kaum jemand leisten können. Also aß jeder vorher zu Hause eine Scheibe Brot, und am Abend standen dann Salzstangen und -brezeln zum Knabbern auf dem Tisch. Dazu gab es viele verschiedene Salzstangenhalter zu kaufen. Die meisten bestanden aus eloxiertem Draht, hatten mit Bast oder farbigem Kunststoff umwickelte Griffe und eingesetzte Becher aus Glas oder Metall für die Salzstangen. Einige besaßen außerdem eine Stange, an die kleine Brezeln gehängt werden konnten. Keramik- oder Porzellanschälchen als Satz mit oder ohne Halter standen bereit, damit jeder Gast sich eins davon nehmen konnte.

Keramikteller;
farbige fremdländische Motive
auf schwarzem Grund
waren sehr beliebt,
Foto: Looft-Gaude; Priv.-Bes.

Für die Flaschen, die am Abend ausgetrunken werden sollten, gab es neben den üblichen Korkenziehern und Kapselhebern extra kleine, lustige Figuren aus Holz oder Metall, die zur Belustigung der Gäste ebenfalls auf dem Tisch standen und beide Arten von Öffnern ständig bereit hielten.

Oft hat man auch Bowle zubereitet, im Sommer mit Erdbeeren, im Winter mit Obst aus Dosen. Bowlenschüsseln und -gläser zählten dementsprechend zur Ausstattung vieler Haushalte. Und dazu gehörte unbedingt ein Halter mit Cocktailspießen aus Plastik, die als Aufsatz lauter verschiedene bunte Motive trugen: überwiegend Glückssymbole wie Schornsteinfeger, Schwein und Hufeisen. Fliegenpilz und Edelweiß waren auch fast immer dabei. Mit den Spießchen holte man die Früchte aus dem Glas, und damit jeder Gast im Trubel auch jederzeit sein eigenes wieder finden konnte, gab es außerdem die kleinen Motive ein zweites Mal an Metallhäkchen, um sie über den Glasrand zu hängen.

Flaschenöffnermännchen,
Holz und Metall, ca. 1955; SHFM

Die Gläser der 50er Jahre übernahmen zunächst die geläufigen Formen, waren aber sehr dünnwandig, sodass sie beim Abwaschen leicht zerbrachen. Die Dekors bestanden oft aus zarten eingeschliffenen Linien, die entweder der Kelchform folgten, um 45° gedreht, in geometrischen Mustern angeordnet waren oder kleine Sternchen zeichneten. Sekt- und Weingläser trugen auch häufig Weintraubenmotive.
Neben den gravierten klaren Gläsern spielten farbige eine zunehmende Rolle. Vor allem für Cognac- und Schnapsgläser waren spezielle Halter in Gebrauch, in denen man sie auf den Tisch stellen konnte und in die jeweils ein Satz von sechs oder acht Stück eingehängt war. Meistens hatten die Gläser nicht alle die gleiche Farbe, sondern kombinierten zwei oder mehrere Töne.

oben:
doppelkonische Gläser für Sekt und Wein, nach dem Entwurf von W. Wagenfeld für Rosenthal, ca. 1955, Foto: Looft-Gaude; Priv.-Bes.

rechte Seite oben:
Cognacgläser mit Halter, ca. 1955; SHFM

rechte Seite unten:
kleines doppelkonisches Glas, ca. 1958, Foto: Looft-Gaude; Priv.-Bes.

Für das künstlerisch geprägte Industriedesign entwarf Wilhelm Wagenfeld 1952 in Auftrag von Rosenthal doppelt konisch geformte Gläser – Vasen in ähnlicher Form gab es seit 1950 – mit geschliffenem Fuß. Sie waren stabil, standfest und trafen mit ihrer klaren, funktionalen Form offensichtlich den Geschmack der Zeit. Bald konnte man solche Gläser in verschiedenen Farben und Größen kaufen. Die Grundform wurde dann auch von anderen Glasherstellern übernommen, aber als Konzession an Ornamente liebende Kundschaften im Kelch leicht geschwungen und sogar mit den, aus der traditionellen Gestaltung stammenden, eingeschliffenen Linien versehen, was den ursprünglichen Entwurf völlig veränderte.
Glas erfreute sich in den 50ern grundsätzlich einer besonderen Beliebtheit. Es entsprach dem allgemeinen Bedürfnis nach Helligkeit und Leichtigkeit. Nicht nur Trinkgläser, auch Vasen, Schalen verschiedenster Größe und Form oder Aschenbecher schmückten Tische und Wohnräume. Der künstlerische Wille zur organisch gewölbten

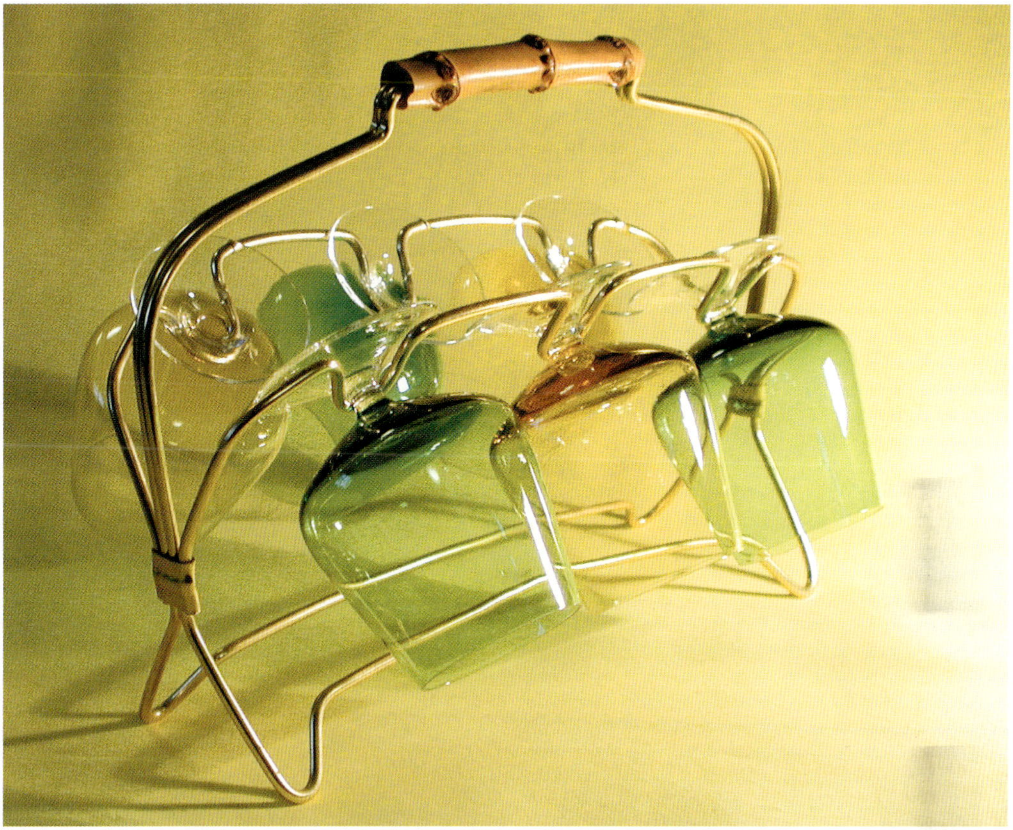

Form hat auch hier zu vielen interessanten Gestaltungen geführt. Eine besondere Rolle fiel dabei dem Muranoglas zu, weil es gleichzeitig einen Hauch von Italien in die Stube brachte.

Auch zu Kaffee und Kuchen lud man gelegentlich Freunde oder die Familie ein. Dann wurde – soweit vorhanden – das neue Service aufgedeckt. Die Formen erinnerten mehr an die der 20er Jahre als an die der 30er. Kannen waren wieder gestreckter und nur noch leicht gebaucht oder doppelkonisch gebildet; Kaffee-, Tee- und Suppentassen öffneten sich schalenförmig, und alles wirkte auch wegen der dünnen Wandungen sehr leicht.

Für mitgebrachte Blumen, vom Gänseblümchen bis zum Rohrkolben, standen Vasen in allen Größen bereit. Keramische Bodenvasen wurden aber auch ohne Blumen als dekorativer Raumschmuck genutzt. Und die in jüngerer Zeit verbreiteten Liegevasen sind kein neues Formdesign, sondern in den 50er Jahren entstanden.

rechte Seite oben links:
Cocktailspieße und Glasanhänger im Pilzhalter

rechte Seite unten links:
Aschenbecher aus Muranoglas

rechte Seite rechts außen:
Schnabelvase aus Glas

unten:
Anbietschale, Porzellan,
Fotos: Looft-Gaude; alle Priv.-Bes.

Gute Manieren

Nach den vorangegangenen, weitgehend feierlosen Jahren gab es offensichtlich Befürchtungen, sich nicht angemessen verhalten zu können. Spezielle Ratgeber und Zeitschriftenartikel bemühten sich deshalb wieder herauszuholen, was möglicherweise vergessen worden war. Auch wenn alle eine größere moderne Lockerheit durchaus guthießen, bestand einhellig die Meinung, dass gute Manieren keine leere Form wären, sondern „... die innere Bildung nach außen hin beweisen!"[3] So wurde auf die formelle Einhaltung gesellschaftlicher Spielregeln äußerster Wert gelegt, unter anderem, wer wem nach Rang, Alter oder Geschlecht an welcher Stelle den Vorrang zu lassen hätte. Zum Beispiel hieß es: „Eine Dame stellt

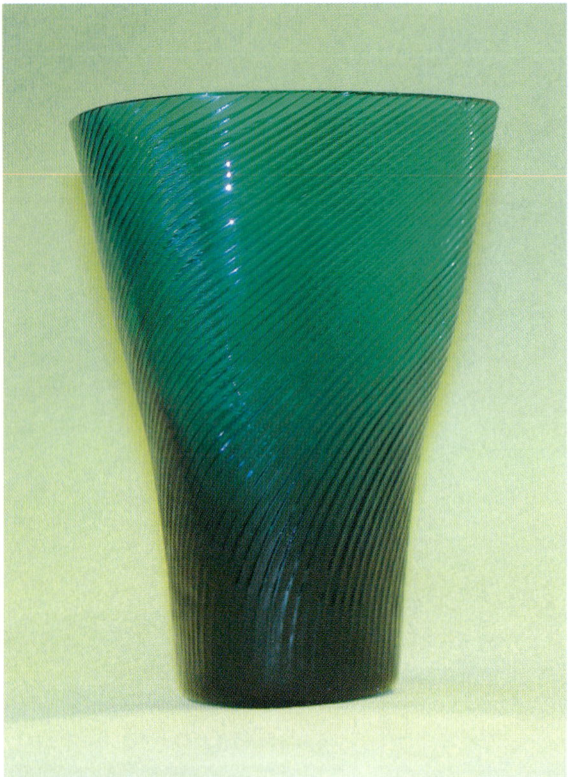

sich überhaupt nicht selbst vor ... Man sei nicht verzweifelt, wenn es übersehen wurde, einander vorzustellen, sondern bittet den Nächststehenden, dass er das Versäumte nachhole."[4] Und die Gastgeberin durfte „... nie eleganter sein ... wollen als ihre Gäste ..."[5]

Von der gastgebenden Ehefrau erwartete man, dass sie den Ablauf des Abends und das Wohl ihrer Gäste im Griff hatte. In der „Für Sie" stand 1957 unter dem Motto „Solche Feste hat man gern": „Einer perfekten Gastgeberin gelingt es, ohne viel Aufhebens die verschiedenartigsten Menschen in ein Gespräch und unter einen Hut zu bringen, Schüchterne zu wecken, Angeber zu dämpfen, Langweilige zum Reden und die ewigen Witzeerzähler zum Schweigen zu bringen. Sie darf weder müde noch zu ausgelassen sein, weder zu lästig noch zu lässig."[6] Die Frauenzeitschrift „Constanze" gab 1950 für Gäste folgende Benimmregeln: „Der Gastgeber fordert auf, Platz zu nehmen. Lieber Gast: nimm ihn ungezwungen ein. Räkle dich nicht, aber hock

oben:
Glasvase, Foto: Looft-Gaude; Priv.-Bes.

rechts:
Suppentasse, Rosenthal; SHFM

auch nicht auf der Kante ... Es kann auch vorkommen, dass der Gast warten muss. Lieber Gast: sei dann besonders wohlerzogen! Bleibe stehen und schau dir ein Bild an der Wand an oder die Uhr. Aber schaue nicht auf den Schreibtisch, zieh keine Schubladen auf, wisch nicht Staub ..."[7]

oben links:
für die private Silvesterfeier in Kiel wurden die Möbel ausgeräumt, damit Platz zum Tanzen war, 1958/9

oben rechts:
Peter G. aus Kiel mit Akkordeon; bei Feiern hat man oft selbst Musik gemacht, zumal nicht überall ein Schallplattenspieler vorhanden war, ca. 1956

unten:
private Feier im Münsterland, 1959; alle Priv.-Bes.

Anmerkungen:
1 Wildt 1996, S. 51
2 Ebd., S. 51
3 Horn 1952, S. 452
4 Ebd., S. 453
5 Ebd., S. 455
6 Für Sie. Stimme der Frau 3/1957, S. 12
7 Zit. nach Lehmann 1983, S. 13

Literatur:
Fuchs/Burkhardt 1985
Horn 1952
Wildt 1996

„Wohlgefühl der PERLON-Zeit"

Neues Textilmaterial

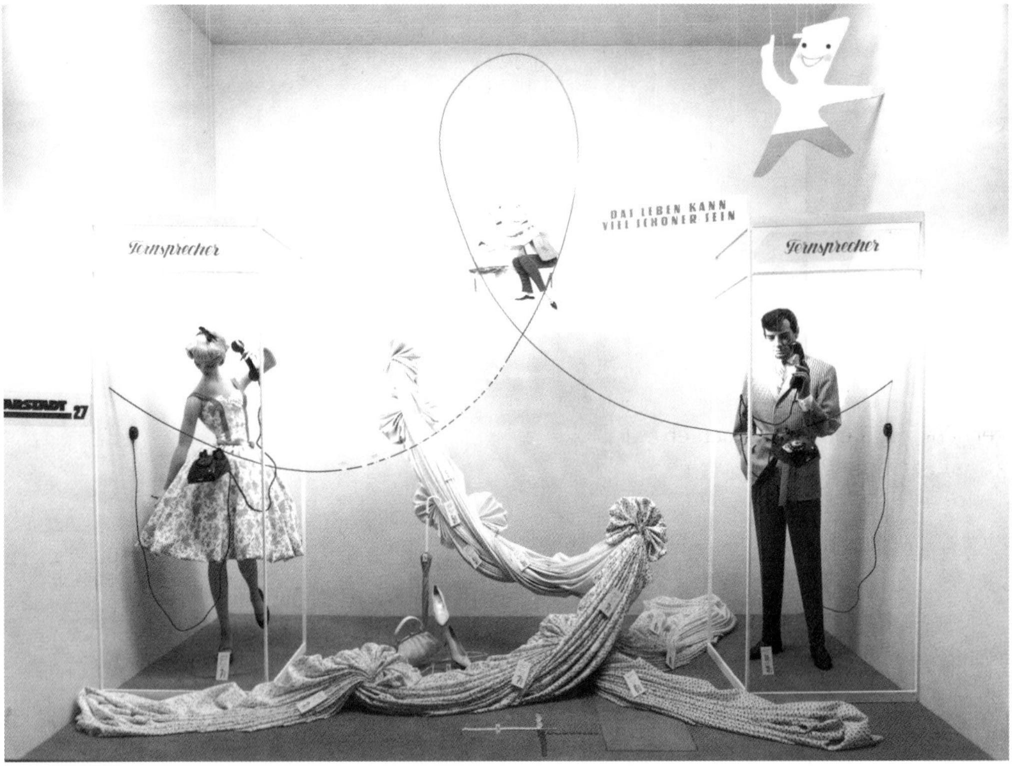

Schaufenster mit dem Thema „Liebe im Frühling" zur Werbung für leichte, gemusterte Stoffe, ca. 1958, Karstadt, Kiel; Priv.-Bes.

In den 30er Jahren entwickelten unabhängig voneinander Chemiker in Deutschland bei I.G. Farben den Kunstfaden „Perlon" und amerikanische bei „Du Pont" das „Nylon". Beide sind aus Polyamiden hergestellte synthetische Seiden, die endlos gesponnen werden können und die Textilproduktion unabhängig von den althergebrachten Rohstoffen machten. Die Amerikaner setzten dabei von Anfang an auch auf die erfolgreiche Produktion von Damenstrümpfen. Da keiner der beiden Konkurrenten den anderen hatte überrunden können, tauschten sie im Mai 1939 ihre Patente aus und einigten sich über ihre jeweiligen Absatzmärkte.

Für Deutschland allerdings veränderte der Zweite Weltkrieg sehr bald die Bedingungen, denn alles kriegstaugli-

che Material wurde nun für die Rüstung gebraucht. Perlon fand Einsatz in Geweben für die Hochdruckschläuche in Flugzeugreifen, für Taue auf Schiffen, in Schnüren von Fallschirmen, in den Socken der Wehrmachtssoldaten und vielem mehr.
Die Amerikaner hatten derweil die Damenstrümpfe aus Nylon im Mai 1940, verbunden mit einer großen Werbeaktion, auf den Markt gebracht. Ein Vierteljahr nach ihrem Kriegseintritt Ende 1941 musste aber auch dort die gesamte Produktion militärisch genutzt werden.
Zu Weihnachten 1943 wurden in Deutschland ebenfalls die ersten Strümpfe aus dem neuen Material gewebt, allerdings nur, um an die Ehefrauen von I.G. Farbenmanagern verschenkt zu werden.
Nach dem Krieg gelang es in Boblingen bei Augsburg, in kleinem Rahmen eine erste Perlonproduktion wieder aufzubauen, aber nun war Nylon auf dem Markt schneller und durchsetzungsfähiger. Für die I.G. Farben schien der Zug zunächst einmal abgefahren zu sein, denn sie wurde als kriegsbeteiligtes Unternehmen auf Druck der Alliierten wieder in einzelne Unternehmen aufgeteilt. Ihre Nachfolger kamen dann aber in den folgenden Jahren mit Perlon und weiteren künstlichen Fasern und Geweben auf den Markt, wie zum Beispiel „Trevira", „Diolen" und „Dralon". 1958 gab es in Westdeutschland allein sieben Fabriken, die Perlon herstellten.
Die Perlon- und Nylonfäden waren glatt und boten eine hohe Scheuerfestigkeit. Durch die Art des Verspinnens und Webens konnte man Perlon-Taft, -Popeline und -Kammgarn herstellen. Die Stoffe schrumpften und filzten nicht, und Falten, die eingepresst worden waren, hielten auch über viele Wäschen bei normalen Temperaturen. Durch die Beimischung von 20 bis 25 % Perlon zu Naturfasern erreichte man auch dort größere Haltbarkeit.
Überhaupt schien Perlon – glaubte man der Werbung – die Welt besser zu ma-

Werbung für Perlon in der Zeitschrift „Quick"; Kat. Bonn 1999, S. 89

Werbung für Perlon-Unterwäsche (Ausschnitt), die es ermöglicht, jeden Tag frische Wäsche anzuziehen, vorausgesetzt, man wäscht jeden Abend;
Faulstich 2002, S. 131

chen. So sorgte es angeblich „mit Garantie für Eheglück!"[1] Unter dem Bild eines Brautpaars heißt es weiter: „... sie heiraten in der PERLON-Zeit", als wäre es ein neues Zeitalter, das mit diesem speziellen Faden angebrochen sei. Denn „die junge Frau braucht nicht mehr zu flicken ... so viel zu bügeln ... das Waschen wird leichter! Man hat Zeit füreinander. Was die Menschen sich anschaffen, hält! PERLON bleibt ganz! Der Kleiderwohlstand wächst. Man kann sich besser anziehen und gefällt einander."[2] Eine kleine Zeichnung im unteren Teil der Anzeige zeigt einen Mann in Schlafanzughose beim Auswaschen von Textilien. Denn mit Perlon sollte die Wäsche nicht mehr ausschließlich Frauenarbeit sein – wurde zumindest den Frauen suggeriert, die solche Werbung in Zeitschriften wie „Quick" oder „Frau und Film" betrachteten.

Tatsächlich sollte Kleidung aus Perlon nach jedem Tragen ausgewaschen werden, um am nächsten Tag wieder frisch zu sein. Denn eine unangenehme Eigenschaft dieser Faser war, dass sie das Schwitzen förderte, weil sie den Körper nahezu luftdicht abschloss. Unangenehme Gerüche waren deshalb an der Tagesordnung.

Eine andere Werbung bildete den Mann, ebenfalls in Schlafanzughose, am Waschbecken ab, neben sich die ausgewaschene und aufgehängte Wäsche.[3] Als Erläuterung hieß es: „Bin ich König oder Millionär? Eine große Sehnsucht ist jetzt Wirklichkeit. Ich leiste mir täglich frische Unterwäsche: PERLON! Abends beim Händewaschen geht sie mit durchs Wasser ..." Zu Beginn der 50er Jahre hatten sich die Deutschen noch mit staunendem Unglauben weiter erzählt, dass die Amerikaner angeblich an jedem Tag neue Wäsche anzögen.[4] Nun war es tatsächlich auch hier möglich. Musste „Mann" sich da nicht als „König" oder „Millionär" fühlen?

Auch die Frauen griffen gern zu Unter- und Nachtwäsche aus Perlon. Sie war leicht, farbenfroh und vermittelte ihrer Trägerin das Gefühl, gut gekleidet zu sein. Das Material wurde nicht als günstiger Ersatzstoff zum Beispiel für Seide wahrgenommen, sondern als etwas Edles, der Trägerin Schmeichelndes. In den 60er Jahren ließ die Begeisterung deutlich nach, oft zugunsten anderer synthetischer oder halbsynthetischer Stoffe, die bessere Trageeigenschaften besaßen. Denn im Laufe der Zeit hatte sich gezeigt, dass das viel gepriesene Material auch seine Schattenseiten mit sich brachte: Ehemals blütenweiße Gewebe verfärbten sich gelb, und die Veränderungen waren mit keinem Waschmittel wieder rückgängig zu machen. Außerdem wurde die täglich erforderliche Handwäsche schließlich nur als ausgesprochen lästig empfunden, zumal in den Haushalten zunehmend Waschmaschinen standen, die solche Arbeiten eigentlich übernehmen sollten.

auch Dralonkleidung konnte über Nacht trocknen und musste nicht gebügelt werden;
Beyers Mode 3/1958, S. 29

Fasern nach Perlon

Die auf Nylon und Perlon folgenden vollsynthetischen Fasern der Polyamidgruppe konnten ebenfalls in jeder gewünschten Dicke und Länge gesponnen werden. Sie waren glänzend oder matt, nahmen kaum Wasser auf, sodass sie sehr formbeständig blieben und auch bei längerer Lagerung in Kellern nicht zu faulen begannen. Ihre Herstellung war natürlich ebenfalls dauerhaft möglich und unabhängig von Klima, Ernten oder Pflanzenschädlingen.

Zur Acrylgruppe zählen Pan, das für Gardinen, Oberhemden und Badeanzüge verarbeitet wurde, Redon, Dolan und als bekanntestes Dralon. Weil all deren Fasern gekräuselt sind, fühlen sie sich warm an und sind „bauschelastisch", das heißt, sie können gedrückt werden und springen doch hinterher immer in ihre alte Form zurück. Wie Perlon laufen sie nicht ein, fusseln nicht und nehmen kaum Feuchtigkeit auf.

Eine dritte synthetische Textilart ist die Polyestergruppe mit Trevira und Diolen. Sie wurden ähnlich wie Seide und Wolle verarbeitet und waren deshalb vor allem für Anzüge und Kostüme gut geeignet. Auch Regen schadete ihnen nicht, und Bügelfalten brauchten nicht jedes Mal erneuert zu werden, denn sie hielten dauerhaft. Für Hausfrauen waren all diese Stoffe so interessant, weil sie viel Zeit beim Waschen und Bügeln ersparten.

Acetat, das in Kiel bei Karstadt zum Thema mehrerer Schaufenster wurde, bestand, wie Viskose, aus natürli-

cher Zellulose, die durch chemische Verfahren verflüssigt und dann durch feine Düsen gespritzt zum Faden wurde. Es weist ein seidenartiges Aussehen auf und war deshalb besonders geeignet für Damenkleidung und Herrenkrawatten.
Besonderer Beliebtheit erfreute sich ein Buntsatin unter dem Namen „Irisette". Dabei handelte es sich um einen pflegeleichten Bettwäschestoff mit meist farbigem Streifen- oder Karomuster auf weißem Grund. Weil er so großen Anklang fand, gab es bald daraus auch Schlafanzüge, Morgenröcke, Hausanzüge, Tischdecken und anderes.
Überhaupt wurde auf Farbigkeit viel Wert gelegt und darauf, dass Farben ihre Leuchtkraft behielten und nicht ausbleichten, wie man es aus der Vergangenheit zur Genüge kannte. In diesem Zusammenhang stößt man immer wieder auf Werbeanzeigen für „Indanthren", womit kein spezielles Gewebe benannt war, sondern eine neue, licht-, wasser- und wetterechte Stofffarbe. Damit einge-

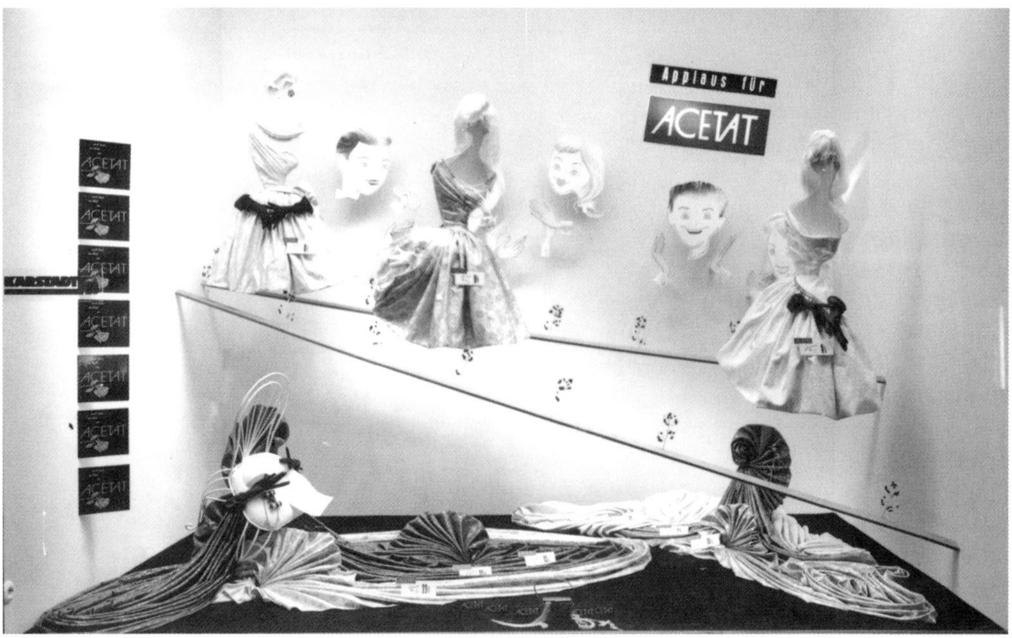

Schaufensterwerbung, für Acetatstoffe, ca. 1958, Karstadt, Kiel; Priv.-Bes.

färbte Textilien trugen ein spezielles Etikett. „Beim farbenfrohen Erwachen" in solcher Bettwäsche und bei ebensolchen Gardinen begann der „gute Morgen" laut einer fast ganzseitigen Anzeige „wie auf einer blühenden Wiese".[5] Auch an Campingfreunde, „die Nomaden unserer Zeit", wandte sich die Werbung, weil Indantren gefärbte Stoffe selbst dann im Sonnenlicht nicht bleichen sollten, wenn sie zwischendurch nass wurden.[6]

unten:
Werbung für Indantren gefärbte Textilien;
Ihre Freundin 14.8.1956

Anmerkungen:

1 Anzeige in der Zeitschrift „Quick", abgebildet in Kat. Bonn 1999, S. 89
2 Ebd.
3 Faulstich 2002, S. 131
4 Spiegel 3/2006, S. 80
5 Ihre Freundin 14.8.1956, o. S.
6 Constanze 15/1956, S. 6

Literatur:

Kat. Bonn 1999
Meiners 1994
Schöpflin o. J.

„Richtig waschen – keine Kunst!"

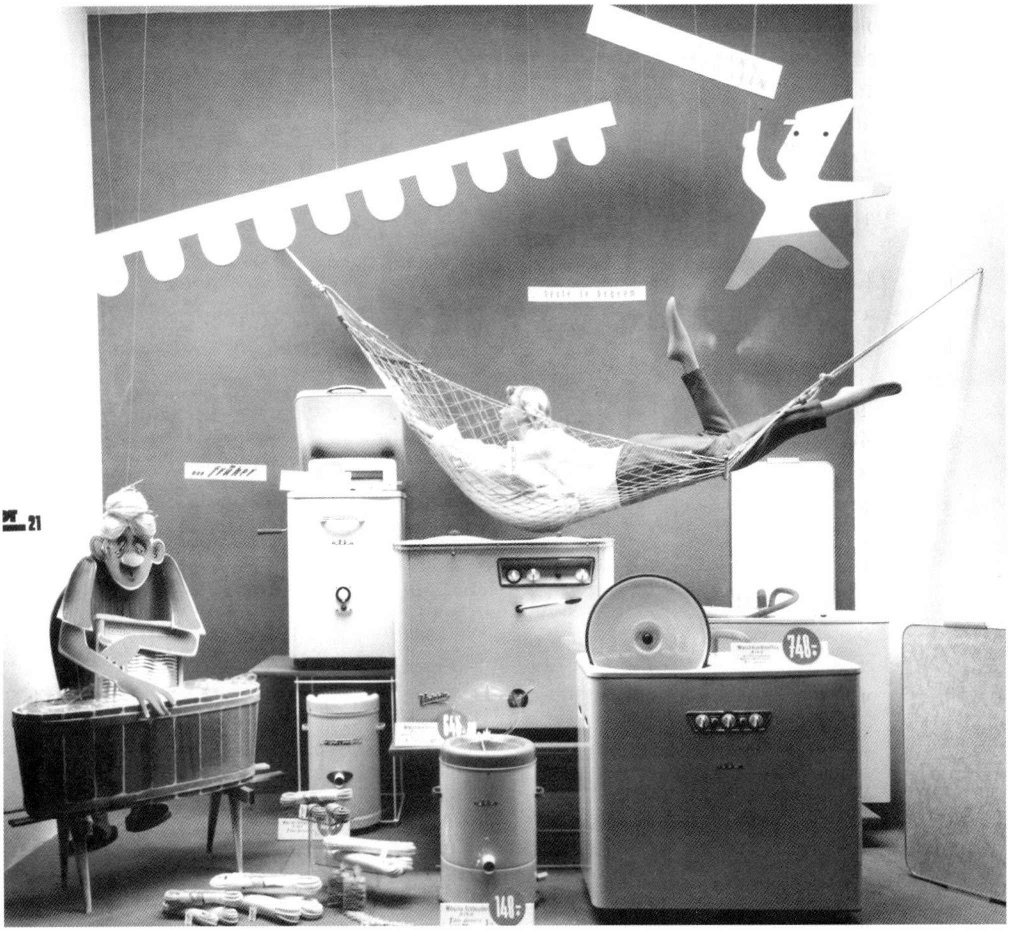

Schaufenster mit Werbung für Waschmaschinen und Schleudern, ca. 1958, Karstadt, Kiel; Priv.-Bes.

Wäsche waschen, so schwärmt ein Haushaltsratgeber aus den 50er Jahren, sei dank der vielen ausgezeichneten Waschmittel inzwischen keine Kunst mehr.[1] Allerdings folgt schon direkt im Anschluss die eindringliche Warnung, bei der Wahl des Waschmittels und der anschließenden Bearbeitung der einzelnen Wäschestücke sehr sorgfältig vorzugehen. Denn ganz so einfach – wie es der Ratgeber zunächst andeutet – gestaltete sich das Waschen in den 50er Jahren noch nicht. Die neuen Waschmittel, deren Packungsanleitung zum Schutz der Wäsche sehr genau befolgt werden sollte, unterschieden sich in ihrer Anwendung von den alten, gewohnten Seifen. Die Vielfalt an neuen synthetischen Stoffen mit ihren jeweils speziellen Reinigungsmethoden stellte die waschende Hausfrau vor weitere, zusätzliche Herausforderungen. Arbeit erleichternde Waschmaschinen, wie Karstadt sie in seinem Schaufenster bewirbt (s. S. 100), konnten sich viele Haushalte zu dieser Zeit noch gar nicht leisten. Das beschwingte Bild der modernen jungen Hausfrau, die – im Gegensatz zu ihrer noch schwer arbeitenden Vorfahre – viel Zeit zum Faulenzen und Müßiggang hatte, war ein schöner Traum. Die Realität sah in der Regel anders aus. Aber wie gestaltete sich nun das Wäschewaschen in einer Stadt wie Kiel in den 1950ern? Wie viel Arbeitserleichterung verschafften die neuen Waschmaschinen den Frauen tatsächlich, und welchen neuen Anforderungen sahen sie sich ausgesetzt?

Die erste vollautomatische Waschmaschine in der Art, wie wir sie heute kennen, wurde erst im Jahr 1956 – von der Firma Miele in Gütersloh – auf den Markt gebracht.[2] Sie war aber noch lange nicht für alle erschwinglich. 1959 beispielsweise besaßen erst 23 % aller Haushalte in der Bundesrepublik Deutschland eine elektrisch betriebene, voll- oder halbautomatische Waschmaschine.[3] 1973 hatten dann 58,5 % aller Haushalte in Westdeutschland eine vollautomatische Waschmaschine.[4] In den 60er Jahren jedoch kostete ein Waschvollautomat immer noch zwischen 1500 und 2500 DM, ein stolzer Preis, der die praktische Waschhilfe zugleich zu einem der zahlreichen Statussymbole der Nachkriegszeit erhob.[5]

Vor dem ersten markttauglichen Waschvollautomaten gab es bereits eine ganze Reihe teilautomatischer sowie manueller Waschmaschinen, die mitunter auch noch nach 1956 in Gebrauch waren. Als „Vollautomat" wurden hierbei nur jene Waschgeräte bezeichnet, die wenigstens die Arbeitsgänge Waschen, Spülen und Entwässern durchgehend automatisch durchführten. Bei den Vorgängermodellen musste die Hausfrau noch jeden Waschgang einzeln von Hand schalten.[6] Der fast schon unübersichtliche Waschmaschinenmarkt war von zahlreichen, z. T. sehr unterschiedlichen Geräten geprägt, die je nach Ausstattung mehr oder weniger effektiv waren. Es gab Rührflügel-, Pumpen- und Wellenradmaschinen, die noch sehr

viel Wasser benötigten, sowie Trommelmaschinen, die schon wesentlich sparsamer waren. Zusätzlich wurden separate Wäschepressen und Wringer, Wäscheschleudern und bald auch die so genannten Spülschleudern (Spülen und Entwässern in einem Gerät) angeboten.[7]

Einige Waschgeräte wirken auf die heutigen Betrachter doch recht abenteuerlich, wie z.B. die so genannte Pulsette, ein elektrisches Schallgerät, das in jeden Waschbottich, -topf oder -kessel gehängt werden konnte und die Wäsche allein durch die „physikalische Kraft hoher Schwingungszahlen"[8] reinigen sollte. Die „kleinste Waschmaschine mit der größten Arbeitswirkung"[9], wie Erna Horn in ihrem Haushaltsratgeber von 1952 die neueste Erfindung auf diesem Gebiet empfiehlt, setzte sich zwar wie so viele Waschgeräte dieser Zeit nicht durch.[10] Aber der kleine „Schallwäscher" verdeutlicht anschaulich, dass die meisten Waschmaschinen dieser Zeit lediglich Zusatzgeräte waren, die bei der nach wie vor praktizierten aufwändigen Hand- und Kochwäsche Anwendung fanden.

Kochkessel und Waschwanne, Wäschestock und -zange, Waschbrett und Bürste, Wäschestampfer und Waschglocke blieben trotz „elektrischer Revolution" bis weit in die 50er Jahre für die meisten Frauen das gängige Waschzubehör für ihre Weiß- und Kochwäsche und, ohne den Arbeitsgang Kochen, auch für die Buntwäsche. Einweichen, Kochen, Waschen und mehrmaliges Spülen sowie anschließendes Auswringen der Wäsche – an diesem zeitaufwendigen und anstrengenden Arbeitsablauf änderten auch die frühen Waschmaschinen nichts. Sie verschafften aber immerhin eine erste Erleichterung, da die schwere Wäsche dann nicht mehr mit einem Stock in der Seifenlauge umgerührt oder von Hand ausgewrungen werden musste.

Eine weitere Arbeitserleichterung versprachen die bereits vor der Jahrhundertwende industriell hergestellten Seifenflocken und Waschpulver, da ein einmaliges Kochen genügen und auch das anstrengende Reiben und Bürsten der Wäsche nicht mehr notwendig sein sollte. Wie z.B. eine Werbung der Firma Henkel aus dem Jahr 1908 stolz verkündete, sollten diese neuen Waschmittel „selbsttätig" reinigen.[11] Die Seifenflocken und -pulver hatten bereits vor dem Zweiten Weltkrieg die größtenteils selbst gekochten Kern- und Schmierseifen abgelöst.[12] Marktführer war hier sicherlich die Düsseldorfer Firma Henkel, die bereits 1878 mit „Henkels Bleichsoda" als eine der ersten eine neue Waschmittelkomposition anbot. Dieses Pulver, seit 1920 unter dem Namen „Henko" vertrieben, säuberte die Wäsche nicht nur, sondern diente auch zum Weichmachen von hartem, kalkhaltigem Wasser und wurde vor allem zum Einweichen der Wäsche benutzt. „Persil", lange das meistgekaufte Waschmittel in Deutschland, wurde 1907 von Henkel auf den Markt gebracht. Laut Werbung war „Persil" das erste Waschpulver, das sich in kaltem Wasser anrühren ließ, das Wasser enthärtete, den Schmutz löste und die Wäsche schließlich auch noch bleichte.[13] Für stark verschmutzte Wäsche kauften viele Frauen Henkel's „Imi" – eigentlich ein Haushaltsreiniger, der sich jedoch für besondere Schmutzwäsche, wie die Arbeitskleidung der Bergleute, eignete.[14] Henkel's Bleich- und Spülmittel „Sil" wurde erst im zweiten Waschgang im Kochkessel benutzt, um die durch das Kochen gelösten Seifen- und Schmutzpartikel aus den Gewebefasern zu spülen. „Sil" konnte übrigens auch in der automatischen Waschmaschine verwendet werden,

linke Seite oben:
„Gut eingeweicht ist halb gewaschen", so lautet der Werbespruch auf der Rückseite der „Henko"-Packung von Henkel, das auch zum Wasserenthärten benutzt wurde; SHFM

linke Seite unten:
„BB Spezial", Feinwaschmittel der Deutschen Baby-Farben Vertriebs-GmbH für die neuen Stoffe aus Chemiefasern; SHFM

unten:
trotz überzeugend wirkender Werbung für eine der neuen Schleudern – mit Freizeit hatte Wäschewaschen nichts zu tun! Constanze 27.12.1956, S. 60

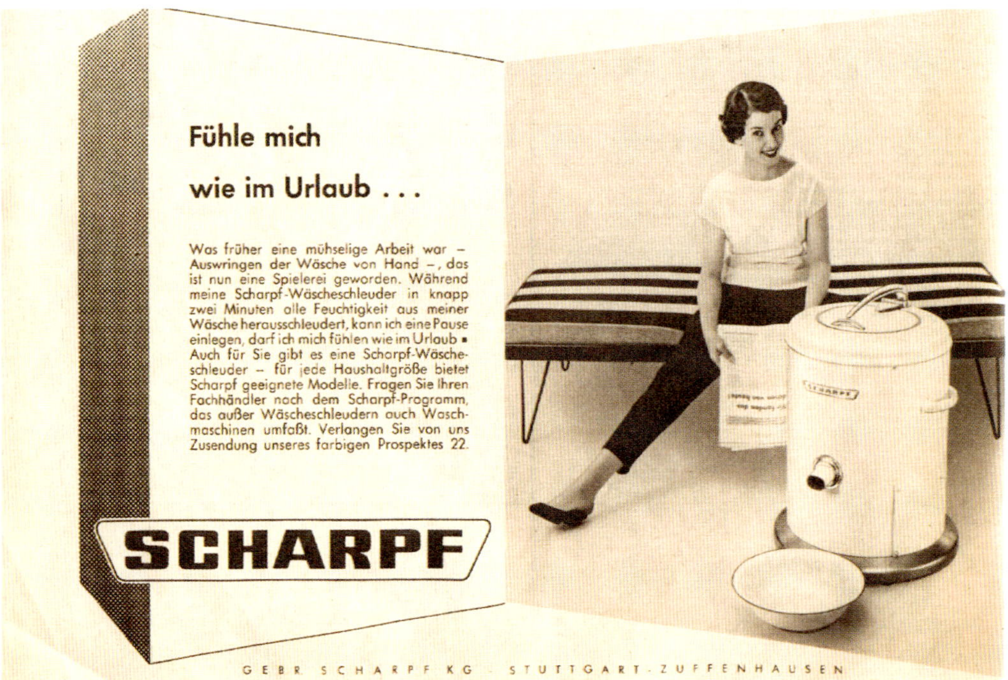

Richtig waschen

Waschen ist heute, wo uns so viele ausgezeichnete Waschmittel zur Verfügung stehen, keine Kunst mehr. Dennoch gilt es, Regeln zu beachten und Erfahrungen zu nützen. Man muß nicht nur wissen, daß die einzelnen Textilarten auch verschiedenartig zu behandeln sind. Je nach Art der Rohstoffe der Textilien müssen wir auch die Waschmittel, die Temperatur des Waschwassers und des Bügeleisens abstimmen. Ebenso trägt das Bügeln selbst und die Aufbewahrung der Stoffe viel bei zum Erhalten ihrer Schönheit und Dauerhaftigkeit. So ersparen wir uns Enttäuschungen, und die Wäsche und Kleidung machen uns darüber hinaus mehr Freude.

Das Waschmittel

Die Wahl des Waschmittels, die unseren Großmüttern noch Kopfzerbrechen gemacht hat, ist kein Problem mehr. Heute leistet eigentlich jedes Markenfabrikat seine guten Dienste und hilft Ihnen, richtig zu waschen und gleichzeitig Ihre Wäsche zu schonen. Allerdings sollten Sie auch die auf jedem Paket aufgedruckten Waschanleitungen befolgen. Auch ist darauf zu achten, welche Waschpulver oder welche Flocken Ihnen am zweckmäßigsten erscheinen.

Aber man muß aufpassen

Auch die besten Waschmittel verlangen sorgfältige Arbeit. Die Waschlaugen dür-

im Gegensatz zu anderen industriellen Waschmitteln, die im Waschvollautomat zu stark schäumten. Aus diesem Grund wurden in der zweiten Hälfte der 50er Jahre extra schaumgebremste Waschmittel entwickelt, wie z.B. „Dixan", von Henkel 1957 herausgebracht, oder „Persil 59".[15] Neben dem Marktführer Henkel produzierten auch noch einige andere Firmen Waschmittel. Hier ist beispielsweise „Dalli" zu nennen, das von den Dalli-Werken Mäurer & Wirtz in Stolberg zuerst als Seife und später als Waschpulver vertrieben wurde. „Igepon" war das erste synthetische Waschmittel, das bereits seit 1929 von der I.G. Farben in Hoechst produziert wurde.[16] Bekannt war auch „Dr. Thompson's Seifenpulver" mit dem weißen Schwan als Firmensignet, wobei die Firma Thompson schon 1929 von seinem ehemaligen Konkurrenten Henkel übernommen wurde.[17] Die verschiedenen, z.T. auch chemisch hergestellten Waschmittel hatten tatsächlich eine höhere Reinigungskraft als die „alten" Kern- oder Schmierseifen, aus diesem Grund sollten die scharfen Pulver der Packungsanleitung entsprechend genau dosiert werden. Viele Hausfrauen nahmen die Dosierung aber scheinbar nicht so genau, denn die Haushaltsratgeber dieser Zeit wurden nicht müde, immer wieder darauf hin zu weisen, auf keinen Fall ein „Waschmittel zu benützen, ohne die Gebrauchsanweisung genau gelesen zu haben." Denn – so erklärt es Rosemarie Schittenhelm in ihrem ausführlichen Ratgeber für heranwachsende junge Frauen – durch „eine zu scharfe Lauge kann das Gewebe einlaufen, verfilzen und schadhaft werden; außerdem sind Verfärbungen möglich."[18]

Bei der Wahl des Waschmittels galt es außerdem die Gewebeart zu beachten – kein leichtes Unterfangen angesichts der neuen Stoffvielfalt der 50er Jahre, denn in den so genannten Wirtschaftwunderjahren bereicherten zunehmend synthetische Fasern das Angebot an Textilien.[19] Kleidung aus Nylon, Perlon, Kunstseide, Dralon und anderen Synthetikfasern erforderten jedoch eine andere Behandlung als natürliche Fasern wie Leinen und Baumwolle, die vorher überwiegend gebräuchlich waren. Die Kunststofffasern brachten außerdem Farbe in die Bekleidungsmode, die vielen bunten, überwie-

linke Seite:
Ausschnitt aus dem Ratgeber „Mit Rat und Tat. Ein Schatzkästlein für die Hausfrau" von Schöpflin mit ausführlichen Tipps zum Wäschewaschen; Schöpflin o. J.

unten:
eines der wenigen frühen Waschpulver, das gering schäumte und darum für Hand- und Maschinenwäsche gleichermaßen geeignet war; SHFM

gend hellen Stoffe mussten daher schonend behandelt werden. Wringen, Reiben und Bürsten sowie langes Einweichen, die übliche Behandlungsmethode der robusteren Baumwoll- und Leinenstoffe, vertrugen die neuen Synthetikstoffe nicht. Sie durften in der Regel nur kurz und sehr vorsichtig von Hand in einer milden Seifenlauge gewaschen werden. Für die empfindlichen Stoffe gab es dann auch besondere Feinwaschmittel wie „Perwoll", „Rei" und „Fewa", letzteres bereits 1932 von der Firma Böhme-Fett-Chemie im Hinblick auf die Kunstseide eingeführt, die nur bei niedrigen Temperaturen gewaschen werden durfte.[20]

Die immer wieder propagierte Pflegeleichtigkeit synthetischer Textilien erwies sich bald als Trugschluss. Nicht nur, dass sie durch falsche Behandlung beim Waschen sowie beim Trocknen und Bügeln schnell Schaden nehmen konnten, Synthetikfasern waren auch noch erheblich schmutzempfindlicher als Naturfasern. Vollsynthetische Fasern reagieren elektrostatisch und ziehen daher Staub besonders gut an. Hinzu kommt, dass Verfärbungen durch die körpereigenen Fette schneller sichtbar wurden.[21] Kleidung aus Chemiefasern musste daher wesentlich öfter gereinigt werden als Baumwolle oder andere Naturfasern. Nylonstrümpfe und Perlonwäsche sowie die Nyltesthemden sollten sogar nach jedem Tragen ausgewaschen werden.[22] Die Menge an zu reinigender Wäsche nahm somit zu, allerdings auch noch aus einem anderen Grund. In den 50er und 60er Jahren wurden Textilien für viele Bevölkerungsschichten erschwinglicher, veränderte Lebensgewohnheiten und ein neu erwachtes Modebewusstsein begünstigten zudem das Entstehen einer breiteren Angebotspalette an Bekleidung. So nahm die Bekleidungsindustrie zu-

von der Firma „UHU" gab es für Textilien ein „Antistaticum", das verhindern sollte, dass die chemischen Fasern sich aufluden und am Körper klebten; Beizettel der Packung; SHFM

ganz im Sinne des neuen Hygienebewusstseins mahnt die Anzeige des Feinwaschmittels „Fewa" indirekt, täglich frische Wäsche zu tragen; Constanze 27.12.1956, S. 38/9

sätzlich den Anzug und die Bluse fürs Büro, Wäsche für die Nacht, Kleidung für Freizeit, Gartenarbeit, Sport u.v.m. in ihr Sortiment auf.[23] Mit dem gesteigerten Kleidererwerb gingen außerdem höhere Ansprüche an Sauberkeit und Hygiene einher, Oberbekleidung und Unterwäsche konnten und sollten nun auch öfter gewechselt werden. Die Textil- und Waschmittelfachwelt verwies in diesem Zusammenhang immer wieder gerne auf die in ihren Augen vorbildlichen amerikanischen Verhältnisse, da ein amerikanisches Wäschestück in der Regel viel häufiger gewechselt würde als ein bundesdeutsches.[24] Es wurde also insgesamt mehr und öfter gewaschen als noch in früheren Jahrzehnten.

In der Nachkriegszeit hatte sich im Bereich des Wäschewaschens vieles verändert, einiges blieb jedoch auch beim Alten. So waren Wäsche und ihre Pflege ein traditioneller Arbeitsbereich der Frauen, und dies hatte sich auch in den 50er Jahren nicht geändert. Ebenfalls unverändert blieb der bewährte Arbeitsablauf des Waschens an sich, an dem sich auch die – männlichen – Entwickler der elektrischen Waschautomaten orientierten. Und ohne die finanziellen Möglichkeiten, eine automatische oder wenigstens eine effektive manuelle Waschhilfe anschaffen zu können, blieb das Waschen für die Hausfrauen nach wie vor harte körperliche Arbeit. Gewandelt hat sich jedoch die Organisation bzw. der zeitliche Abstand des Waschens: Die „Große Wäsche" der Vorkriegszeit, bei der ungefähr alle 4 Wochen an 2-3 Tagen die gesamte Wäsche auf einen Schlag gewaschen wurde, gab es in dieser Form in den Städten der Nachkriegszeit nicht mehr. Nun wurden vielmehr die insgesamt größeren Mengen an Schmutzwäsche in geringeren Abständen abgearbeitet. Viele Textilien aus Synthetikstoffen wurden – wie bereits geschildert – sogar nach jedem Tragen am Abend vor dem Schlafengehen „mal eben schnell" durchgewaschen. Lediglich jene Textilien, die nach wie vor im Waschkessel gekocht wurden, wie Tisch- und Bettwäsche, sind vielerorts noch in den gewohnten größeren Abstän-

zum Trocknen aufgehängte Wäsche auf der Rückseite eines Wohnblocks in der Lensahner Straße, Kiel 1952; Foto: I. Looft

den gewaschen worden.
Das Wäschewaschen in den 50ern war auch in seiner gewandelten Form immer noch eine sehr aufwändige und zeitraubende Frauenarbeit. Die allgemein zur Verfügung stehenden beengten Räumlichkeiten, in denen die vielen Wäscheberge in der Regel gereinigt und zum Trocknen aufgehängt werden mussten, erschwerten diesen im doppelten Sinne Raum einnehmenden Waschalltag zusätzlich. So hatte sich bereits seit der Mitte des 19. Jahrhunderts das Wäschewaschen aus der Öffentlichkeit in den privaten Wohnbereich verlagert.[25] Wurde vorher nicht nur auf dem Land, sondern auch in den Städten gemeinsam mit anderen Frauen an Flüssen, auf freien Wiesenflächen und Höfen die Wäsche gewaschen, gebleicht und aufgehängt, musste diese Arbeit in den immer dichter besiedelten Städten zunehmend in der eigenen Wohnung bewältigt werden. Also wuschen die Hausfrauen meistens in der eigenen kleinen Wohnküche, wo die Wäsche im Winter oder – beim Fehlen von Aufhängmöglichkeiten im Freien – auch im Sommer trocknen musste. Seit dem Beginn des 20. Jahrhunderts gab es dann zwar vermehrt gemeinsame Waschküchen in mehrstöckigen Mietshäusern sowie einige Waschhäuser in genossenschaftlichen Siedlungen.[26] Dennoch waren viele Frauen in den 50er und 60er Jahren weiterhin gezwungen, im beengten Arbeitsraum der eigenen Küche, falls vorhanden auch im Badezimmer, zu waschen und zu trocknen. Das Waschen ist somit zu einer ganz privaten, alleinigen Angelegenheit der betroffenen Frauen geworden, ein Umstand, der von vielen Frauen, die sich noch an das gemeinsame Waschen mit der Nachbarin, der Waschfrau oder anderen helfenden Personen erinnern können, sehr bedauert wird. Bot doch das gemeinschaftliche Waschen und Aufhängen trotz der schweren Arbeit stets die Möglichkeit zur zerstreuenden Unterhaltung, zu vielen Gesprächen und zum Austausch von Neuigkeiten sowie von Ratschlägen und Haushaltstipps.[27]
Waschen in den 50ern war also durchaus noch eine „Kunst", besonders wenn die Frauen die unterschiedlichen Textilien einer ganzen Familie zu reinigen und dies auch noch in beengten Räumlichkeiten und ohne elektrischen Vollwaschautomaten zu bewerkstelligen hatten. Und mit dem Reinigen der Wäsche war die Wäschepflege noch lange nicht beendet – das anschließende Trock-

oben:
weiße Tischdecken waren nicht nur in der Werbung wichtig; Constanze 27/1962, S. 46

rechte Seite:
Waschmittelreklame für „Suwa"; Constanze 18/1958, S. 98

nen und Glätten der Wäsche war ebenfalls von den Frauen zu bewältigen. Die Tipps zum Auf- und Abhängen sowie insbesondere zum Bügeln der Wäschestücke waren in den Haushaltsratgebern mindestens ebenso zahlreich vertreten wie zum Reinigen selbst. Denn bereits das Verwenden der falschen Wäscheleine und -klammern konnte das erfolgreich und frisch gereinigte Textilstück sofort erneut verschmutzen lassen – ganz zu schweigen von den Katastrophen, die der unbedarften Hausfrau beim Bügeln drohten.[28] Die Wäschepflege der so genannten Wirtschaftswunderzeit war somit nicht nur eine zeit-, raum- und z.T. immer noch kraftaufwendige Arbeit, sondern auch eine sehr anspruchsvolle Tätigkeit, bei der es viel zu beachten und zu lernen galt. Heute ist das Waschen wesentlich leichter geworden und hoffentlich nicht mehr nur reine Frauensache, denn wie eine dänische

Buchhalterin an der Wende zum 21. Jahrhundert in einem anderen Zusammenhang lapidar feststellte: „Mit der Waschmaschine ist ‚die große Wäsche', die früher Knochenarbeit war, heute so einfach, dass sogar Männer sich daran beteiligen können."[29]

Anmerkungen:

1 Schöpflin o. J., S. 46 f.
2 Vgl. de Jong 1988, S. 73
3 Döring/Gansohr-Meinel 1988, S. 20
4 Vgl. Orland 1991, S. 273
5 Vgl. Orland 1991, S. 273 f.
6 Vgl. Orland 1991, S. 247
7 Vgl. hierzu ausführlich Orland 1991, S. 237-286
8 Horn 1952, S. 406
9 Text der Abbildung einer „Pulsette" in Horn 1952, vor S. 401
10 Vgl. Orland 1991, S. 245
11 Vgl. Döring/Gansohr-Meinel 1988, S. 21
12 Vgl. Orland 1991, S. 84 f.
13 Vgl. Döring/Gansohr-Meinel 1988, S. 21
14 Vgl. Döring/Gansohr-Meinel 1988, S. 21; de Jong 1988, S. 70
15 Vgl. Orland 1991, S. 261
16 Vgl. Orland 1991, S. 189
17 Vgl. Döring/Gansohr-Meinel 1988, S. 21
18 Schittenhelm 1958, S. 126
19 Vgl. hierzu S. 94-99
20 Vgl. Orland 1991, S. 189
21 Vgl. Orland 1991, S. 257-260
22 Vgl. Kat. Bonn 1999, S. 91 f.
23 Vgl. Orland 1991, S. 257 ff.
24 Vgl. Orland 1991, S. 259
25 Vgl. Orland 1991, S. 116
26 Vgl. Scheffran 1988, S. 64 f.
27 Vgl. Kuhn 1991, hier v.a. S. 159-163
28 Vgl. Horn 1952, S. 414 f.
29 Birthe Jacobsen, Buchhalterin aus Dybbøl, geboren 1943. In: Århundredets genstande 2000, S. 78

Literatur:

Århundredets genstande 2000
De Jong 1988
Döring/Gansohr-Meinel 1988
Helming/Scheffran 1988
Horn 1952, Kapitel 24, S. 405-424
Kat. Bonn 1999
Kuhn 1991
Orland 1991
Scheffran 1988
Schittenhelm 1958
Schöpflin o. J., S. 46-48

Der Mann

Das Männerbild der 50er Jahre

Schaufenster für Männermode, ca. 1957, Karstadt, Kiel; Priv.-Bes.

Die deutschen Männer, die am Zweiten Weltkrieg teilgenommen haben, hatten alle zuvor jene nationalsozialistische Erziehung erfahren, die ihnen als Ideal predigte: „Hart wie Kruppstahl, zäh wie Leder ..." Sie mussten lernen, dass der deutsche Mann bei Regen keinen Schirm benutzt, keinen Kinderwagen schiebt, keine Gefühle zeigt und auf keinen Fall weint – vor allem aber, dass man in der Hierarchie allen höher Gestellten bedingungslos zu gehorchen hatte. – So vorbereitet schickte der Staat sie in den Krieg.

Am Ende lautete die Bilanz: 5,3 Millionen von ihnen waren gefallen, mehr als 11 Millionen in Kriegsgefangenschaft geraten, Millionen galten als vermisst. Nach und nach kamen sie ab 1945 zurück – entweder in ihre alte Heimat oder, wenn sie aus den nun besetzten Gebieten stammten, in eine neue, in der sie sich erst zurechtfinden mussten. Sie stellten fest, dass die Familien zwar auf sie gewartet hatten, dass ihre Arbeiten aber von den Frauen übernommen worden waren. Auf das Land, für das sie gekämpft hatten – egal ob sie sich freiwillig gemeldet hatten oder eingezogen worden waren – konnte keiner mehr stolz sein. Und zum Bewusstsein der Sinnlosigkeit der jüngsten Geschichte, an der sie Teil hatten, trat das Gefühl, der Staat habe sie um einen großen Teil ihrer eigenen Lebenszeit betrogen.

Am schlimmsten aber waren die seelischen Schäden, die fast immer eine Folge von Kriegseinsätzen sind. Seit dem Vietnamkrieg sind sie unter dem Begriff „posttraumatische Belastungsstörungen" immerhin als Krankheit anerkannt. In den 50er Jahren wurden solche Traumata ignoriert. Über die Probleme, die vordergründig verdrängt wurden, aber nachts und in Stresssituationen immer wieder durchbrachen, schrieb Beate Lakotta kürzlich im „Spiegel".[1] Die Betroffenen

unten links:
„Weihnachten" von Theodor Wieter (1900 – 1958), 1953 aus der Erinnerung an die russische Kriegsgefangenschaft gezeichnet, Tinte auf Pergament; Priv.-Bes.

unten rechts:
1955 wurden endlich die letzten russischen Kriegsgefangenen freigelassen; Illustrierte Berliner Zeitschrift 43/1955, S. 5

bemühten sich, ihre Erinnerungen zu ignorieren, obgleich sie unter entsetzlichen Alpträumen litten. Viele zogen sich auch innerlich vollkommen zurück oder sie neigten plötzlich zu unkontrollierten Wutausbrüchen.

Die meisten Rückkehrer versuchten jedoch, möglichst schnell in ein geregeltes Leben zurückzufinden. Heinz Oppermann, Vizepräsident des Verbandes der Heimkehrer, sagt dazu: „Keiner hat uns damals psychologisch betreut. Aber das Trauma haben wir schnell abgelegt. Man hat Verantwortung übernommen, das war die beste Medizin. Wir wollten möglichst schnell am normalen Leben teilhaben."[2]

Indem sie Verantwortung in Familie und Gesellschaft suchten, restaurierten sie gleichzeitig fast zwangsläufig die althergebrachten patriarchalischen Strukturen. Sie beanspruchten auch wieder, oberste Instanz in der Familie zu sein. Die meisten Frauen zogen sich aus dieser Rolle tatsächlich ohne sichtbaren Protest zurück. Zu viele von ihnen waren erst einmal nur froh, dass ihre Männer den Krieg überlebt hatten und dass sie selbst nach den furchtbar anstrengenden Jahren endlich Last abgeben konnten. Die neue alte Rolle des Mannes bedingte verständlicherweise das Bild, das sich die Öffentlichkeit vom typischen deutschen Ehemann und Vater machte. Es lässt sich zum Beispiel aus Werbeanzeigen ablesen und bestimmte natürlich auch die Gestaltung der männlichen Schaufensterfiguren: Sie repräsentierten einen Typ, der mit beiden Beinen fest im Leben stand, der keinen modischen Schnickschnack sondern das Solide suchte, der einer Familie das Auskommen sichern und ihr Schutz in den Widrigkeiten des Alltags bieten konnte. In den immer noch schwierigen 50ern, in denen alle am Aufbau ihrer Existenz arbeiteten, spiegelten die männlichen Schaufensterpuppen bereits den Zustand wider, den es zu erreichen galt.

Wollte man männliche Schaufensterpuppen im Fenster in einen inhaltlichen Zusammenhang stellen, dann boten sich – dem gesellschaftlichen System entsprechend – als Themen „Arbeit", „Wirtschaft" und „Politik" an. Das Kieler Ber-

Schaufensterdekoration bei Althoff in Dortmund, 1957;
Kat. Stuttgart 1974, S. 165

lin-Fenster verfolgte mit dem Thema einen doppelten Zweck: Zum einen wurde der Mann aus werbetaktischen Gründen durch das allgemein bekannte Motiv des Brandenburger Tors, das als Symbol der Teilung Deutschlands galt, in einen großen politischen Zusammenhang gestellt. Zum anderen wurde die schwierige Lage der Textilwirtschaft in der alten Hauptstadt direkt angesprochen und der Betrachter dazu aufgerufen, sie durch gezielte Einkäufe von Berliner Produkten zu unterstützen. Auf diese Weise konnte sich auch der Normalverbraucher in die bedeutende Reihe aller Helfer eingliedern, die die wichtigste deutsche Stadt in der Nachkriegsgeschichte hatte. Die Gesetzgebung zum Thema „Mann und Frau" setzte sich im Laufe der 50er Jahre mehrfach mit der Gleichberechtigung auseinander (siehe auch S. 122 ff.). Zur wirklichen Emanzipation war es aber noch ein weiter Weg. Vielen Frauen scheint das allerdings gar nicht unangenehm gewesen zu sein. So heißt es beispielsweise in einem Frauenbeitrag der Berliner Illustrierten Zeitschrift 1958: „... Wir sind ja nicht einmal in jedem Fall für die Emanzipation der Dame, finden sie höchst mühselig,

mit dem Männerbild in der Reklame konnte sich der normale Bürger in den 50er Jahren identifizieren; Constanze 18/1958, Rückblatt höchst unbequem und außerdem verschafft sie den Herren ein so wunderschönes Alibi in Sachen Höflichkeit. Nein, Gleichberechtigung ist etwas Gutes, wenn sie richtig verstanden wird; aber wer versteht sie schon richtig?" Und als Lebensregel wurde, vermeintlich ironisch, aber zweifellos mit einem gewissen Ernst Folgendes empfohlen: „Wir könnten es ja so viel einfacher haben ..., wenn wir uns klarmachten ..., dass er immer recht hat, prinzipiell und unter allen Umständen", denn im Nachsatz heißt es: „Und wenn er nicht Recht hätte, wäre er ja ein Waschlappen, und einen solchen wollen wir ja auch nicht haben, nicht wahr?"[3]

Die aus der Vergangenheit bekannte Demonstration von Stärke wird den Männern jetzt von ihren Frauen weiter abverlangt. Dass damit auch die Unterdrückung von Gefühlen einherging, stellte für etliche Frauen jedoch eine Belastung dar. Das wurde in einer Umfrage zum Thema „Welche Mädchen werden geheiratet?" deutlich.[4] Von den befragten Männern gab nur einer an, Liebe sei ein entscheidendes Kriterium für eine Heirat. Alle anderen schienen in der Ehe eher eine Art Schutzgemeinschaft zu sehen. Die Frauen hoben dagegen fast ausnahmslos hervor, wie wichtig sie sei, und bezeichnenderweise klagten die meisten der bereits länger Verheirateten über fehlende Zärtlichkeiten in ihrer Ehe.

Hannelore und Ingo L. aus Kiel in Bad Wildungen; die Herrenkleidung besteht aus einem hellen, karierten Sakko und einer weit geschnittenen Hose, 1951; Priv.-Bes.

Die Mode für Männer

Nach dem Krieg trugen die Männer meistens Kleidung auf, die noch vorhanden war, denn das Beschaffen von Stoff war für Anzüge schwieriger als für Kleider. Ab 1947 entwickelte sich dann der „Sakkoanzug" zur üblichen Bekleidung. Zwischen Sakko und Jackett wird heute nicht mehr klar unterschieden. Um 1900 bezeichnete „Sakko" noch eine über die Hüften reichende, aber kürzere, das Jackett eine fast knielange Jacke; seit den

50er Jahren spricht man vom Sakko bei eher sportlichen Jacketts oder einzelnen, die zu Kombinationshosen getragen werden.
Bis zur Mitte des Jahrzehnts zeigten die Sakkos die amerikanische V-Silhouette mit breiter, betonter Schulter- und Brustpartie – optisches Ausdrucksmittel für die starken Schultern des Mannes zum Anlehnen. Das Sakko war relativ lang und lag an den Hüften eng an, sein Revers tief gezogen, sodass die Weste sichtbar wurde. Parallel dazu kam der Anzug im „New-Edwardian-Style" auf, zu dem ein elegantes, gerade geschnittenes Sakko mit kleinerem Halsausschnitt gehörte.
Seit 1955 wurde die Herrenmode dann unter dem Einfluss italienischer Modedesigner körperbetonter, der Schnitt der Sakkos tailliert, die Schultern rund, das Revers kurz und breit. Von den drei Knöpfen trug man üblicherweise den untersten offen.
Unter den Mänteln war der Einreiher mit Revers besonders beliebt, der seit Ende des 19. Jahrhunderts als „Chesterfield" bekannt gewesen war und zu dem auf dem Kopf ein „Homburg" gehörte. Der gut gekleidete Mann trug auf der Straße generell einen Hut, lüftete ihn kurz, wenn er jemanden grüßen wollte, legte ihn aber im Gegensatz zur Frau grundsätzlich ab, wenn er ein Haus betrat. Als neue Mantelart kam der Dufflecoat hinzu, der ursprünglich von der englischen Marine getragen wurde und sich jetzt als zivile Ausführung auf dem Kontinent verbreitete.
Die Oberhemden besaßen, wenn sie weiß waren, zu Beginn des Jahrzehnts noch anknöpfbare Kragen und Manschetten, um die Pflege zu erleichtern, denn so konnten die schneller verschmutzenden Teile öfter ausgetauscht werden. Beliebt waren aus dem gleichen Grund auch dunkelfarbige Hemden. Das änderte sich mit der Einführung der

Annamagreth und Herward S. aus Kiel beim Spaziergang; in der Mitte des Jahrzehnts trugen die Herren Jackett und Hose aus dem gleichen Stoff, im „New-Edwardian-Style", mit tiefer gezogenem Revers und ohne Betonung der Schultern, ca. 1955; Priv.-Bes.

rechte Seite:
so leicht scheint es zu sein, die neuen Herrenhemden zu waschen;
Schaufenster der Kaufhof AG, Köln, ca. 1956;
Usinger/Heeren 1956, S. 159

neuen Materialien auf dem Kleidungsmarkt: Nylon-, Perlon- oder „Nyltest"-Hemden konnten schnell gespült und brauchten nicht gebügelt zu werden, vorausgesetzt, man hängte sie nass über einen Bügel.
Krawatten oder „Langbinder", wie sie genannt wurden, als sie mit dem Sakko und dem Umlegekragen des Herrenhemdes aufkamen, hatten sich Ende des 19. Jahrhunderts als Teil sportlicher Kleidung für Tennis, Segeln und Golf durchgesetzt. In den 50er Jahren fixierte man sie gern mit einer Nadel am Hemd. Ihr Schnitt war schmal, die Muster dezent und meistens Ton in Ton.
In der alltäglichen Kleidung des Mannes blieben die Schnitte bis Anfang der 60er Jahre weitgehend konservativ und die Farben dezent, was ihm einen soliden, verlässlichen Ausdruck verlieh. Nur in seiner Freizeit trug er zum Beispiel zu Shorts modisch gewagte Hawaii-Hemden, damals „Waikikihemden" genannt.[5]
Über das gute und gepflegte Aussehen des Mannes hatte selbstverständlich seine Frau zu wachen. War sein Kragen doch nicht sauber oder fehlte ein Knopf, dann fiel

unten:
modische Krawatten der 50er Jahre im Schaufenster, ca. 1957, Karstadt, Kiel; Priv.-Bes.

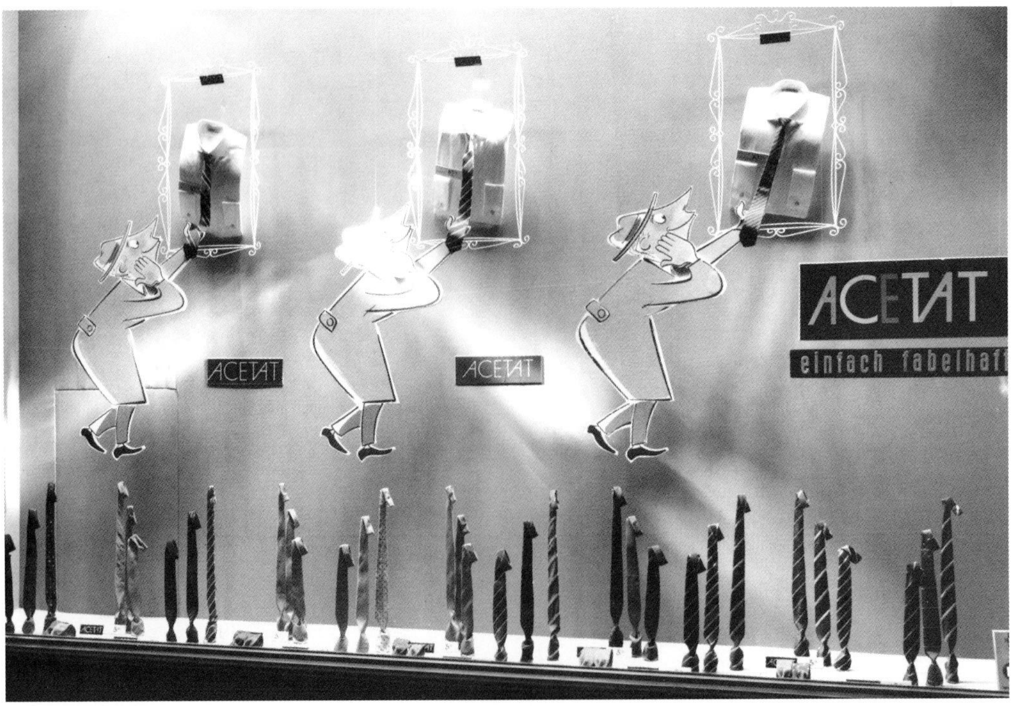

das unweigerlich auf sie zurück, und es hieß: „Wie lässt die Frau nur ihren Mann rumlaufen!"[6] Auch die Sorge um seine Gesundheit oblag natürlich ihr: „Kämpfen Sie wie eine Löwin um den richtigen Urlaub ... Wenn er über vierzig ist, möglichst jedes Jahr ein Kur- und Badeaufenthalt mit Diät."[7]

Anmerkungen:

1 Lakotta 2006, S. 40/1
2 Ebd., S. 41
3 I.B.Z. 8.2.1958, S. 21
4 S. auch S. 130
4 Drei, 7/1956, S. 106 ff.
5 S. auch S. 193
6 Constanze, 27.12.1956, S. 71
7 Drei, 2/1955, S. 110

Literatur

Kat. Bonn 1999
Lakotta 2006, S. 40/1
Lehmann 1983

Die Frau

Anmutig, zierlich und adrett

Die perfekte Frau der 50er

Schaufenster mit Damenmode für den Frühling, ca. 1958, Karstadt, Kiel; Priv.-Bes.

Das Familienbild der nationalsozialistischen Zeit hatte der Frau nach vorangegangenen Emanzipationsansätzen wieder ihre traditionelle Rolle in der Geschlechtervertei-

lung zugewiesen. Und nicht nur das, aus dem Mutterbild wurde ein überhöhtes Ideal, das seinen Ausdruck unter anderem in einem speziellen Orden für Kinderreichtum fand.
Bereits während des Krieges mussten Frauen, deren Männer im wehrfähigen Alter waren, allein zusehen, wie sie zurechtkamen, aber nach der Kapitulation verschärfte sich die Situation dramatisch. 5,3 Millionen Männer waren gefallen, und 11 Millionen befanden sich in Gefangenschaft. Also übernahmen die Frauen in einem zerbombten Land Verantwortung und Organisation für das Überleben.
Die so genannten deutschen Trümmerfrauen begannen, in ihren Städten Schutt und Trümmer fortzuräumen. Sie leisteten körperlich schwere Arbeiten, die sonst nur Männer gemacht hatten, und lernten Fähigkeiten, wie Straßenbahn und Lastwagen zu fahren oder Kräne zu bedienen. Sie arbeiteten in der Verwaltung und überall, wo sie gebraucht wurden. Nebenbei mussten Lebensmittel für die Familie besorgt werden oder Kohlen, um im Winter heizen zu können.
„Was für Möglichkeiten schließt diese Überzahl von Frauen in sich!" formulierte 1946 beispielsweise Anna Haag, Gründerin der „Internationalen Frauenliga für Frieden und Freiheit".[1] Aber Zeit und Kraft, auf ihre Leistungen stolz zu sein, hatten die wenigsten, dafür waren die körperliche und auch die seelische Erschöpfung zu groß.
Nach und nach kamen in den folgenden Jahren die Männer aus der Gefangenschaft zurück und mussten wieder eine Rolle für sich in Familie und Gesellschaft finden. Vielleicht gab es innerfamiliäre Orientierungsprobleme, aber ins Berufsleben konnten sie recht schnell zurückkehren. Im Zweifelsfall gab man dem Mann Vorrang vor einer Frau, die bis dahin die Arbeit erledigt hatte. So wurden langsam, aber unaufhaltsam die alten sozialen Machtverhältnisse wiederhergestellt.

Annamagreth T. aus Kiel in Hamburg bei Planten und Blomen, ca. 1950; Priv.-Bes.

Das rechtliche Verhältnis von Mann und Frau

Rechtlich galt seit dem 18. Januar 1949 laut Grundgesetz, Artikel 3, Absatz 2: „Männer und Frauen sind gleichberechtigt." Diese einfache und radikale Formulierung konnte erst nach anfänglicher Ablehnung und langer Diskussion vom Parlament angenommen werden. Die vermeintlich gottgewollte, natürliche Ordnung war dadurch zwar in Frage gestellt, aber keineswegs abgeschafft. Denn für all jene Fälle, in denen Ehepartner sich über etwas nicht einig wären, fiel weiterhin dem Ehemann das Letztentscheidungsrecht zu. Immerhin wurde der Frau zugestanden, dass sie Anordnungen des Mannes, die etwa ihrer Gesundheit unzuträglich wären, nicht folgen müsse.[2]
Das Gesetz über das Letztentscheidungsrecht konnte erst im Mai 1957 – und bezeichnenderweise auch nur mit einer knappen Mehrheit von 186 zu 172 Stimmen – abgeschafft werden.[3] Als Vertreter der traditionellen Meinung hatte beispielsweise der CDU-Abgeordnete Weber es so formuliert: „... Wir kennen in Gemeinschaften vielfach das sogenannte Zweierproblem, wo man ja doch zu einer Entscheidung nicht kommen kann, wenn sich zwei gleichberechtigt gegenüberstehen ... Weshalb muss nun und soll nun der Mann diese Entscheidung treffen? Das entnehmen wir aus der ganzen Entwicklung seit Jahrhunderten."[4] Immerhin konnten die Verfechter dieser Meinung das Letztentscheidungsrecht bezogen auf die Kindererziehung vorübergehend in ihrem Sinne retten. Im Sommer 1958 erklärte das Bundesverfassungsgericht diesen Beschluss jedoch für verfassungswidrig.[5]
Eindeutige Entscheidungsbefugnis wies das Gesetz der Frau bei der Haushaltsführung zu. Diese war für sie zugleich Recht wie Verpflichtung. Alles andere – auch jede Berufstätigkeit außer Haus – musste ihr nachgeordnet werden. Der Mann war berechtigt, ein Arbeitsverhältnis, das seine Frau gegen seinen Willen eingegangen war, zu kündigen, wenn er zuvor beim Vormundschaftsgericht einen entsprechenden Antrag hatte genehmigen lassen.[6]
Und bis 1953 erhielt der Ehemann bei der Heirat auch noch das Anrecht auf das Vermögen seiner Frau.
Im Rahmen der Haushaltsführung war ihr aber eine weitgehende Schlüsselgewalt zugestanden, das heißt, sie konnte Käufe tätigen und dabei Zahlungsverpflichtungen

rechte Seite:
Schulabgängerinnen wurde die Ausbildung als Hausgehilfin empfohlen, weil sie dort alles lernen könnten, was sie später in der Ehe beherrschen müssten; allerdings wählten 1950 nur noch 15 % der jungen Mädchen diesen Weg, während es vor dem Krieg noch 25 % gewesen waren; Wisdorf 1951, o. S.

Unsere Zeit braucht gute Hausfrauen und echte Mütter. Wenn ihr es recht überlegt, entspricht kein Beruf so der Art des Mädchens wie die Hauswirtschaft. Alles, was zu Familie und Haushalt gehört, lernt das Mädchen.
Und ob nicht auch das andere und Schönere dazugehört – Kinder zu pflegen und zu erziehen! Man darf nicht nur einen Teil sehen,

schaut immer das Ganze!

eingehen – solange sie in verhältnismäßigem Rahmen blieben. Über diese Verhältnismäßigkeit urteilte selbstverständlich der Mann, und er war befugt, seiner Frau die Schlüsselgewalt zu entziehen, wenn er meinte, sie hätte sie missbraucht. Und um weitere Geschäfte mit Dritten zu verhindern, konnte er den Entzug beim Amtsgericht in das Güterregister eintragen lassen, was mit einer Veröffentlichung in der Zeitung verbunden war. Ihr stand dann nur noch der Weg zum Vormundschaftsgericht offen, dem sie darlegen musste, dass ihre Handlungen den Haushaltsverhältnissen angemessen gewesen seien.[7]

Konnte die Berufstätigkeit der Frau vom Ehemann auch verhindert werden, so war sie doch für viele unerlässlich. Ein großer Teil der Frauen war verwitwet und deshalb gezwungen, die Kinder allein großzuziehen; ein nicht unbeträchtlicher Anteil blieb unverheiratet – immerhin gab es wesentlich mehr Frauen als Männer –, und schließlich reichte in zahllosen Familien der Lohn eines Verdieners für den Lebensunterhalt nicht aus.

Frauen im Büro, 1958,
Foto: Magnussen;
Stadtarchiv Kiel

Die Arbeitsbelastung der Frau

Die Tätigkeitsfelder, in denen Frauen Arbeit fanden, lagen zum größten Teil im Niedriglohnsegment, beispielsweise in der Fließbandarbeit der Fabriken. Die realen Belastungen von Arbeiterinnen mit Kindern hat 1957 die Sozialwissenschaftlerin Elisabeth Pfeil untersucht[8]: Die meisten standen um fünf Uhr auf, 25 % der befragten erledigten dann sofort die dringendsten Hausarbeiten wie Aufräumen, Betten machen und Fegen. Und um sechs gingen sie in der Regel aus dem Haus. Während der Mittagspause kamen nur wenige nach Hause, und nur ein Drittel aß in der Kantine. Auf dem Heimweg kauften die Frauen ein oder holten ihre Kinder aus dem Kindergarten ab. Dann wurde das Abendbrot zubereitet, und nach dem Essen verbrachte man mit den Kindern gemeinsame Zeit, es wurde gespielt, Radio gehört, erzählt oder vereinzelt auch schon ferngesehen. Nach dem Zubettbringen der Kinder standen für die Frauen noch allerlei Hausarbeiten auf dem Programm. Ins Bett gingen die Frauen etwa um 22 Uhr, sodass sie im Schnitt auf kaum mehr als sieben Stunden Schlaf kamen.

Frau bei der Arbeit, 1957,
Foto: Magnussen;
Stadtarchiv Kiel

Bezüglich der Mithilfe durch die Ehemänner stellte Pfeil fest, dass kaum mehr als gelegentliche kleinere Reparaturen, Kohlen tragen und Holz zerkleinern geleistet wurden. Größere Kinder übernahmen Aufgaben wie Öfen heizen, Asche und Müll hinaus bringen und Schuheputzen.

Wichtiger als die Unterstützung durch die eigene Familie war für Frauen mit kleineren Kindern die Hilfe von Verwandten, die ihnen den Rücken für die Berufstätigkeit freihielten.

Die Untersuchung von Pfeil ergab, dass die nicht berufstätigen Frauen, die „Nur-Hausfrauen", mit etwa 70 Arbeitsstunden pro Woche bei 4 – 6 Personenhaushalten ebenfalls erheblich belastet waren. Auch das Max-Planck-Institut für Arbeitspsychologie ermittelte 1956 den Arbeitsaufwand nicht berufstätiger Hausfrauen: Demnach betrug die Arbeitszeit bei einem 2 ½-Personenhaushalt 8 Stunden pro Tag, bei einem 5-Personenhaushalt 13 Stunden.[9] Auch der zeitliche Anteil bestimmter Aufgaben wurde untersucht: Je ¼ der gearbeiteten Zeit entfiel auf Reinigen und Putzen einerseits und die Essenszubereitung andererseits. Wäsche und Näharbeiten beanspruchten 10 % der Gesamtzeit. Da diese Arbeiten gleichermaßen von Hausfrauen wie von berufstätigen Frauen zu leisten waren, mussten letztere die Tätigkeiten, die aufschiebbar waren, überwiegend am Wochenende abarbeiten. So blieb für eigene Interessen fast keine Zeit übrig. Allenfalls der arbeitsfreie Sonntagnachmittag bot Erholung, aber er war für die Familie reserviert.

viele Frauen arbeiteten als Verkäuferinnen; Schallplatten-Box, ca. 1960, Karstadt, Kiel; Priv.-Bes.

Stimmung gegen die Berufstätigkeit

Über die Berufstätigkeit von Frauen wurde nicht nur in Ehen, sondern auf allen Ebenen diskutiert, auch in Zeitschriften und Ratgebern. Am vehementesten meldeten sich dort die Verfechter traditioneller Lebensweisen zu Wort.

So gab die „Stimme der Frau" 1956[10] einige Kostproben solcher Anschauungen. Zwar konstatierte sie auch aus den Erfahrungen der Vergangenheit, „wie wichtig und gut es ist, daß die Frau eine Berufsarbeit gelernt hat." Dass „... drei von vier jungen Ehefrauen ... heute nach der Hochzeit weiterhin im Beruf ..." blieben, wäre jedoch eine Fehlentwicklung, denn, „die Töchter, die heute von der Schulbank herunter direkt in den Beruf gehen, haben von der Hauswirtschaft meist keine Ahnung." Und „eine Frau mag noch so gut im Beruf verdienen: wenn sie keine gute Hausfrau ist, schmilzt das Geld wie Schnee in der Sonne." „Volkswirtschaftlich gesehen" sei die Berufstätigkeit „eine kostspielige Angelegenheit ... Der ganze Haushalt verschleißt schneller ..." Zudem könnten sich Frauen durch die Ausübung ihres Berufs nur unglücklich machen, denn „glücklich zu sein im Umsorgen anderer, diese Fähigkeit geht heute immer mehr verloren, obwohl sie dem innersten Wesen der Frau entspricht ..." Und wirklich glücklich seien Mütter „... die unbelastet von Berufsarbeit ganz ihrer Familie leben können."

Arbeiterin in einer Textilspinnerei; aus einem Informationsheft für Schulabgängerinnen; Wisdorf 1951

Für jene Frauen, die dennoch Geld verdienen wollten oder müssten, wird „eine berufliche Tätigkeit" empfohlen, „die typisch weibliche Fähigkeiten erfordert, wie die der Dekorateurin," denn sie „... befriedigt eine Frau viel mehr als reiner Gelderwerb. Die Vertrautheit mit der Hausarbeit weckt den Sinn für solche fraulichen Berufe." Trotz dieser Vertrautheit scheint es aber auch nötig, darauf hinzuweisen, dass „in jungen Jahren gelernte Arbeiten ... einem auch im späten Alter nicht schwer" fielen. „Aber wer nie gebohnert, geputzt, gewaschen, gebügelt hat, bewältigt diese Arbeiten später eben nur mühselig, weil sein Körper nie darauf trainiert wurde."[11]
Etwa gleichzeitig macht sich „Ihre Freundin" auf die Suche nach Meinungen zur Halbtagsarbeit für Frauen.[12] Von 19,8 Millionen Frauen im

erwerbsfähigen Alter in der Bundesrepublik Deutschland waren damals 7,8 Millionen berufstätig, die Hälfte von diesen hatte gleichzeitig einen Haushalt zu versorgen und 1,5 Millionen auch noch Kinder unter 15 Jahren. Während das Arbeitsamt damals meldete, dass die Nachfrage nach Teilzeitarbeitsplätzen „sehr groß" wäre, fürchtete der Direktor einer Fahrrad- und Nähmaschinenfabrik „bei Halbtagsschichten ... sinkende Leistungen ..." und schätzte die Nachfrage von Seiten der Industrie als nur gering ein.
Der Kaufhofkonzern beschäftigte in insgesamt 56 Filialen schon „Tausende von Frauen ... in Halbtagsschichten" und urteilte völlig anders: „Wir haben die besten Erfahrungen mit Frauen in Teilzeitbeschäftigung gemacht." Der Deutsche Gewerkschaftsbund fürchtete in diesem Zusammenhang schon damals, dass „... die Notlage der arbeitenden Frauen ausgenutzt werden könnte, denn wenn Unternehmen nur Verträge über 20 Stunden abschlössen, wären die Frauen nicht mehr sozialversichert."[13]
Ein befragter Betriebsarzt forderte: „... vor allem eine weitgehende Anpassung der Arbeitsbedingungen an die weibliche Eigenart. Es muß geprüft werden, ... ob Arbeitsrhythmus und Arbeitspausen der schnelleren Ermüdbarkeit der Frauen genügend Rechnung tragen ..." Und für den Fall, dass Kinder zu versorgen wären, sollten sie „... auf jeden Fall in die Obhut einer nahen Verwandten ...", einer „Blutsverwandten", gegeben werden.[14]
In derselben Ausgabe kommt auch der damalige „Leitartikler" der Frankfurter Allgemeinen Zeitung, Peter Härlin, zu Wort. Für ihn ist „Halbtag" gleichzusetzen mit „Halbheit": „Halbtagsarbeit paßt vorzüglich zu einer halben Ehe, zur halben Kindererziehung (oder noch weniger), zu einem halben Leben und einem halben Glauben." Für Frauen, die ihren Mann verloren hatten, wäre die Berufstätigkeit „ein geringeres Übel", ansonsten aber, „... ist sie gut für rüstige Rentnerinnen ..." Sein Fazit lautet: „Die Natur ... hat es nicht vorgesehen, dass Frauen halb und halb schwanger werden oder ihre Kinder halb und halbweise bekommen. Sie ist also offensichtlich gegen das Halbe."[15]
Auch die von Bertelsmann publizierte und bundesweit vertriebene Zeitschrift „Drei" wiederholt Meinungen zum Thema „Frauenarbeit". So wurde die Leiterin des Frauenfunks am Bayrischen Rundfunk, Ilse Weitsch, folgender-

maßen zitiert: „... am unglücklichsten, verkrampftesten ... (sind jene), die völlig in ihrem Beruf aufgehen ...“ und „Eine Frau braucht die Muße und das Gelöstsein und das Sorgenkönnen um jemand.“[16] Sie sprach in diesem Fall nicht nur von Ehefrauen und Müttern, sondern auch von den vielen Alleinstehenden. Statistiken aus der zweiten Hälfte des Jahrzehnts belegen, dass in Folge des Krieges fast die Hälfte aller Frauen allein lebte.

Ausgenommen werden bei der Kritik generell, oft auch ausdrücklich, all jene Frauen, die ihren Männern notwendigerweise bei deren Arbeit helfen, wie die Ehefrauen von selbstständigen Handwerkern oder Besitzern kleiner Läden und naürlich auch die Bauersfrauen, weil die Betriebe ohne deren Mitarbeit nicht funktionieren würden.

Ebenfalls in einem „Drei“-Heft von Bertelsmann äußert sich Martha Maria Gehrke unter dem Titel „Mein Mann hat so viel zu tun“ zum Thema: Sie empfiehlt jenen Frauen, die mit der Hausarbeit nicht ausgelastet wären, weil keine oder bereits herangewachsene Kinder und auch keine ausgeprägten kulturellen Interessen vorhanden sei-

Frauen wurden nicht bei der Hausarbeit fotografiert, zumal überhaupt noch sehr viel weniger Aufnahmen gemacht wurden; die meisten Fotos stammen von Geburtstagen, Weihnachten oder Besuchen, ca. 1955; Priv.-Bes.

en, „... die Möglichkeit gemeinnütziger Arbeit, Hilfe bei karitativen Stellen kirchlicher und weltlicher Art ... Frauen, die auf diese Weise etwas für die Allgemeinheit tun, werden leichter mit dem bedrückenden Gefühl der Leere fertig."[17]

Die perfekte Frau

Die übermäßige Betonung der Hausfrauenpflichten bedeutete aber nicht, dass das Ideal in einem Heimchen am Herd bestand. Im Gegenteil: Die ideale Frau achtete auf ihre Figur, hatte Wespentaille und runde Hüften[18], war jederzeit gut, modisch und passend gekleidet, was bedeutete, dass sie fast nie Hosen und meistens hohe Schuhe trug. Sie war freundlich, ausgleichend und verständnisvoll, besonders ihrem Ehemann gegenüber. Wohnung, Wäsche und Kleidung sahen immer sauber und perfekt gepflegt aus, allerdings ohne, dass der Mann seine Frau noch beim Putzen sah, wenn er abends von der Arbeit kam. Und schließlich war sie auch noch eine charmante Gastgeberin.

Für die Mehrzahl der jungen Frauen in den 50er Jahren war die Ehe das wichtigste Zukunftsziel, denn ein Ehemann bedeutete soziale Absicherung, weil eigene qualifizierte Ausbildungen eher die Ausnahme waren. – Eine Serie in der Zeitschrift „Drei" von Bertelsmann hatte bezeichnenderweise die Frage zum Thema: „Welche Mädchen werden geheiratet?"[19] – Und auch gesellschaftliches Ansehen ließ sich fast nur über einen Mann erreichen. Auf dem Weg dazu sollte natürlich die äußere Erscheinung helfen und da angesichts des kriegsbedingten Männermangels auf keinen Fall alle Frauen Erfolg haben konnten, mussten die Anstrengungen um so größer sein. Also schminkte „frau" sich wieder, was unter den Nationalsozialisten vollkommen verpönt gewesen war. Sie kleidete sich sorgfältig und figurbetont, wozu sie ihren Körper oft genug in ein Korsett zwängen musste[18], um die gewünschte Wespentaille und die runden Hüften zeigen zu können. Sie stöckelte in engen Röcken auf hohen Hacken durchs Leben und brachte bei passenden Gelegenheiten ihre zart Nylon-bestrumpften Beine[20] zur Geltung. Zu erotisch durfte der Anblick allerdings nicht werden, denn die Prüderie war in den 50ern recht ausgeprägt. So sorgte der Sekunden kurze Anblick der entkleideten Hildegard Knef im Kinofilm „Die Sünderin" 1951 noch für regelrechten Aufruhr.

zeitgenössische Karikatur zur Prüderie der 50er Jahre von anonymem Zeichner; Kunstalmanach 1953, S. 55

Das Bild der perfekt gepflegten Frau entsprach wie jedes Ideal wohl kaum der Wirklichkeit, schwebte aber trotzdem als Fiktion über Mann und Frau. Wahrscheinlich fand deshalb auch der Schlager „Du lässt dich gehen" des Franzosen Charles Aznavuor 1962 auf Anhieb so großen Absatz, in dem er klagend das Gegenbild beschrieb:

„Du bist so komisch anzuseh´n,
denkst du vielleicht, ich find´ das schön?
...
Mit deiner schlampigen Figur
gehst du mir gegen die Natur ...
mit deinen unbedeckten Knien,
wenn deine Strümpfe Wasser ziehn.
Du läufst im Morgenrock herum,
ziehst dich zum Essen nicht mal um.
Dein Haar: da baumeln kreuz und quer
die Lockenwickler hin und her
Und schiefe Hacken obendrein,
wie fiel ich nur auf sowas rein."

Man gewinnt den Eindruck, dass der französische Angriff die deutsche Frau zum Gegenschlag hat ausholen lassen, denn wenig später brachten Catharina Valente und Friedel Hensch gleichzeitig die Antwort an den Mann „Mein Ideal" auf den Plattenmarkt – mit ebenso großem Erfolg. Dort heißt es unter anderem:

„... Tagsüber sitzt du im Büro,
da bist du witzig, frisch und froh,
doch kommst du abends dann nach Haus,
ziehst du dir gleich die Schuhe aus
und sagst, wenn du die Zeitung liest,
dass du entsetzlich müde bist.
Und du nur warst doch einmal
mein Ideal, mein Ideal ...
Dann sitzt du rum im Morgenrock,

Bei schlanken „Sonnenanbeterinnen" ist ein zweiteiliger Strandanzug immer noch beliebt. Dazu gehört das passende grün-weiße Kleid. (B. 90 cm Br. 1,60 m uni und 2,20 m Streifenstoff f. Kleid; 2,60 m für Brusttuch und Hose. 4424/4424a/Gr. 40)

4424a

Ein leuchtend-roter Rock verwandelt den rot-weiß-getupften Luftanzug im Nu in einen flotten Dreß für die Strandpromenade oder die Eisdiele. (B. 90 cm Br. 3,50 m uni f. Rock; b. 90 cm Br. 2,20 m f. d. Luftanzug. 4425/4425a/Gr. 42)

4425a

Alle Modelle sind auf dem Schnittmusterbogen. Preiswerte Einzelschnitte erhalten Sie auf Wunsch direkt vom Verlag.

4424

4425

Kleid . . .

nimmst Medizin und gehst am Stock.
Doch nachts im Klub bist du der Held,
da gibst du an mit deinem Geld,
um dann zu Haus dich stur zu zier´n
bei 20 Pfennig Suppengrün ..."

Während Aznavuor in der männlichen Version nur ein Happy End in Aussicht stellte, wenn „Sie" bereit wäre, sich zu ändern, versicherte die Ehefrau zum Schluss – ganz dem Bild der verständnisvollen, sich selbst zurücknehmenden Frau entsprechend:
„... Was alles auch geschehen ist,
ich liebe dich, so wie du bist.
Du bist und bleibst in jedem Fall
mein Ideal, mein Ideal!"[21]

linke Seite:
Schnittmusterzeichnung für Strandkleider, 1958;
einen großen Teil der Garderobe haben die Frauen nach Schnittmustern selbst genäht, oder von Schneiderinnen nähen lassen;
Stimme der Frau 14/1956, S. 21

auf dieser Seite:
Schnittmusterzeichnung für Kindermode, 1958;
Beyers Mode 3/1958, S. 23

Anmerkungen:

1 Karasek 2006, S. 78
2 Horn 1952, S. 560
3 Delille/Grohn 1985, S. 138
4 Lehmann 1983, S. 194
5 Ebd., S. 195
6 Horn 1952, S. 560
7 Ebd., S. 561
8 Wildt 1996, S. 113
9 Ebd., S. 115
10 Stimme der Frau 1956, S. 6/7
11 Ebd.
12 Ihre Freundin 14.8.1956, S. 10/11
13 Ebd.
14 Ebd.
15 Ebd., S. 6
16 Bertelsmann: Drei 9/1958, S. 98
17 Bertelsmann: Drei 2/1955, S. 108 f.
18 Zu Miederwaren s. S. 134 ff.
19 Bertelsmann: Drei 7/1956, S. 106
20 Zu Nylonstrümpfen s. S. 144 ff.
21 Zit. nach Constanze 27/1962, S. 26/27

Literatur:

Delille/Grohn 1985
Meiners 1994
Wisdorf 1951
Wisdorf 1952

Korsett und Petticoat

Die Unterwäsche der Frau

Schaufenster mit Damenunterwäsche, ca. 1958, Karstadt, Kiel; Priv.-Bes.

Die Anforderungen, die die figurbetonte Mode der 50er Jahre an die Frauen stellte, konnten die wenigsten von ihnen ohne Hilfsmittel erfüllen, zumal das Ideal gleichzeitig einerseits eine extrem dünne Taille, wie andererseits einen üppigen Busen und runde Hüften verlangte. Zudem waren auch die Frauen nach den Hungerjahren froh, wieder satt und gut essen zu können, sodass eine verständliche allgemeine Gewichtszunahme zu verzeichnen war.

Korsetts und Hüftgürtel

Also zwängten die Frauen sich nun wieder in ein Korsett. Mit diesem Kleidungsstück hatten sie Jahrhunderte lang ihre Körper den jeweiligen Schönheitsvorstellungen entsprechend verformt, bis um 1900 herum die Aufklärung durch Ärzte und Frauenrechtlerinnen Früchte trug und zum Ablegen des Schnürmieders führte. Das alles war vergessen.

Uwe Meiners schreibt dazu: „... Hier wird ein Frauentypus propagiert, der maßgebliche Ideen des 20. Jahrhunderts wie Gleichberechtigung, Selbständigkeit und Berufstätigkeit der Frau über Bord geworfen hat zugunsten des schönen, sich unterwerfenden Weibes der Vergangenheit."[1] Und damit ist auch klar, für wen die Frau solche Kasteiungen auf sich nahm: für ihren eigenen Ehemann oder für den künftigen, von dem sie hoffte, ihn auf diese Weise von sich überzeugen zu können.

Allerdings kamen die Korsetts nicht wieder unter diesem alten, durch die Gesundheitsaufklärung negativ belasteten Namen auf den Markt. Sie hießen jetzt in Amerika „Waist-Band" und in Frankreich „Guepière" – ein Begriff, in dem das französische Wort für Wespe, „uêpe", enthalten ist, also ein Hinweis darauf, dass es die bewusste „Wespentaille" verleiht. Die deutsche Variante nannte sich in verniedlichender Form „Korselett" oder „Mieder". Alle aber hatten dasselbe Ziel: dem Körper die Silhouette eines Uhrglases zu geben. Die BH-Körbchen sollten die Oberweite betonen, wenn nötig mit Hilfe von Einlagen, und waren als spitze Kegel geformt. Sie hoben zwar die weibliche Form hervor, wirkten aber gleichzeitig auch ein wenig wie gepanzert. Am Bauch waren vorn Stahlstäbe eingesetzt, um den Bauch wegzudrücken, gleichzeitig wurden die seitlichen Rundungen der Hüfte aber betont.

Neben den einteiligen Miedern gab es zu Beginn der 50er Jahre auch noch die in den 30er Jahren entwickelten elastischen Korsetts aus „Lastex"-Gewebe, so genannte „Hüftmieder", die von oberhalb der Taille bis über die Hüften reichten, sodass ein separater Büstenhalter notwendig war. Gegen Ende der 50er

Hüftmieder aus elastischem Gewebe, hinten zu schnüren, ca. 1952, Foto: Looft-Gaude; Priv.-Bes.

rechte Seite oben:
Schaufenster für Hüfthalter „little X", ca. 1959, Karstadt, Kiel; Priv.-Bes.

rechte Seite unten:
Schaufenster für Miederwaren von „Felina", ca. 1952, Karstadt, ohne Ort; Usinger/Heeren 1956, S. 242

unten:
Schaufenster für Miederwaren der Firma Triumph, Modehaus Rupp, Nürnberg; Görsdorf/Böhmert 1952, S. 357

Jahre wurden sie zunehmend durch die elastischen Miederhosen verdrängt.
Für schlankere Frauen gab es natürlich leichtere, schmalere Modelle. Und wer zum Korrigieren der Figur weder Gummi noch Stäbe benötigte, brauchte doch zum Befestigen der Strümpfe noch immer einen der in vielen Farben und Materialien erhältlichen Strumpfhalter. Es gab sie neben weiß und schwarz in dezenten Farben von haut- bis roséfarben, aus herkömmlichem Material oder zunehmend in verschiedenen Buntfarben aus synthetischem Gewebe. Den kräftiger gebauten Frauen wurde allerdings in Ratgebern dringend empfohlen, einen starken Hüfthalter zu tragen, weil „der den inneren Organen Halt gibt ..."[2]
Glaubte man der Werbung, so öffnete der richtige Hüftgürtel das Tor zur Welt: diese Welt war für Frauen ein Laufsteg, und auf dem konnten sie, wenn sie „little X" trugen, nur „siegreich" sein.[3] – Das „X" im Namen spielte auf die schräge Verarbeitung der elastischen Gewebe an. – Die Besiegten waren alle Geschlechtsgenossinnen,

little
X
in aller Welt
Siegreich mit little X
KARSTADT
little Xtra
little X
little Xtra

felina
KARSTADT
SCHÖNER DURCH felina

die Frau öffnet einen Vorhang, um zu zeigen, was sonst niemand zu sehen bekommt; Werbung für „felina"-Büstenformer und -Gummischlüpfer, 1955; Illustrierte Berliner Zeitschrift 4.6.1955, S. 15

die keine so gute Miederwahl getroffen hatten.

Mit dem Fortschreiten des Jahrzehnts scheinen sich die Frauen in ihren Korsetts jedoch zunehmend unwohler gefühlt zu haben, denn in Werbeanzeigen nahmen die Hinweise zu, dass die Beweglichkeit der Frau durch das jeweilige Produkt kaum oder überhaupt nicht eingeschränkt wäre. So behauptete der Hersteller der Marke „Felina" 1955: „Die beliebte Felina-Rundspirale und der poröse Zweizug-Gummi geben der Figur die jugendliche Note und erhalten die volle Bewegungsfreiheit."[4]

Ein Jahr später bot Felina einen „Gummischlüpfer ... mit ... Diagonal-Spagat im Schritt" an.[5] Der Begriff „Gummischlüpfer" für einen Hüftgürtel vermittelt an sich schon die Vorstellung unbegrenzter Dehnbarkeit, wieviel größer müsste sie erst sein, wenn ein „Spagat" – die Bezeichnung für den unteren Einsatz im Mittelstück – eingebaut war? 1962 warb Triumph für sein Hüfthaltermodell „elasti" mit einer im Hintergrund Fahrrad fahrenden Frau und dem Slogan, es „schenkt wundervolle Bewegungsfreiheit".[6] Man könnte hier fast auf die Idee kommen, dass die Beweglichkeit ohne Hüfthalter weniger gut wäre, wenn es im Text darunter nicht hieße: „Der vollelastische Schlüpfer folgt anschmiegsam jeder Bewegung, sie spüren ihn kaum."

In Schaufenstern sind zwar die Miederwaren auch beworben worden, aber sie wurden nicht von vollplastischen Figuren getragen. Und in Werbeanzeigen ist ebenfalls zu beobachten, dass man keine Fotos, sondern Zeichnungen von Frauen hierzu verwendete. – Wieder ein Beispiel dafür, dass Erotik und alles, was damit in Zusammenhang gebracht werden konnte, nur versteckt und sehr dezent zum Ausdruck gebracht werden durfte. Schon das Bild einer lebenden Frau in Unterwäsche ging darüber hinaus. In den wenigen Fällen, in denen Frauen sich in öffentlichem Rahmen so zeigten, wie beispielsweise auf einer Modenschau von Heinz Oestergaard[7], der ab 1956 mit der Mieder-Firma Triumph zusammenarbeitete, trugen sie darunter den ganzen Körper bedeckende Trikots.

wundervolle Bewegungsfreiheit versprach der „elasti"-Schlüpfer von Triumph;
Praline 12.3.1962, S. 89

Halbe und ganze Unterröcke

Über Korsetts und Hüfthalter zogen die Frauen ihre Kleider aber nicht direkt an, denn für einen guten Sitz mussten außerdem Hemden und Unterröcke getragen werden, die es in allen passenden Längen gab. Zu Beginn der 50er Jahre bestanden sie überwiegend aus herkömmlichem Material, weil Perlon und Nylon noch zu teuer waren. So hatte zum Beispiel Neckermann 1953 in seinem Angebot Unterröcke aus Kunstseide für 4,60 DM, während der billigste aus Perlon 17,60 DM kostete.[8] Folgerichtig wurden Perlon und Nylon damals nicht als günstige Ersatzstoffe wahrgenommen, sondern als Luxus. In Wäsche aus diesem zarten leichten Stoff konnten die Frauen sich vornehmer, schöner und überhaupt besser fühlen. Die unangenehmen Begleiterscheinungen beeinträchtigten diese Wahrnehmung in den ersten Jahren offenbar nicht: Man schwitzte schneller, denn die Unterwäsche, die ja direkt auf der Haut auflag, schuf so etwas wie eine eigene Klimakammer, und demzufolge entstand leichter Körpergeruch. Außerdem machte sich die unaufhaltsame Vergilbung ja auch erst im Laufe der Zeit bemerkbar.

Die Entscheidung bei der Wahl eines Unterkleides fällte nur vordergründig die Frau selbst, dahinter stand immer der Mann, der meistens als einziger diese Kleidungsstücke zu sehen bekam. Sein unausgesprochenes Urteil sollte auch hier das Maß aller Dinge sein: „Es ist einer der größten und törichtsten Fehler, keinen Wert auf eine geschmackvolle Unterkleidung zu legen, nur weil sie, au-

Werbung für doppelt undurchsichtige Unterwäsche von Charmor; Constanze 18/1958, S. 109

ßer dem eigenen Mann, niemand anderes sieht ... Wie weit nun der Wunsch und Wille der Einzelnen geht, im letzten Grunde ihre Schönheit zu verhüllen oder zu enthüllen, hängt vom persönlichen Geschmack ... ab. Zwei Spiegel sollen das bestimmen, – jener, der an der Zimmerwand hängt und der andere, der in den Augen des Mannes seinen Platz hat ..."[9]

Ab 1956 bot die Firma Charmor dann undurchsichtige Unterröcke an. Inwiefern die erwähnten Augen des Mannes damit zu tun hatten, bleibt dahingestellt, aber die Entwicklung erfolgte offensichtlich auf den Wunsch der weiblichen Kundschaft und fand, laut Anzeige, großen Anklang.[10] Sie wurde sogar zur „2 x U Wäsche" weiterentwickelt. „Zu Ihrer eigenen Freude – wählen Sie von nun an Charmor 2 x U = doppelt undurchsichtig, eine neue Wäsche, die Sie lang ersehnten."[11]

Der Petticoat

Das bekannteste Kleidungsstück der 50er, der Petticoat, war in Deutschland erstmals auf einer Modenschau der Strumpffirma Arwa 1954 zu sehen. Der römische Modeschöpfer Emilio Schuberth ließ seine Mannequins zu kurzen Jacken weite Röcke aus leichten Stoffen und darunter mehrere Unterröcke aus Taft und Tüll tragen. Bei ihm hieß dieser Stil „Aragonische Zigeunerin" – geblieben ist davon der damals in Amerika bereits bekannte Petticoat. Er eroberte in kurzer Zeit den wichtigsten Platz im Kleiderschrank deutscher junger Mädchen, die ihn in der ersten Zeit auch „Wipprock" nannten.

Der Name dieses leichten, weiten

als wäre es ein Vergnügen, unter der tropfenden Perlon-Unterwäsche in der Wanne zu liegen;
Film und Frau 9/1956, S. 48

Halbunterrocks war schon länger in der Kleidungsgeschichte gebräuchlich. Im 15. Jahrhundert gab es das „petite cote" in Frankreich ausschließlich für Männer. Es war ein warmes Untergewand unter dem Hemd. Mit dem 16. Jahrhundert tauchte es dann auch als Frauenunterrock auf. Und zu Beginn des 19. Jahrhunderts trugen Frauen unter der Oberbekleidung bereits mehrere petite Cotes übereinander, um die gewünschte Rockfülle zu erreichen. Es war damals chic, bei passenden Gelegenheiten den Rock etwas anzuheben, zum Beispiel beim Überqueren einer Straße, und den mit Rüschen verzierten Unterrock sehen zu lassen. Abgelegt wurden die „kleinen Röcke" und der lockere Umgang damit, als in der Mitte des 19. Jahrhunderts die steife, mit Metall gestützte Krinoline aufkam, die besser zur strengen, prüden Moral des Kaiserreichs passte. Nun war er rund hundert Jahre später wieder da und prägte sehr wesentlich das Erscheinungsbild der zweiten Jahrzehnthälfte mit.

Zumeist waren Petticoats aus Perlon, überwiegend weiß, aber es gab sie auch in zarten Pastelltönen. Sie bestanden aus seideähnlichem Stoff, Tüll und Taft und waren in mehreren waagerechten Bahnen, die nach unten immer weiter wurden, zusammengenäht und durch Rüschen verziert. Die einfachen bestanden nur aus einer, die aufwändigeren aus mehreren Schichten. Es war sehr wichtig, sie gut zu stärken, denn nur so erhielten sie die gewünschte Standfestigkeit. Dafür gab es zum Beispiel industriell hergestellte Kleiderstärke von Hoffmann, für die ausdrücklich geworben wurde, sie erfülle „... Träume junger Mädchen und Frauen ..."[12] Viele haben ihre kostbaren Petti-

oben:
weißer Petticoat, oben wurde er eingenäht, um ihn kürzen, aber bei Bedarf auch wieder auslassen zu können

unten:
gelber Petticoat,
Fotos: Looft-Gaude; beide Priv.-Bes.

coats allerdings, weil es billiger war, lieber in Zuckerwasser gestärkt. Wer kein Geld hatte, sich einen Perlon-Petticoat zu kaufen, nähte ihn selber, am liebsten aus Perlonstoff; wenn das aber auch nicht möglich war, ging es zur Not mit Baumwolle oder Leinen, die allerdings besonders gut gestärkt werden mussten.

Das „Baby Doll"

Im Jahr 1957 erregte der Kinofilm „Baby Doll", der nach einem Bühnenstück von Tennessee Williams gedreht war, in Deutschland die Gemüter. Er handelte von der Beziehung zwischen einer Kindfrau und einem älteren Mann, der ihr hörig war. Die Frauenzeitschrift „Brigitte" urteilte damals über den Film: „Der Inhalt ist fast bis zur Brutalität erotisch."[13] Die Hauptdarstellerin Carol Baker trug darin einen Schlafanzug, der aus einem dünnen, leichten, kurzen Nylonhemd, das gerade bis über die Hüften reichte und einem kurzen dazu passenden Höschen bestand. Trotz der öffentlichen Kritik am Film dauerte es nicht lange, bis es diese Art von Nachtbekleidung bei uns in den Geschäften zu kaufen gab und von Modezeitschriften Schnittmuster dafür angeboten wurden. Sein Name geht auf den Film zurück: „Baby Doll", oder man sagte auf gut deutsch „Betthüpfer". Die Annahme, dass dieses Kleidungsstück frischen Wind in deutsche Schlafzimmer gebracht hätte, ist allerdings irrig, denn es blieb in der Regel ein Schlafanzug für junge Mädchen. Und wie die Miederwaren wurden auch die Hemden,

Unterröcke und die Nachtwäsche in den Schaufenstern der 50er nicht auf Puppen präsentiert – auch hier wäre logischerweise das Schamgefühl verletzt worden.

oben:
türkisfarbener Petticoat

unten:
weißer Petticoat mit
hellroten Bändern,
Fotos: Looft-Gaude; beide Priv.-Bes.

Anmerkungen:
1 Meiners 1994, S. 35
2 Hausbuch 1950, S. 116
3 S. folgende Seite
4 Illustrierte Berliner Zeitschrift 4.6.1955, S. 15
5 Film und Frau 9/1956, S. 92
6 Praline 12.3.1962, S. 89
7 Oestergaard 1992, S. 57
8 Meiners 1994, S. 360
9 Tschechowa/Evers, 1952; Zit. nach Meiners 1994, S. 360
10 Ihre Freundin 14.8.1956, o. S.
11 Constanze 18/1958, S. 109
12 Constanze 18/1958, S. 68
13 Zit. nach Meiners 1994, S. 107

Literatur:
Junker 1988
Kat. Bonn 1999
Meiners 1994

Nylons – „Ein Wort, das Mädchen und Frauen wie Sahne auf der Zunge liegt"
Die neuen Damenstrümpfe

Bis 1950 besaß die amerikanische Firma Du Pont[1] ein weltweites Monopol auf Nylonstrümpfe, das den Frauen im eigenen Land diesen Luxus im Alltag bereits ermöglichte. Auch in Deutschland hatten die Strumpfwirker inzwischen zwar die Arbeit wieder aufgenommen, aber ihnen stand als Material nur Herkömmliches zur Verfügung, und zwar naturgewachsener Zellstoff, aus dem sich ausschließlich Kunstseide herstellen ließ. Solche Strümpfe waren dicker, warfen Falten und verloren schon nach mehrmaligem Tragen völlig ihre Form. Für die meisten Frauen stellten sie deshalb keine bessere Alternative zu den bekannten Strickstrümpfen dar.
Im Hausbuch für die Familie empfahl Elisabet Neff den Frauen, immer zwei Paar Strümpfe einer Farbe zu kaufen, weil sie, wenn einer nicht mehr tragbar wäre, die anderen miteinander kombinieren könnten.[2] Als Material kämen für die wärmeren Jahreszeiten Seide und Kunstseide in Frage, für den Winter dagegen Wolle. Bei Kunstseidenstrümpfen sollte man links gewebte wählen, weil sie einen matteren Schimmer hätten, der an Seide erinnere. Nylon- und Perlonstrümpfe erwähnte sie zwar, fügte jedoch hinzu, die seien noch zu teuer.
Mit der Währungsreform änderte sich die Lage auch auf dem Strumpfmarkt. Perlonstrümpfe entwickelten sich in kurzer Zeit zum absoluten Renner. Sie waren viel dünner als kunstseidene, behielten ihre Form, ließen sich leicht auswaschen und waren elastischer, so dass sie besser am Bein saßen. Obwohl sie kaum Gewicht hatten, boten sie eine Reißfestigkeit, die auch Männer schätzen lernen sollten, wenn es galt, ein Auto ohne Abschleppseil zu ziehen oder einen gerissenen Keilriemen zu ersetzen.
Im März 1948 veröffentlichte die Frauenzeitschrift „Constanze" den Artikel „Nylon – ein ganz dünner Traum",[3] in dem es hieß: „... Ein Wort, das den Mädchen und Frauen wie Sahne auf der Zunge liegt. Nylons schreibt es sich, und Neilens spricht es sich ... hauchzarte Seidenstrümpfe, noch zarter als zart, sagen wir doch gleich: zärtliche Strümpfe." Wahre Wunder wurden versprochen: Nylons bräuchten nie mehr gestopft zu werden. Noch

rechte Seite:
Werbeaufsteller für „Elpa-Strümpfe", ca. 1956; SHFM

Elpa
STRÜMPFE

allerdings waren die neuen Strümpfe knapp und nahezu unerschwinglich. Auch ein Jahr nach der Währungsreform im Sommer 1949 kostet ein Paar bis zu 12 DM, während Kunstseidenstrümpfe ab 2,95 DM zu haben waren.[4] Das änderte sich, als 1950 mit in Amerika gekauften Strumpfwirkmaschinen die deutsche Produktion aufgenommen werden konnte, zuerst in Oderbruch bei Aachen. In Kiel wurde auf dem ehemaligen Werftgelände am Ostufer eine Strumpffirma gegründet: Sie produzierte bis 1977 „Tilly"-Strümpfe, wurde allerdings 1954 von Elbeo übernommen.

Schon nach einem Jahr auf dem Markt hatten die Perlonstrümpfe die kunstseidenen im Absatz eindeutig überholt: letztere nahmen nur noch ein Drittel des Gesamtumsatzes ein. Bis 1953 konnte die Produktion von Perlonstrümpfen in jedem Jahr um 190 % gesteigert werden. Die deutsche Frau kaufte jetzt bereits im Schnitt fünf Paar im Jahr, obgleich Markenprodukte immer noch 12 DM kosteten. Innerhalb der folgenden Jahre sank der Preis dann rapide auf unter 3 DM.[5]

Werbeblatt für Perlonstrümpfe, 1958; Priv.-Bes.

1957 stellte eine Perlon-Werbung die Frage: „Wieviel Paar Perlon Strümpfe braucht eine gut angezogene Frau?", natürlich, um selbst die Antwort geben zu können: Fünf Paar seien überhaupt erst „... der Beginn von Strumpf-Mode ...", denn „jetzt wählt man zum Kleid entsprechend den Strumpf", aber erst „zwölf Paar Perlon Strümpfe sind das goldene Dutzend, mit dem eine Frau ausreichend strumpf-ausgestattet ..." sei.

Um den Strumpfabsatz noch weiter anzutreiben, aber auch, um in größerer Anzahl die Maße von Frauenbeinen für den optimalen Schnitt der Strümpfe zu erhalten, rief die Firma „Arwa" zum Wettbewerb um die deutsche Beinkönigin auf und ließ die Bewerberinnen ihre Beine vermessen. Die erste Preisträgerin punktete mit den Maßen 21 cm und 34,2 cm für Fessel- und Wadenumfang. Man stell-

te dabei fest, dass sich die Frauenbeine gegenüber 1938 verändert hatten: sie waren länger, Waden und Füße kräftiger. – Die vielen körperlichen Anstrengungen während des Krieges und danach, die Hamstertouren und das Fehlen öffentlicher Verkehrsmittel zeigten hier Wirkung.
Angesichts der Kostbarkeiten, die Strümpfe darstellten, mussten sie natürlich auch in jeder Hinsicht besonders pfleglich behandelt werden. So war zunächst dafür zu sorgen, dass die Schuhe von innen glatt und möglichst weich wären, wenn nicht, könnte eingeklebter heller Samt helfen.[6] Und natürlich sollten die Zehennägel kurz und die Haut durch regelmäßige heiße Seifenbäder weich gehalten werden. Auch die Hände durften auf keinen Fall rauh sein, weil man sonst Maschen aus dem Gewebe zog. Zum sicheren Aufbewahren gab es eigens hergestellte Taschen, die beim Öffnen fächerartig aufgingen und für mehrere Paare Platz boten.
Waschen sollte man die Strümpfe täglich, weil das Gewebe sonst hart wurde und leichter riss. Und auch, wenn ständig hervorgehoben wurde, wie leicht es wäre, Perlon schnell durchzuwaschen, gab es für die Strümpfe extra ganzseitige, gelegentlich sogar illustrierte Anleitungen. Ein Tipp bestand darin, die Strümpfe in einem Weckglas mit Deckel durchzuschütteln.[7] Zum Trocknen sollten sie dann in ein Handtuch gerollt werden. Laufmaschen, die natürlich nicht ausblieben, konnte man mit speziellen Nadeln bei einigem Geschick selber wieder aufnehmen, es gab aber auch Geschäfte, die solche Reparaturen durchführten. Um die Strümpfe einfach wegzuwerfen, dazu waren sie zu teuer.
Von der Werbung wurden Nylon- beziehungsweise Perlonstrümpfe quasi als Zaubermittel angepriesen für die Suche nach einem Ehemann. Mitte der 50er berichtete Elbeo in einer Anzeige über die Umfrage unter Männern, in der gefragt wurde, wo-

Werbung für Elbeo-Strümpfe; unter dem Bild wurde ausführlich über eine Umfrage unter Männern berichtet, ob sie erst auf das Gesicht oder die Beine schauen; Film und Frau 9/1956, S. 33

hin sie bei einer Frau zuerst schauten.[8] 28 von 100 sahen demnach ins Gesicht und 25 auf die Beine. Elbeo gab in diesem Zusammenhang sogar einen Prospekt heraus mit dem Titel: „Blickpunkt: Gesicht und Bein". Fazit war: die Beine müssten genauso gepflegt werden wie das Gesicht, und dafür wäre ein kostbarer Strumpf ideal, denn er könne: „... durch sein elegantes Aussehen Ihr Bein aus der Masse der Beine herausheben."

Auch die Marke „bel ami" aus Wedel bei Hamburg warb mit der Vorstellung vom Strumpf als Männerfalle. Die Frage „Kritisch - oder bewundernd?" unter dem Bild eines Mannes ist nur rhetorisch gemeint angesichts seines Blicks auf ein Paar weiblicher Beine.[9] Die erotische Komponente der Damenstrümpfe spielt vor allem in der Werbung eine immense Rolle. Man sieht lange Frauenbeine bis zum Strumpfansatz und darüber bauschen sich, wie von Wind bewegt, Rock und Unterrock. Der Rest des Körpers, Kopf und Arme sind oft nicht zu sehen oder nur angedeutet. Delille schreibt dazu: „Die männliche Phantasie konzentrierte sich dabei auf den unbekleideten Teil des Beins zwischen Strumpfansatz und Schlüpfer, der später von seidenen Unterröcken und raschelnden Petticoats verhüllt wurde."[10] Mitte der 50er fanden sich solche Darstellungen schon öfter. 1952 jedoch wurde die Inhaberin eines Modegeschäfts in Duisburg noch vor Gericht zitiert, weil sie ein derartiges Werbeplakat in ihrem Geschäft aufgestellt und sich dadurch nach § 184, Absatz 1, STGB schuldig gemacht hatte, „... unzüchtige Schriften, Abbildungen oder Darstellungen ..." ausgestellt zu haben.[11]

Im Sommer 1956 wird auch für den Imagewechsel von „Nylon"- zu „Perlon"-Strümpfen mit der Zeichnung einer jungen Frau im Sommerkleid geworben, die sich im Park hinter einem Puttostandbild versteckt, um sich anmutig ihren Rock hochziehen und einen ihrer Strümpfe richten zu

rechte Seite:
Werbung für Perlon-Strümpfe; Ihre Freundin 14.8.1956, o. S.

unten:
Strumpfwerbung von „bel ami"; Film und Frau 9/1956, S. 42

Das Gesetz der Mode ist so einfach:

Zeige das Reizende reizend!

rechte Seite:
Schaufenster mit Strumpfhosenwerbung, ca. 1960, Karstadt, Kiel; Priv.-Bes.

unten:
Werbung für „Baumhüter-Strümpfe"; Film und Frau 9/ 1956, S. 69

können. „Zeige das Reizende reizend!" sei ein Gesetz der Mode – so heißt es darunter. Und weil „frau" gerne „reizend" wäre, hatte angeblich „... strumpflos keine Chance".[12] In einem gezeichneten Werbefilm, der 1955 in den Kinos lief, tanzte ein Frauenbeinpaar in Strümpfen der Marke „Baumhüter" zu einem Tango durch eine Stadt. Die Männer drehten zuerst nur die Hälse, ließen dann aber ihre Frauen fallen und klebten an den tanzenden Beinen fest. Erst als ihre Frauen ebenfalls richtige Strümpfe anzogen, kehrten die Männer zu ihnen zurück.[13]

Eine Fortentwicklung in der Mitte des Jahrzehnts waren Stretchstrümpfe, die, von Opal als erstes herausgebracht, viel besser und völlig faltenfrei am Bein saßen. Der Hersteller Hudson stellte wenig später seinen „Zweifadenstrumpf" vor, der insgesamt aus Doppelfäden gewirkt war und dadurch mehr Sicherheit vor Laufmaschen bieten sollte. Wenn ein Faden riss, konnte man zumindest hoffen, dass der andere hielt.[14] Und ebenfalls Mitte der 50er kamen Strümpfe ohne Halter auf den Markt, für die man nun keine Strumpfbandgürtel mehr benötigte. Sie saßen angeblich fest am Bein und ihre Naht sollte immer „schnurgerade" bleiben.[15] Die Naht, die sonst regelmäßig kontrolliert werden musste, hatte allerdings ohnehin bald ausgedient, denn eine weitere Neuerung war der Strumpf ohne sie. Ab 1954 gab es bereits die ersten zu kaufen, aber es dauerte bis zum Ende des Jahrzehnts, bis sie die Nahtstrümpfe verdrängt hatten. Etliche Firmen mussten damals aufgeben, weil sie nicht rechtzeitig auf moderne Maschinen umgestellt hatten. Der Kieler Hersteller Tilly bot neben den normalen Strümpfen Anfang der 60er Jahre unter dem Namen „tilly Supphose" auch einen stützenden Strumpf an: „den eleganten gummilosen Miederstrumpf aus Spezial-Nylon von besonderer Stützkraft ..."[16]

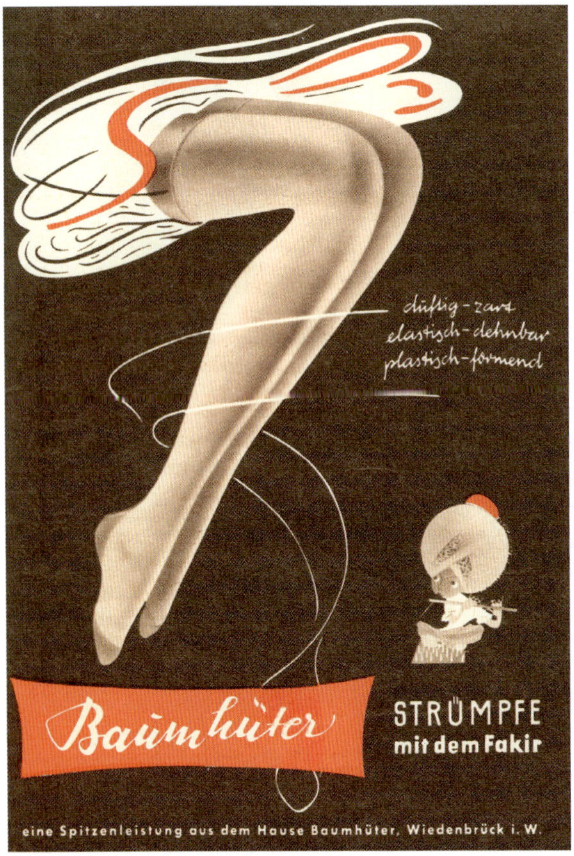

Für alte abgetragene Strümpfe gab es schließlich sogar noch Verwendungen: Eine Leserin der Constanze schrieb 1962, sie hätte gehört, dass man Teppiche daraus häkeln könnte.[17] Ob das wirklich jemand gemacht hat, muss dahingestellt bleiben. Gute Dienste leisteten sie jedenfalls in ländlichen Haushalten zum Verpacken von Lebensmitteln, die in den neuen gemeinschaftlichen oder sogar eigenen Kühltruhen eingefroren werden sollten.
In den 60er Jahren verdrängten dann Strumpfhosen die Strümpfe auf dem Markt. Zuerst von Kindern und dann von jungen Mädchen getragen, erfreuten sie sich zunehmender Beliebtheit. Und das endgültige Ende der Strumpfära war schließlich eine Folge der Minimode.

Anmerkungen:

1 S. auch S. 94
2 Hausbuch 1950
3 Kat. Bonn 1999, S. 42
4 Ebd., S. 54
5 Ebd.
6 Schittenhelm 1958, S. 296/7
7 Kat. Bonn 1999, S. 92
8 Film und Frau 9/1956, S. 33
9 Film und Frau 9/1956, S. 42
10 Delille/Grohn 1985, S. 127
11 Kat. Bonn 1999, S. 102
12 Ihre Freundin 14.8.1956, o. S.
13 Kat. Bonn 1999, S. 89
14 Münchner Illustrierte 19.1.1957, S. 40
15 Illustrierte Berliner Zeitschrift 13.8.1955, S. 15
16 Praline 12.3.1962, S. 26
17 Constanze 27/1962, S. 37

Literatur:

Hausbuch 1950
Kat. Bonn 1999
Meiners 1994
Schittenhelm 1958

Bleistift-, A-Linie und Sackkleid

Modeerscheinungen der 50er

Die ideale Frauenfigur in den 50er Jahren war schlank, aber sehr körperbetont, mit spitzen Brüsten, extrem eingezogener Taille und runden Hüften. In den Kriegs- und Nachkriegsjahren zuvor beschäftigten die vitalen Bedürfnisse – zu überleben, satt zu werden und überhaupt ausreichend geeignete Kleidung zu beschaffen – die Frauen so sehr, dass sie kaum dazu kamen, sich mit einem Schönheitsideal zu befassen. Sie übernahmen nicht nur die Arbeiten der Männer, sie kleideten sich auch dementsprechend, denn Hosen und Stiefel waren für schwere Arbeiten einfach praktischer.

Auch die Mode in der zweiten Hälfte der 40er spiegelte noch die bestimmende Rolle der Frauen in jener Zeit wider. Die Schultern waren gepolstert, und auch sonst erinnerte der Schnitt sehr an die Uniformen der Männer. Da es kaum Kleiderstoffe gab, mussten andere Textilien wie Betttücher oder Gardinen umfunktioniert werden. Legendär sind die aus Fallschirmseide genähten Hochzeitskleider dieser Zeit.

Nachdem die Männer aus dem Krieg heimgekehrt waren, hatten sie ihre alten Aufgaben in Familie und Gesellschaft weitgehend zurückerhalten. Ihren Frauen fiel damit, ob sie wollten oder nicht, der jeweils weibliche Part zu und der sollte auch in der Kleidung zum Ausdruck kommen.

Die Modeindustrie schaffte es nach 1945 verhältnismäßig schnell, wieder Fuß zu fassen. Als erster kam Christian Dior in Paris im Frühjahr 1947 mit einer neuen Kollektion, dem „New Look", heraus und dokumentierte dadurch seine führende Rolle in der Branche. Die Entwürfe waren sehr weiblich, mit leicht gerundeten Schultern, schlanken Taillen und wadenlangen weiten Röcken. Da Dior nicht nur Unikate für seine Präsentationen, sondern auch Konfektionsware herstellte, breiteten sich seine neuen Modeentwürfe auch bei uns aus. Hier wurden sie allerdings von den deutschen Modeschöpfern oft für den Markt abgewandelt und dann durch Modejournale, wie Burda, Constanze oder Praline, den Frauen vorgestellt. In München erarbeitete sich H. Schulze-Varell einen Ruf

rechte Seite:
zum Kostüm trug die gut angezogene Frau einen passenden Hut und Handschuhe; Eva 9/1956, S. 9

Farbe
gibt den
Ton an

als Modeschöpfer, in Berlin Heinz Oestergaard.
In Deutschland publizierten die Modejournale den „New Look" erst ein Jahr nach seiner Pariser Vorstellung, dafür lieferten sie aber auch gleich Vorschläge mit, wie die weiten Röcke, für die man sehr viel Stoff benötigte, herzustellen seien: nämlich durch das Einsetzen anderer Stoffe, wenn von einem nicht genügend vorhanden wäre.
Inzwischen hatte Dior noch im Herbst 1947 die „Bleistiftlinie" entwickelt, die ihre Bezeichnung wegen des ebenfalls wadenlangen schlanken Rocks erhielt. Sie betonte in der Gesamterscheinung vor allem Hüften und Po der Frau. Die weiten Röcke hatten immerhin noch etwas größere Schritte erlaubt, auch wenn die hochhackigen Schuhe in dieser Hinsicht Grenzen setzten. Die engen Röcke erscheinen im Rückblick — auch wenn ein Gehschlitz der Trägerin zumindest eine gewisse Bewegungsfreiheit verschaffte – wie ein Symptom für die Beschränkung der Frau auf ihre vermeintlich weiblichen Eigenschaften und Fähigkeiten. Größere Schritte sollte sie jedenfalls nicht mehr machen.
Den Frauen selbst lag daran, sich endlich wieder schön anziehen und ihre Weiblichkeit unter Beweis stellen zu können. Die Französin Simone de Beauvoir schrieb 1951 über die zeitgenössische Mode, die „unpraktischen Kleider und Schuhe, die empfindlichsten Hüte und Strümpfe sind die elegantesten"[1] und sprach damit der größten Zahl ihrer Geschlechtsgenossinnen aus dem Herzen. Das wichtigste Stilmittel dieser und der folgenden Jahre war die Betonung der weiblichen Figur – mal der Hüften, dann des Busens oder der Taille. Grundsätzlich allerdings ohne zu viel Freizügigkeit, weshalb Dekolleté und Knie weitgehend bedeckt blieben. Während des ganzen Jahrzehnts setzte Dior, ab 1958 fortgesetzt durch seinen Nachfolger Yves Saint Laurent, in jeder Saison neue Maßstäbe für die Mode der Frau.
Die 1951 von ihm propagierte „A-Linie" brachte den Frauen wieder weite, schwingende Röcke bei einem tiefer unter die Taille gezogenen Rockansatz. Das Oberteil war gleichzeitig möglichst schlank geschnitten, um die nach unten ausschwingende Silhouette zu verstärken.
1954 erlaubte die „H-Linie" den Frauen erstmals kurzzeitig, ihrer Taille etwas Luft zu verschaffen, denn die ideale Silhouette der über die Hüften fallenden Jacken war nahezu geradlinig. Gleichzeitig wurde zur neuen

rechte Seite
links:
Kleid in „Y-Linie" mit schrägen Elementen im Oberteil und engem Rock, 1957; Eva 2/1957, S. 12

rechts:
grünes Sackkleid, das über einem Oberteil getragen wurde, 1958; Drei 9/1958, S. 111

Modefarbe „Swissair-Blau" bestimmt – zweifellos ein Niederschlag der einsetzenden Faszination am Fliegen und Reisen.
Etwa anderthalb Jahre später folgte die letzte Buchstabenlinie. Wie beim „Y" sollten die Linienführungen im Schnitt

oben:
Schnittmusterzeichnung für einen Rock mit dazu passender Bluse;
Eva 9/1956, S. 17

rechte Seite:
selbst genähtes Leinenkleid, ca. 1958, Foto: Looft-Gaude; Schatztruhe Blumenthal

des Oberteils schräg auf die enge Taille, eine Wespentaille, zulaufen. Der Rock war extrem schlank und nur ein rückwärtiger Gehschlitz ermöglichte überhaupt eine gewissen Bewegungsfreiheit. Als bevorzugte Farben dieser Mode wurden Blau und Grün in Kombination angegeben.

Die neue Mode des Jahres 1957 stellte alle Aussagen zur Figurbetonung der 50er in Frage, das „Sackkleid", das so aussah, wie es hieß, war plötzlich da. „Frau" zeigte darin überhaupt keine Figur mehr – oft wahrscheinlich zum Leidwesen der Männer. Es handelte sich um ein knielanges Hemdblusenkleid mit herabfallenden Schultern, das heißt, tief angesetzten Ärmeln. Man trug es locker fallend oder mit einem Gürtel in der Taille gebunden. Mantel oder Jacke dazu waren blousonartig geschnitten und als ultimative Farbe der Saison galt Oliv.

Die Modelle des folgenden Jahres entwickelten diese Kleiderform weiter, allerdings erhielten sie wieder eine vorgegebene Taille, die jedoch diesmal wie im Empire bis knapp unter die Brust hochgezogen wurde. Besonderes Kennzeichen der Wintermode war außerdem ein großer, hoch gewölbter Schulterkragen, der den Kopf betonte und den Körper schlanker erscheinen ließ. Den gleichen Effekt hatten auch die runden, hohen Hüte, die dazu getragen werden sollten. Die moderne Rocklänge endete in Deutschland weiterhin in Kniehöhe – im Gegensatz zu den wadenlangen Vorschlägen von Dior.[2]

1958 wurde die höher gezogene Taille zu einem breiten Band, an dem unten ein glockenartiger, weit ausgestellter Rock ansetzte. Dessen Saum war jetzt erstmals über das Knie gerutscht. Als Modefarbe der Saison hatte Lila, das bis dahin als Farbe für ältere Leute gegolten hatte, Konjunktur.[3]

Der Wechsel der Modetrends erfolgte in den 50er Jahren recht schnell und wurde mit größerer Ernsthaftigkeit propagiert als heute. Zweifellos war es nicht jeder Frau möglich, ihre gesamte Kleidung dem jeweiligen Saisongeschmack anzupassen. Es galt aber als gesellschaftlich unangemessen, unmodern gekleidet herumzulaufen. Im Hausbuch für die deutsche Familie schreibt Elisabet Neff 1950: „Recht stillos (sei) ... ein Besuchskleid, das ... nicht mehr gut genug ist, im Alltag ... abzutragen."[4] Man „...

Modenschau
im Schaufenster,
ca. 1960,
Karstadt, Kiel; Priv.-Bes.

rechte Seite:
Sommerkleid aus Perlon,
ca. 1955; Priv.-Bes.

soll stets daran denken, daß die Frau nur dann angemessen gekleidet ist, wenn sie auch dem Geschmack der Zeit Rechnung trägt."[5] Den Einwänden, die vermutlich viele Leserinnen im Stillen vorgebracht haben, nämlich, wovon es bezahlt werden sollte, begegnete sie mit der Überzeugung, „... daß ein neues Kleid der Frau immer ein frohes, freies Gefühl" gebe und dass „die Frau ... es also in der Hand (hat), sich Freude zu schaffen – durch häufigeren Kauf von Kleidungsstücken – für wenig Geld."[6] Als besonders praktisch für schmale Geldbeutel empfiehlt sie zweiteilige Kleider, weil die miteinander und immer wieder anders zusammengestellt werden könnten.[7]

Und in der Tat erfreuten sich in den ersten Jahren des Jahrzehnts vor allem Kombinationen aus Rock und Bluse großer Beliebtheit. Rosemarie Schittenhelm weist in ihrem Ratgeber für junge Mädchen darauf hin, wie wichtig Blusen für die Garderobe seien: „... solange wenigstens

zwei tadellose Blusen und ein gut geschnittener, dunkler Rock im Schrank hängen, hat man immer etwas Erfreuliches anzuziehen. Und wenn es zu keinem ordentlichen Kleid reicht, zu einer neuen Bluse reicht es meistens doch."[8] Insbesondere seien Blusen beliebt und angemessen für Bürotätigkeiten. Diese Erfahrungen hätten zuerst die Amerikanerinnen gemacht, und von dort sei dieser Trend übernommen worden.[9]

Eine wichtige Rolle beim Variieren der Kleidung spielten natürlich die Accessoires. Sie gehörten in den 50ern zur guten Kleidung einfach dazu: bunte Halstücher, Gürtel, Anstecknadeln, Schmuck, so genannte Betrüger (einzelne Kragen und Manschetten) sowie nicht zuletzt Hut und Handschuhe, ohne die eine Frau selbst im Sommer nicht richtig angezogen war.

unten:
selbst beim eleganten Kleid, das in Innenräumen getragen wurde, ergänzten Handschuhe die Erscheinung und Broschen schmückten nicht nur den Kragen oder Ausschnitt sondern gelegentlich auch einen „Gürtel", Foto zu einem Schnittmuster; Beyers Mode 9/1959, S. 24

linke Seite:
rosafarbenes, trägerloses Abendkleid aus Tüll und Spitze, ca. 1955, Foto: Looft-Gaude; Priv.-Bes.

Anmerkungen:

1 Junker 1988, S. 352
2 Constanze 18/1958, S. 16/7
3 Constanze 27/1962, S. 6/7
4 Hausbuch 1950, S. 128
5 Ebd., S. 125
6 Ebd.
7 Ebd., S. 127

Literatur:

Hausbuch 1950
Loschek 1987
Oestergaard 1992

„Wagenrad", „Pillbox" oder „Lampenschirm"
Hutmode für die Frau

Schaufenster mit Damenhüten, ca. 1958, Karstadt, Kiel; Priv.-Bes.

Im Zusammenhang mit der französischen Revolution begann die Entwicklung einer eigenen Hutmode. Im Laufe der Zeit entstanden zahlreiche verschiedene Typen mit Namen, die heute kaum noch jemand kennt, weil Hüte ihre Bedeutung als unverzichtbares Kleidungsstück eingebüßt haben.

Eine Hutform, die lange überdauert hat, ist zum Beispiel der Florentiner, ein breitrandiger Strohhut mit Band um den Hutkopf oder anderem aufgesetztem Schmuck, der zuerst im 19. Jahrhundert zu den Krinolinenkleidern getragen wurde und dann auch zu allen Zeiten des 20. Jahrhunderts seine Liebhaber fand.

In den 50er Jahren gehörten Hüte unbedingt dazu, wenn Mann und Frau in der Öffentlichkeit gut gekleidet sein

schwarzer Basthut
mit hellem Band, ca. 1959,
Foto: Looft-Gaude; Priv.-Bes.

wollten. Die Damen trugen ihn nicht nur im Freien zum Schutz von Kopf und Frisur, sie behielten ihn auch drinnen zu Kleid oder Kostüm, zum Beispiel in einem Lokal, einer Gesellschaft oder im Theater, auf. Form und Farbe waren in aller Regel auf die Kleidung abgestimmt, und natürlich passten bestimmte Formen nicht zu jedem Anlass. So empfand man Baskenmützen allgemein als sehr jugendlich und gestand sie deshalb nur „Backfischen" zu. Sie wurden aber vor allem gern von weiblichen Intellektuellen getragen, die die französische Schriftstellerin Francoise Sagan wegen ihrer Romane zum Vorbild erkoren hatten und sich nun bevorzugt wie sie in Schwarz und mit Baskenmütze kleideten.
Es gab auch weit ausladende Hüte, die „Wagenräder" oder „Tellerhüte", die für den Sommer gern aus schwarzem Bast, beziehungsweise Stroh, und verziert mit farbigem Band, gewählt wurden. Wesentlich häufiger allerdings trug man kleinere Kopfbedeckungen, schließlich waren die auch praktischer, wenn man sie über längere Zeit aufbehielt. Dazu gehörten die „Toques", randlose Kappen, die ähnlichen, aber kleineren und auf dem Hinterkopf getragenen „Pillboxes", die Christian Dior 1951 in Paris zum ersten Mal präsentierte, und der kappenartige Pilzhut, den Christobal Balenciage ebenfalls 1951 in Paris einführte. Der Spangenhut, geformt wie ein breiter Haarreifen, wurde 1952 in New York bekannt. Er konnte

oben:
grüner Filzhut mit brauner Lederschleife und Schleier, ca. 1955,
Foto: Looft-Gaude; Priv.-Bes.

rechte Seite oben links:
Strandhut aus Stroh, ca. 1955,
Foto: Looft-Gaude; Priv.-Bes.

rechte Seite oben rechts:
Zeichnung einer Frau mit breitem Spangenhut,
Ausschnitt aus Schnittbogen;
Vobachs Neue Moden 5/1953, o. S.

rechte Seite unten links:
Strandhut auf dem Deckblatt eines Ferienheftes von Constanze 15/1956

rechte Seite unten rechts:
Anfang der 60er Jahre galten Hüte als chick, die hoch auf dem Kopf saßen;
Praline 12.3.1962, S. 66

zum Beispiel mit schwarzem Samt bezogen oder mit Federn besteckt sein und gehörte meistens zur eleganteren Mode. Und zu den kleineren Kopfbedeckungen zählt auch der „Watteauhut", der nach dem gleichnamigen französischen Maler benannt wurde, der zu Beginn des 18. Jahrhunderts viele Gesellschaftsszenen und dabei auch Frauen mit kleinen Hüten gemalt hatte. Der Hut lag wie ein geschwungenes Dach über dem Kopf.
Als Schmuck trugen die kleinen Hüte öfters kleine Halbschleier, die vorn über die Krempe fielen, aber meistens nur eben bis an die Augen reichten.
Ab etwa 1957 wurden die Hüte insgesamt wieder größer; sie hatten beispielsweise Glockenform, sahen aus wie Kulihüte oder wie Lampenschirme. Anfang der 60er Jahre wurde es sogar als besonders chic empfunden, wenn sie hoch auf dem Kopf saßen.
Mit Ablauf des Jahrzehnts ging die Bedeutung der Hüte für Männer und Frauen sukzessive zurück. Ein Grund lag darin, dass für die Damen 1959 die stark toupierte Farah-Diba-Frisur aufkam, zu der das im Nacken geknotete Kopftuch gehörte, weil es der Frisur weniger schadete. Ein weiterer Grund ist darin zu sehen, dass sich die strengen Anforderungen an bestimmte Kleidungsstile, so wie auch der gesamte Lebensstil, langsam lockerten.

Literatur:
Döbler 1972
Loschek 1987

Kindheit und Jugend

Schulkinder in Kiel

Schaufenster zum Thema „alte und neue Schule", ca. 1959, Karstadt, Kiel; Priv.-Bes.

Das oben gezeigte Schaufenster sollte Kleidung und Schulsachen für Jungen und Mädchen im schulfähigen Alter vorstellen. Als Dekoration wurde hier die Gegenüberstellung zweier Schulszenen gewählt, in der rechten Seite ist die alte Schule, in der linken die neue thematisiert. Die alte steht unter dem Titel „So war es früher" und zeigt als karikierende Scheibenfiguren einen streng und kritisch auf die Tafel schielenden Lehrer sowie den davor verzweifelt um die Rechenlösung ringenden Schüler im Matrosenanzug. Im größeren linken Teil dagegen wurde „Unterricht im Freien" präsentiert. Ein ausgesprochen freundlich dreinblickender Lehrer steht offensichtlich draußen inmitten einer Schülergruppe. Er hält den Kindern ein Blatt hoch, und einige von ihnen heben den Arm, weil sie etwas sagen möchten. Von oben

hängen stilisierte Blätter an Zweigen, und an der Wand hinten befindet sich eine grafische Skizze von Büschen und Bäumen in der Art, wie zeitgenössische Architekten zeichneten.
Der Kontrast zwischen neuer und alter Schule springt ins Auge durch die Gegensätze: hell – dunkel, draußen – drinnen, moderne – alte Architektur und Kleidung sowie die Charakterisierung der Figuren: freundlicher, leger gekleideter Lehrer mit fröhlich lernenden Kindern links, während rechts ein verschreckter Schüler nicht verstanden hat, was er lernen sollte und dabei vom Lehrer nur kritisch und distanziert ins Auge genommen wird.
In diesem Schaufenster spiegelt sich die Aufbruchstimmung wider, die in den 50er Jahren auch im schulischen Bereich herrschte, selbst wenn aus heutiger Sicht noch traditionelle Lehrformen und eine patriarchalische Grundhaltung bestimmend waren.

Schulbedingungen der Kriegs- und Nachkriegsjahre

Während des Krieges hatte der Unterricht häufig ausfallen müssen. Erst waren nur jüngere, später auch immer mehr ältere Lehrer zum Heeresdienst eingezogen, sodass es an Personal für den Unterricht fehlte. Im Herbst mussten die Kinder in der Kartoffelernte und beim Dreschen helfen, weil es keine anderen Arbeitskräfte gab; ab 1940 gab es nicht genügend Feuerung im Winter und bei Luftangriffen musste der Unterricht unterbrochen werden. Hinzu kam, dass in den Städten viele Schulen beschädigt oder zerstört wurden, auf dem Land brauchte man sie ab 1944 zur Unterbringung der Flüchtlinge, die ins Land strömten. Unter den Flüchtlingen waren wiederum schulpflichtige Kinder, die ebenfalls unterrichtet werden mussten. Die verbliebenen Lehrer bemühten sich, zu improvisieren, unterrichteten auch schon mal in einem Kuhstall[1] oder bei sich zu Hause im Wohnzimmer.
Nach der Kapitulation schloss die Militärregierung alle Schulen auf unbestimmte Zeit. Sie wollte einerseits die Vergangenheit der Lehrer und die Inhalte der Schulbücher prüfen, konnte andererseits aber die desolate Gebäudesituation auch nicht verändern. Nach wenigen Wochen jedoch ordnete sie kurzfristig und früher als geplant die Wiedereröffnung an: „Um der unübersehbaren

Verwahrlosung und drohenden Kriminalisierung der herumlungernden Jugend nicht weiter Vorschub zu leisten."[1] Im Kieler Kurier meldete sie im Juli 1945: „Wie wichtig es ist, ein umfassendes neues Erziehungssystem so rasch wie möglich wieder einzuführen, wird durchaus anerkannt."[2]

Bis wirklich unterrichtet werden konnte, vergingen aber weitere Monate. Als es endlich soweit war, bestanden natürlich weiterhin große Raumprobleme, so standen in einer Kieler Schule für 340 Schüler nur drei Räume zur Verfügung. In einer anderen gab es für 2.313 Schüler 19 Barackenräume. Die Schule bildete 52 Klassen mit im Schnitt 44,5 Kindern, die unter schwierigen Bedingungen unterrichtet wurden: „Bei Regenwetter ziehen die Klassen sich in den trockenen Winkeln zusammen, Türen und Fenster sind undicht, die sanitären Anlagen beschädigt. Das Barackenlager ist (von der Vorbelegung her) ausgeraubt, es fehlen Fenster, Türen, einzelne Wände, Fußböden, Öfen und dergleichen."[3] Selbst im Saal eines Bahnhofshotels in Schlewig-Holstein fand Unterricht statt, „aber da war es noch schlimmer ... Das Thermometer sank auf minus sieben Grad. Da saßen wir nun in Män-

Kinder vor einer Baracke bei Bordesholm, ca. 1949; Geschichtsverein Bordesholm

teln und Handschuhen, einer immer noch barfuß, viele ohne Strümpfe, und klapperten mit den Zähnen. Alle fünf Minuten wurde Füßetrampeln und Händeklopfen gemacht ... selten fehlte jemand im Unterricht, es war Ehrensache, dabei zu sein."[4] Dem Raummangel begegnete man zumindest teilweise durch die Einführung von Schichtunterricht, das heißt, er fand in zwei oder drei Schichten statt.

Ein großes Problem stellte in den ersten Nachkriegsjahren auch das fehlende Schuhzeug dar. Bis in den Winter kamen sehr viele Kinder barfuß zur Schule, oder sie fehlten ganz. In Heide meldete das Fürsorgeamt im Dezember 1947, „dass in den letzten vier Wochen 332 Mädchen an 2189 Schultagen den Unterricht versäumen mussten wegen fehlenden oder mangelhaften Schuhzeugs."[5] Eine Kieler Schule hatte vom Schweizer Roten Kreuz 50 Paar Schuhe erhalten, viele Kinder trugen geliehene Schuhe, oft die viel zu großen der Eltern, aber 150 Kinder hatten weiterhin im Winter 1946/7 keinerlei Schuhzeug.

Gravierender als der Schuhmangel war natürlich der Hunger, in der Stadt schlimmer als auf dem Land, wo es zumindest mal eine heiße Suppe gab. Helfen sollte dagegen die Schulspeisung, die, hauptsächlich von den Amerikanern getragen, in Schleswig-Holstein vom Dänischen Roten Kreuz unterstützt wurde und jedem Kind am Tag 350 Kalorien zukommen ließ.

Wenn die jüngeren Schulkinder der beginnenden 50er Jahre den Krieg auch nicht mehr bewusst erlebt hatten, so hat sie die Zeit danach doch ebenfalls geprägt. Jedes vierte Kind in Deutschland wuchs ohne Vater auf. Und alle diejenigen, die zum Beispiel 1950 die Grundschule verließen, hatten bereits ihre eigenen Erfahrungen machen müssen.

Kinder spielen auf der Lensahner Straße in Kiel, 1953, Foto: I. Looft

rechte Seite oben:
Einschulung in der Kieler Hardenbergschule Ostern 1956; Priv.-Bes.

rechte Seite unten:
Kieler Goetheschule, Blick in einen Innenhof, ca. 1955; Stadtarchiv Kiel

unten:
Schulkinder der Grundschule Kronsburg, ca. 1955; Stadtarchiv Kiel

Neue Schulen

In Kiel waren zum Kriegsende 26 Schulen vollkommen unbenutzbar, weitere 23 schwer und 12 immerhin leicht beschädigt.[6] Beim Wiederaufbau beziehungsweise Neubau von Schulen ging die Stadt, wohl unter dem Einfluss der Stadtschulrätin Toni Jensen, einen Richtung weisenden Weg: Die Goetheschule in der Hansastraße war nicht der erste Neubau im Land, aber er war der erste Pavillonbau in Deutschland, 1949/50 nach Plänen des Architekten Rudolf Schroeder errichtet. Es war sein erster von einer ganzen Reihe ähnlicher in Kiel. Neben dem markanten Turm, in dem Fachräume untergebracht wurden, sind die Klassenräume ebenerdig und kammartig in fünf Reihen angeordnet. Jede Reihe besitzt auf einer Seite einen unverglasten überdachten Verbindungsgang. Die Pavillons bestehen jeweils aus einem eigenen Flur und dem großen Schulraum, der zum Hauptgang ein hoch liegendes Fensterband und gegenüber nach Osten große Fenster hat. Dort liegen die kleinen Gärten, die zu jedem Klassenraum gehören.

Die Vorbilder für diese neue Schularchitektur lagen baulich in englischen, skandinavischen und deutschen Gartenstädten der ersten Jahrzehnte des 20. Jahrhunderts. Außerdem trugen sie dem Ideal der „Freilufterziehung" Rechnung. Die einzelnen Schulräume sollten eine „Gartenschule" sein, mit dem Charakter eines „Wohnraums der Schulfamilie"[7] Alles sollte hell und freundlich und die Natur unmittelbar eingebunden sein, den Kindern sollte das Gefühl vermittelt werden, Teil einer überschaubaren Gemeinschaft zu sein.

Selbst international fand der Schulneubau große Beachtung, innerhalb Deutschlands gab es allerdings auch kritische Stimmen wegen der höheren Kosten.[8] Die Goetheschule blieb nicht der einzige Pavillonbau dieser Art, es folgten unter anderem: die Grundschule Kronsburg[9], die fast gleichzeitig fertig wurde, die Theodor-Storm-Schule 1952-1956[10], die Gorch-Fock-Schule 1953-1954[11] und die Hebbelschule 1955-1958[12], alle mindestens unter der Beteiligung von Schroeder.

Während sich in Schleswig-Holstein die räumlich prekäre Schulsituation langsam entspannte, rief nicht nur die Berliner Illustrierte Zeitschrift 1955 alle Westdeutschen dazu auf, Berliner Kindern zu helfen – entweder durch eine Geldspende oder durch die Aufnahme eines Berliner Ferienkindes. Unter der Überschrift: „Berlins Zehnjährige brauchen Erholung" heißt es : „Alarmierend ist das Ergebnis der ärztlichen Reihenuntersuchung in den Westberliner Schulen: Zehntausende von Kindern sind in ihrer Gesundheit gefährdet! Eine Verzögerung des Ferienaufenthalts im Westen ist nicht mehr zu verantworten! 50.816 Kinder allein brauchen sofort Erholung, Licht und Sonne. Das Hilfswerk Berlin ruft die Einwohner der Bundesrepublik auf: Stellt den Berliner Kindern Ferienplätze zur Verfügung."[13]

Auch in Kiel und im übrigen Schleswig-Holstein lebten viele Kinder noch Mitte der 50er Jahre in Baracken, mussten den knappen Wohnraum mit mehreren teilen und spielten auf den Trümmern zerstörter Häuser, aber die Probleme in der alten, nun eingeschlossenen Hauptstadt waren offensichtlich um ein Vielfaches größer.

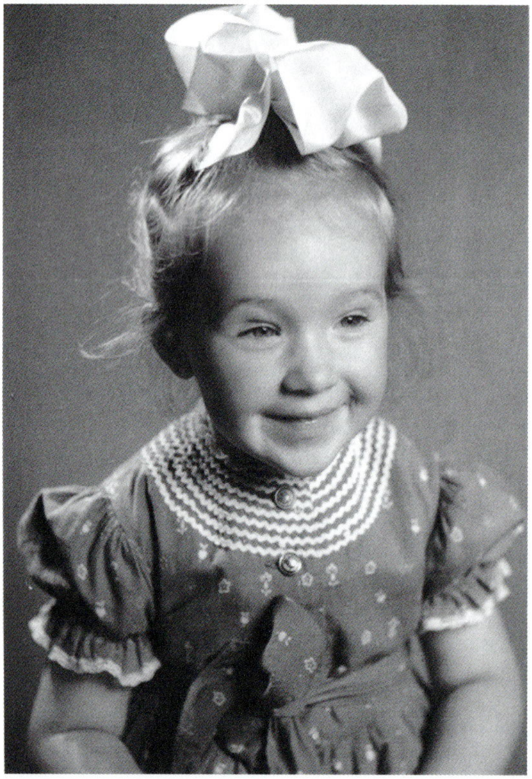

Kinderkleidung

Die schöne fertige Kinderkleidung, die die Geschäfte in Schaufenstern anboten, konnten sich viele Familien noch nicht leisten, zumindest konnte nicht die gesamte Garderobe gekauft werden. Vieles nähten die Mütter oder Großmütter deshalb selbst oder sie beauftragten Frauen, die damit nebenbei Geld verdienten. Außerdem war es möglich, in Kaufhäusern, wie zum Beispiel bei Weipert, etwas nähen lassen. Schnittmuster gab es einzeln zu kaufen, aber auch die Modezeitschriften widmeten in der Regel einige Seiten der Kindermode.
Für Sonn- und Feiertage gab es besondere Kleider und Anzüge, die meistens auf Zuwachs angelegt waren, indem man Biesen und Einschläge einnähte, um sie später bei Bedarf, wenn das Kind gewachsen war, wieder auslassen zu können. Für den Winter waren Mädchenkleider mit gesmokten Oberteilen beliebt. Zum Sommer, oft zu Ostern oder Pfingsten, gab es neue Schuhe und Strümpfe, für Mädchen neue Sommerkleider in hellen Farben und für die Jungs Shorts und farbige Hemden.
Alltags trugen die Jungen meistens wieder Lederhosen, wie in den Jahrzehnten zuvor. Sie waren einfach zu praktisch, mussten nicht gewaschen werden und zerrissen nicht.

oben:
die Kinder tragen – wahrscheinlich zum Kindergeburtstag – ihr gutes Zeug, weiße Söckchen, Lackschuhe, helle Kleider, Schleife im Haar usw., ca. 1956

unten:
im Winter gab es Mützen auf dem Kopf und auch für Kinder u.a. Duffelcoats als Mäntel, ca. 1958

linke Seite oben:
beim Spielen trugen auch einige Mädchen Lederhosen; Gabriele R. hatte eine rote mit dazu passendem Pullover, ca. 1959

linke Seite unten:
als Kleider waren für Mädchen, u.a. als Folge der Heimatfilme, Dirndl beliebt, ca. 1953; alle Priv.-Bes.

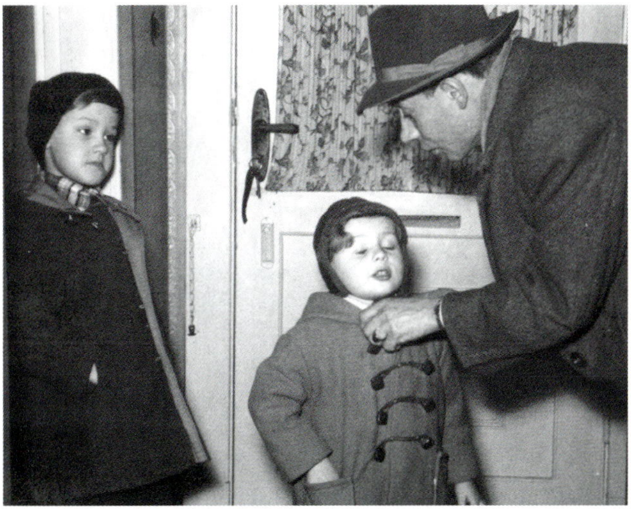

Anmerkungen:
1 Krüger 1986, S. 25/6
2 Ebd., S. 26
3 Krüger 1986, S. 72
4 Ebd., S. 73
5 Ebd., S. 35
6 Jensen/Wulf 1991, S. 437
7 Ebd., S. 437
8 Ebd., S. 438
9 Mehlhorn 1997, S. 160
10 Ebd., S. 154
11 Ebd., S. 141
12 Ebd., S. 86
13 B.I.Z. 4.6.1955, S. 8

Literatur

Jensen/Wulf 1991
Krüger 1986
Mehlhorn 1997
Weber-Kellermann 1989

„Strampelchen", „Mecki" und Legosteine
Spiele und Spielzeug

oben:
Spielzeugschaufenster, ca. 1958,
Karstadt, Kiel; Priv.-Bes.

rechte Seite oben:
Jungen beim Drachen
fliegen lassen, 1958,
Foto: Magnussen;
Stadtarchiv Kiel

rechte Seite unten:
Kinder spielen Indianer, 1958,
Foto: Magnussen;
Stadtarchiv Kiel

Spielzeug für Kinder gab es immer, auch wenn es nur aus Wolle oder Stroh gewickelte Bälle oder Puppen waren. Jede Zeit hatte ihre eigenen Möglichkeiten; wenn es wirtschaftlich knapp war, wurde eben improvisiert.

Beim Kauf von Spielzeug war für die Auswahl neben den Wünschen der Kinder immer auch das Weltbild der Erwachsenen mit entscheidend. Mädchen bekamen Puppen, Puppenhäuser oder Herde, um schon ein wenig selbst Mutter und Hausfrau spielen zu können. Den Jungen schenkte man gern das, womit sich auch die Männer in der Familie beschäftigten, sei es direkt im Beruf oder auf ideeller Basis. Der zukünftige Bauer erhielt bestimmt entweder Pferd und Wagen oder einen Trecker; in der Kaiserzeit und in den 30er Jahren, als Deutschland aufrüstete, stand auf Geburtstagstischen und unter dem Weihnachtsbaum deutlich mehr Kriegsspielzeug.

Spiele im Freien

Das Spielen im Freien war früher und auch noch in den 50er Jahren üblicher als heute, unter anderem, weil es ungefährlicher war. In den ersten Nachkriegsjahren blieb den Kindern wegen der engen Wohnverhältnisse auch kaum eine andere Möglichkeit. Selbst in der Stadt gab es durch die zahllosen Trümmergrundstücke genügend freie Flächen. Und mindestens bis zur Währungsreform waren die Mütter damit ausgelastet, für den täglichen Lebensunterhalt zu sorgen, sodass sie froh waren, wenn ihre Kinder sich allein beschäftigten – solange sie die Aufgaben nicht vernachlässigten, die ihnen im Haus übertragen worden waren, wie Kohlen oder Müll zu tragen.

In den 50ern endete diese Freiheit mit zunehmender wirtschaftlicher Konsolidierung. Die Mütter konnten sich wieder stärker auf häusliche Aufgaben und damit auf die Erziehung der Kinder konzentrieren. Sie orientierten sich dabei ebenso an den alten, selbst erlernten Idealen, wie es auch in anderen gesellschaftlichen Bereichen geschah. So war es wichtig, immer erst seine Pflichten zu erfüllen, bevor Zeit für Vergnügungen sein durfte. Für Kinder bedeutete das, erst alle Schulaufgaben zu erledigen, dann durfte gespielt werden. Nur Kleineren gestand man bis zur Einschulung die Freiheit zu, nach Herzenslust zu spielen.

Für die meisten Spiele im Freien brauchten die Kinder wenig Hilfsmittel. Jungs spielten selbstverständlich Fußball, Mädchen „Ball gegen die Wand" oder Hüpfspiele, wie „Hin-

oben: Mecki mit Gipsbein, 1960

Mitte: Plüschteddy, ca. 1955,
Fotos: Looft-Gaude; beide Priv.-Bes.

rechts: Achim L. mit einem „Zotti", ca. 1959; Priv.-Bes.

rechte Seite oben:
Zelluloidpuppe mit gemalten Augen, 35 cm groß, ca. 1950

rechte Seite unten:
lebensgroße Babypuppe mit Schlafaugen und Stimme,
50 cm groß, ca. 1959,
Fotos: Looft-Gaude; beide Priv.-Bes.

ker" und Seilspringen. Beide rollten Murmeln, die damals „Picker" hießen, um die Wette, hockten sich im Kreis hin und ließen den „Plumpsack" umgehen, spielten Verstecken oder rannten beim „Ticker" hinter einander her. Das alte „Räuber und Gendarm Spiel" gab es noch, aber es hieß jetzt „Cowboy und Indianer". Karl Mays Romane lieferten Vorlagen für die Spiele, bei denen auch ein Holzknüppel die Silberbüchse von Old Shatterhand darstellen konnte, viel lieber aber spielten die Kinder natürlich mit den neuen Spielzeugwaffen und Kostümen aus dem Kaufhaus.

Puppen und Bauklötze

Ein typischer Spielzeug-Vertreter der 50er Jahre ist Mekki, der kleine lustige Igel. Unter dem Namen „Swinegel" hatte Hermann Diehl ihn schon 1936 für den Puppentrickfilm „Wettlauf zwischen Igel und Hase" entworfen, aber erst mit der Wahl zur Zeitschriftenfigur in der „HörZu" begann seine richtige Karriere. Es gab Comicserien

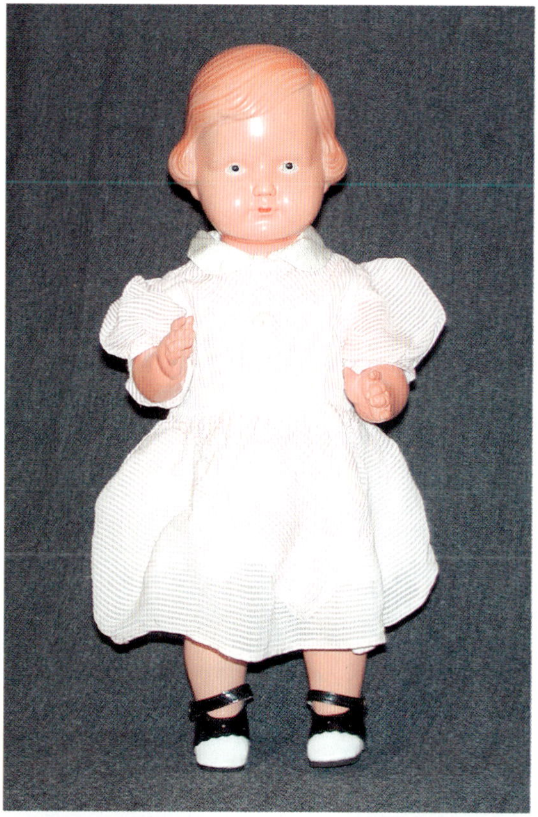

und Bücher mit Geschichten, in denen er der Held war, und seit 1951 die erste, von Steiff herausgebrachte Spielfigur. Ein anderer Steiff-Liebling der Kinder war der Teddy. Seine Geschichte begann mit dem amerikanischen Präsidenten Theodor Roosevelt. In Karikaturen wurde er oft durch die Symbolfigur eines Bären dargestellt, der auch seinen Kosenamen – Teddy für Theodor – trug. Innerhalb kürzester Zeit entwickelte sich daraus eine Plüschfigur zum Spielen, die seit Anfang des 20. Jahrhunderts sowohl von Amerikanern wie von der deutschen Firma Steiff weiterentwickelt und in großer Stückzahl hergestellt wurde. Nun in den 50er Jahren war er, seinem neuen Namen „Zotti" angemessen, weicher und zotteliger. Weitere Renner unter den Tieren dieser Firma waren Bambi, das kleine Rehkitz, und der Pudel, dessen lebende Vettern auf der Straße damals wohl die zahlreichsten Vertreter ihrer Art waren.

Bei der Puppenherstellung wurde zuerst weiter mit Zelluloid gearbeitet. Auch Schildkröt stellte nach dem Krieg seine Puppen „Bärbel", „Christel", „Erika" sowie die Babypuppe „Strampelchen" daraus her. Mitte der 50er Jahre gab es vorübergehend Puppen aus neuem Material, einer Vinyl-Verbindung, die bei Schildkröt „Tortulon" hieß. Die Produkte dieser Zeit trugen die Namen „Ursel", „Karin" und „Gabriele". Sie waren zwar fester und schwerer, nicht so elastisch, aber bruch- und stoßfest. Leider aber erwies sich die Oberfläche der Puppen als nicht dauerhaft genug, die Farbe rieb sich zu schnell ab. Anfang der 60er Jahre wurde dann wiederum ein anderes Material zur Puppenherstellung verwendet. Es handelte sich um Weich-PVC, aus dem zum Beispiel beim „Schlummerle"

oben:
„Negerpüppchen“, ca. 1955

unten:
Puppe mit Schlafaugen und Stimme, 50 cm groß, ca. 1959,
Fotos: Looft-Gaude; beide Priv.-Bes.

die Köpfe und Hände hergestellt waren, während der Körper aus Textil bestand.

Auffällig ist die große Zahl der so genannten Negerpuppen. Auch die Firma Schildkröt stellte viele ihrer Puppen ebenfalls in einer dunkelhäutigen Version, oft mit einem goldenen Ohrring im Ohr, her. – Ein Interesse für den afrikanischen Kontinent kann man auch an anderen Stellen beobachten. So machte Karstadt ihn gleich in mehreren Schaufenstern zum Thema. Unter dem Motto „Eine Reise nach Afrika“ wurden neben „Negerpuppen“ alle entsprechenden Tiere, wie Elefanten, Affen oder Löwen, ausgestellt. Zum Nachbilden verbieten sich diese Fenster allerdings, weil darin noch ein Menschenbild zum Ausdruck kommt, das heute nur als diskriminierend bezeichnet werden kann.

Der Baukasten, ein Klassiker im Spielzeughandel, lebte zwar weiter, er erhielt jedoch gegen Ende des Jahrzehnts große Konkurrenz aus Dänemark durch kleine bunte Plastiksteine, die aufeinander gesteckt werden konnten. 1958 wurde der „Legostein“ patentiert, und wenig später bauten auch Kinder und Väter in Deutschland damit.

Die bereits erwähnte Kieler Familie, deren Haushaltsaufzeichnungen im Landesarchiv in Schleswig lagern[1], hob zu Weihnachten 1949 von ihrem Sparkonto 86 DM ab, um Spielzeug für die beiden damals drei- und vierjährigen Kinder kaufen zu können. Es gab dann zur Bescherung auch relativ viele und teure Geschenke: einen Eisenbahnwagen, einen Baukasten, einen Puppenwagen, eine Garage mit Auto und ein Bilderbuch.[2]

Auch wenn seit der Mitte des Jahrzehnts mehr Geld für Spielzeug ausgegeben werden konnte und zu beobachten ist, dass zum Beispiel die neuen Puppenhäuser in dieser Zeit an Größe zunehmen, so blieb die Anzahl der Geschenke gegenüber heute doch relativ bescheiden.

oben links:
zweiter Geburtstag von Kirsten L. in Kiel 1956; es gab eine kleine Gummipuppe, einen Badefisch, ein Stehaufmännchen, eine rote Handtasche und Schokolade; Priv.-Bes.

oben rechts:
Gummipuppe zum Baden vom Foto links, 1956

unten:
Foxterrier von Steiff, ca. 1958, Fotos: Looft-Gaude; beide Priv.-Bes.

Anmerkungen:
1 Wildt 1996
2 Wildt 1996, S. 43

Literatur:

Kat. Kiekeberg 1992
Lipinski 1990
Weber-Kellermann 1989
Wildt 1996

Backfische oder Halbstarke
Die Jugend der 50er

Schaufenster, das sich an die Jugend richtete, 1960, Karstadt, Kiel; Priv.-Bes.

Die Jugend der beginnenden 50er Jahre hatte den Krieg und die Entbehrungen der Nachkriegszeit noch bewusst miterlebt und gesehen, wie die Welt um sie herum zerfiel. Die meisten waren jahrelang ohne Vater im Haus aufgewachsen und mussten deshalb mithelfen, die Familie über Wasser zu halten. Oft genug nahmen sie den überanstrengten Müttern gegenüber auch die Rolle eines gleichberechtigten Partners ein. Die Zwänge, die der Kampf ums Überleben dabei schuf, brachte gleichzeitig im Hinblick auf die Erziehung vergleichsweise große Spielräume mit sich.
Nachdem der Alltag wieder geregelt und viele Väter nach Hause gekommen waren, fiel es beiden Seiten nicht

leicht, die alten Erziehungsregeln wieder einzuführen, bzw. damit umzugehen. Die jungen Leute hatten nicht nur große Freiräume besessen, die ihnen nun wieder genommen wurden, sie waren auch einem Erziehungsdruck ausgesetzt, den sie nicht oder nicht mehr kannten. Ihre Eltern, die sich um eine anständige Erziehung bemühten, griffen natürlich auf die Lebensregeln und Anstandsformeln zurück, die ihnen vertraut waren und die sie selbst hatten lernen müssen, die aber letztlich noch auf die patriarchalischen Normen der wilhelminischen Ära zurückgingen. Man hatte ordentlich gekleidet, höflich und pünktlich zu sein, durfte bei Tisch nicht reden, in der Schule nicht stören, möglichst nicht zu viel fragen, denn das konnte als Autoritätsmissachtung gedeutet werden, und sich auf keinen Fall mit dem anderen Geschlecht einlassen. Zuwiderhandlungen wurden in der Regel mit Prügel bestraft.
Diese Generation Heranwachsender hatte in der für die Entwicklung ihrer Persönlichkeiten entscheidenden Zeit zu viel erlebt, um die Normalität, die die Erwachsenen herzustellen bemüht waren, annehmen zu können. Sie beobachten die von den Älteren getragene politische Entwicklung mit einer skeptischen Distanz, die ihr die Kennzeichnung „die skeptische Generation", dem Titel einer Veröffentlichung von Helmut Schelsky entsprechend, eingetragen hat.
Die nach dem Krieg Geborenen haben keinen solchen Bruch in ihrer Entwicklung erlebt. Sie konnten in dem Bewusstsein aufwachsen, dass es vollkommen normal sei, wenn alles — zumindest in wirtschaftlicher Hinsicht immer ein bisschen besser wurde. Der Lebensstandard stieg, es gab nicht nur genug, sondern auch immer wieder neuartige Sachen zu essen, und die Wohnverhältnisse wurden zunehmend großzügiger. Zwar gab es zu Beginn der 50er Jahre meistens keine eigenen Räume für Kinder und Jugendliche, aber zehn Jahre später sah auch das schon viel besser aus.
1952 ergab eine Untersuchung in Darmstadt noch, dass $^1/_3$ aller 10-Jährigen und $^1/_4$ aller 14-Jährigen nicht einmal ein eigenes Bett besaßen.[1] Gegen Ende des Jahrzehnts hatten die meisten Familien mehr Raum zur Verfügung, sodass die Kinder oder Jugendlichen allein oder mit Geschwistern einen Raum für sich hatten.
Die meisten Heranwachsenden verhielten sich in diesen

Transistorradios konnte man, wie der Name sagt, mit sich herumtragen, deshalb waren sie besonders bei jungen Leuten beliebt, Foto: Looft-Gaude; Priv.-Bes.

Jahren unauffällig und weitgehend regelkonform. Die sozialen Schranken waren allerdings recht stark. Sie trennten nicht nur die Armen von den besser Gestellten und diejenigen mit schlechter von denen mit besserer Schulbildung, sondern verliefen auch noch quer durch diese Gruppierungen, weil die vertriebenen Jugendlichen in ihrer neuen Heimat von den alteingesessenen manchmal gemieden wurden. So bildeten sich verschiedene rivalisierende Gruppen oder Banden.

Es gab aber auch immer wieder Berichte und Klagen über in der Öffentlichkeit auffällig gewordene „Halbstarke". Bei ihnen handelte es sich, anders als in den 60er Jahren, nicht um politisch engagierte Jugendliche, sondern um solche, die meistens nur durch Lärm oder anderes unangepasstes Verhalten in ihrer Freizeit „anständige" Bürger störten und dadurch die Polizei auf den Plan riefen. Oft erscheint der Grund für Eskalationen aus heutiger Sicht nicht mehr nachvollziehbar. So hatte beispielsweise in Hannover eine Gruppe junger Menschen am Himmelfahrtstag 1956 im Springbrunnen des Bahnhofsplatzes ihre Füße gewaschen und war daraufhin von Polizisten mit Gummiknüppeln vertrieben worden. Allerdings ging es nicht immer so harmlos ab.

Mit den Problemen Jugendlicher, die auffällig wurden, beschäftigten sich Mitte der 50er Jahre gleich mehrere Filme, die versuchten, den Gründen auf die Spur zu kommen. Der bekannteste, „Die Saat der Gewalt", kam aus Amerika, wo das Problem ebenfalls auf den Nägeln brannte. In Frankreich entstand ein entsprechender Film über drei Jungs: „Wie verlorene Hunde".[2] Der deutsche Film „Verbrechen nach Schulschluss", mit Peter van Eyck als verständnisvollem Arzt und Christian Wolff als Schüler, wollte zeigen, wie problematisch das Verhältnis der Generationen zueinander war, wie einsam Jugendliche den engstirnigen, harten Erziehungsmethoden Erwachsener gegenüberstanden.[3] Die Spannungen zwischen den Generationen waren in diesen Jahren ausgesprochen stark. Der Spiegel spricht sogar von einer „lauernden Gereiztheit", die „den Umgang zwischen Erwachsenen und Jugendlichen vergiftet."[4]

Suspekt war den Erwachsenen auch die Begeisterung Jugendlicher für amerikanischen und deutschen Rock´n Roll. 1956 spielte Bill Haley mit seiner Band in Deutschland. Der amerikanische Film „Denn sie wissen nicht, was sie

rechte Seite: Jugendbuch, erschienen 1955; Priv.-Bes.

Jutta fährt
Lambretta
VON
ELISABETH
GÜNTHER
NIKO

tun" mit James Dean erregte hierzulande ebenfalls Aufsehen und trug dazu bei, den amerikanischen Stil publik zu machen.
Als der amerikanische GI Elvis Presley 1958 nach Hessen kam, um seinen Dienst abzuleisten, entfesselte er dort einen regelrechten Aufstand. Während die meisten Jüngeren fasziniert waren, zeigten die Älteren Angst vor diesem Phänomen. Im Südfunk hieß es: „Bis dato brave Töchter und Söhne wurden über Nacht von ihm infiziert, trugen auf einmal Nietenhosen, Petticoats, Baseball-Schuhe, und das Schamloseste: Sie tanzten zu einer triebentfesselnden Urwaldmusik, als ob sie ganz und gar den Verstand verloren hätten ..."[5]
Ebenfalls harmlos erscheinen heute die Probleme, die 1958 Lehrer und Eltern eines Essener Mädchengymnasiums in sämtliche Zeitungen Westdeutschlands brachten. Unter dem Motto „Das geht zu weit" stand: „Hosen, an denen die Nieten zu platzen drohen, Pullis, in denen das Atmen schwer fällt, Kleider, die wie Fesseln den Körper

junge Männer aus Vertriebenenfamilien blieben oft unter sich, Münsterland, ca. 1950; Priv.-Bes.

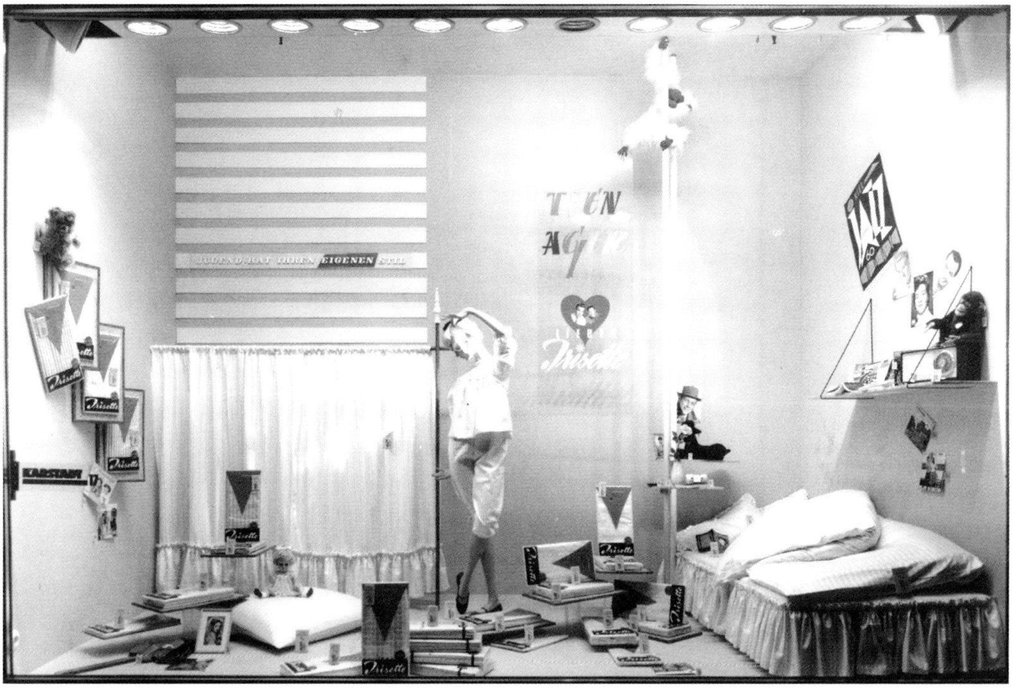

Schaufenster mit Irisette-Wäsche für „Teenager", ca. 1960, Karstadt, Kiel; Priv.-Bes.

umspannen ..."[6] Kritisiert wurde der „übertriebene Modefimmel" der 13- bis 15-Jährigen, die „drei Petticoats übereinander, genietete Blue-jeans, enge Röcke mit Seitenschlitz, viel zu kleine Pullover, bunte Sonnenschirme und zentimeterlange Haare" trugen. Und gemeint war zweifellos nicht, wie behauptet, der „überhandnehmende Luxus", sondern der „sündhafte" Charakter solcher Bekleidung, die auf Kinovorbilder wie Brigitte Bardot zurückging. Denn in einem Brief der Direktorin hieß es: „... möchten wir die Mädchen in gepflegter und geschmackvoller Kleidung sehen als Ausdruck einer umfassenden Bildung, wie das Mädchengymnasium sie ... anstrebt."
Der Einzelhandel hat die Jugend bereits Mitte der 50er Jahre als ernstzunehmende Kundschaft entdeckt. In Berlin richtete die erste „Miss Germany", Susanne Erichsen, als erste eine spezielle Boutique für die Mode junger Mädchen ein, die man in den 50er Jahren noch „Backfische" nannte. Die Bezeichnung „Teenager" bürgerte sich erst ab 1960 ein. Kaufhäuser zeigten auch in Schaufenstern Einrichtungen für Jugendzimmer. In den Kieler Karstadt-Fenstern hieß es: „Jugend hat ihren eigenen Stil".

Anmerkungen:
1 Strobel 2002, S. 122
2 Illustrierte Berliner Zeitschrift 31.12.55, S. 8/9
3 Illustrierte Berliner Zeitschrift 20.6.59, S. 8/9
4 Leinemann 2006, S. 56
5 Zit. nach Lehmann 1983, S. 216
6 Constanze 18/58, S. 8-11

Literatur:
Lehmann 1983
Leinemann 2006
Strobel 2002

Urlaub in den 50er Jahren

Lüneburger Heide und Lago Maggiore

Schaufenster mit Strandszene für Bademode und Dinge, die man im Sommerurlaub brauchte, ca. 1958, Karstadt, Kiel; Priv.-Bes.

Für die meisten deutschen Familien war unmittelbar nach Kriegsende ein Urlaub undenkbar. Vorerst reichte das Geld nur für das Allernötigste. Viele Menschen mussten sich eine neue Heimat suchen oder ihr zerstörtes Zuhause wieder aufbauen. Nahrungsmittel und Energie waren nach wie vor knapp, zahlreiche Straßen und Bahnlinien zerbombt, einstige Urlaubsunterkünfte von Flüchtlingen, Ausgebombten oder Soldaten der Besatzungsmächte bewohnt. Und im Ausland waren die Deutschen vorerst ohnehin keine gerngesehenen Gäste.
Doch nachdem die Deutschen ihre wichtigsten Grundbedürfnisse gestillt hatten, erwachte in den 50er Jahren

ein wahres Reisefieber. Die Menschen wollten sich vom anstrengenden Alltag des Wiederaufbaus erholen und etwas erleben. Außerdem wollten sie endlich alles Belastende, Not, Hunger und Schuld der jüngsten Vergangenheit hinter sich lassen. Und wo ließ sich alles Verstörende leichter verdrängen, als während eines Urlaubs?[1] „Kann man es den Menschen verdenken, daß sie, die seit elf Jahren nur auf diesen Augenblick gewartet haben, daß sie an einem herrlichen Frühjahrsmorgen ihr Fahrzeug aus der Garage holen, es bepacken und dann mit Vollgas abbrausen können? Mit wie viel Sehnsucht und Fernweh hat man in den abgelaufenen elf Jahren an diesen Augenblick gedacht. In diesen elf Jahren, die man uns so grausam gestohlen hat. Elf Jahre, da wir am wirklichen Leben vorbeigelebt haben – als Soldat oder als bombenbedrohter Zuhausegebliebener", so die Zeilen aus der Zeitschrift „Das Auto" im Jahr 1950.[2]

Inzwischen waren die meisten Straßen und Schienenwege wieder befahrbar und ausreichend Quartiere vorhanden. Mit der Gründung der Bundesrepublik Deutschland 1949 fielen überdies die Beschränkungen aus der Zeit der Besatzungszonen weg, und der grenzüberschreitende Verkehr wurde einfacher.[3]

Mit dem Wirtschaftswunder konnten das erste Mal Menschen mit geringem Einkommen verreisen. Schließlich waren auch bei „kleinen" Arbeitern und Angestellten Einkommenssteigerungen zwischen 40 und 50 Prozent nichts Ungewöhnliches.[4] Die Bundesbürger konnten also mehr bzw. erstmals Geld für einen Urlaub ausgeben. Und sie hatten immer mehr freie Zeit und gesetzlich geregelten Urlaub. 1955 betrug die durchschnittliche Wochenarbeitszeit für Berufstätige noch 49 Stunden, danach sank sie beständig auf rund 45 Stunden. Außerdem wurde – auch auf Druck der Gewerkschaften hin – in vielen Wirtschaftszweigen die 5-Tage-Woche eingeführt. „Samstags gehört Vati mir" lautete die Maiparole des Jahres 1956. Während es 1950 jährlich durchschnittlich 74 arbeitsfreie Tage gab, waren es knapp zehn Jahre später schon 104 Tage.[5]

Die Deutschen machten sich je nach Einkommen zu Fuß, mit dem Fahrrad, der Bahn, der Vespa oder mit dem Motorrad auf den Weg in den Urlaub. Am liebsten fuhr man jedoch mit dem eigenen Auto, das sich allerdings vorerst nur wenige leisten konnten. Zunächst wurden – auch wegen der vorerst noch beschränkten finanziellen Mittel –

oben:
Badeanzug aus Wolle, ca. 1955

unten:
Badeanzug aus Baumwollstoff, ca. 1958,
Fotos: Looft-Gaude; beide Priv.-Bes.

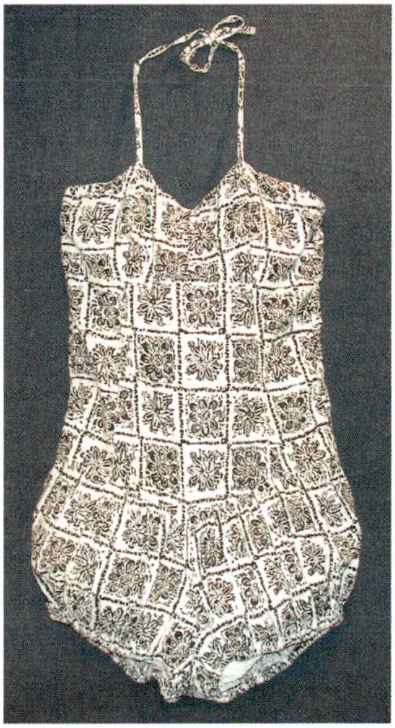

oben:
Kühltasche, ca. 1959,
Foto: Looft-Gaude; Priv.-Bes.

unten:
Wochenendhaus in Kalifornien an der Ostsee, August 1951; wer über so ein Häuschen verfügte, konnte regelmäßig in der Nähe Kiels ausspannen; Priv.-Bes.

hauptsächlich dreirädrige Rollermobile gekauft, etwa der Messerschmitt-Kabinenroller, umgangssprachlich Schneewittchensarg genannt.[6] Populäre Kleinstwagen waren auch die „Isetta 300", die ab 1955 von BMW hergestellt wurde, das Goggomobil, das 1955 bis 1967 bei der Firma Hans Glas in Dingolfing vom Band lief, oder der von Borgwardt produzierte Lloyd mit Kunstlederbespannung und Sperrholzkarosserie, der im Volksmund Leukoplastbomber hieß.[7] Die Nachfrage nach Kleinstautos ließ angesichts des steigenden Wohlstands Ende der 50er Jahre nach. Nun waren „richtige" Autos stärker gefragt, wie etwa ein „Käfer" von Volkswagen oder ein Ford Taunus. Ein eigener Wagen wurde zum Statussymbol, zeigte er doch, dass man „es geschafft" hatte.[8] Dennoch: Auch wenn fast alle Deutschen davon träumten, mit dem eigenen Wagen zu verreisen, blieb der PKW-Anteil im Reiseverkehr der 50er Jahre noch weit hinter der Eisenbahn zurück. Erst seit Beginn der 60er Jahre wurde das Auto zum wichtigsten Transportmittel für die Urlaubsreisen.[9]
In den ersten Jahren der 50er Jahre bereiste man — auch mit Rücksicht auf den noch schmalen Geldbeutel – hauptsächlich heimatliche Gefilde. Populäre Reiseziele wa-

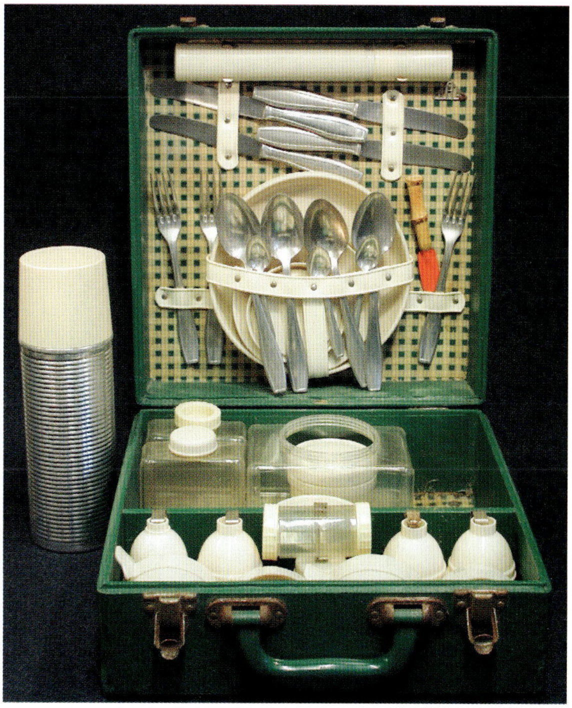

ren Nord- und Ostsee, die Lüneburger Heide, der Harz, Rhein und Mosel, der Schwarzwald oder die Alpen, wobei der Radius selten 500 bis 600 Kilometer überschritt.[10] Besonders besucht waren Ziele, die zur Kulisse der damals so populären Heimatfilme geworden waren, wie „Schwarzwaldmädel" (1950) oder „Grün ist die Heide" (1951).[11] Die meisten Urlauber übernachteten auf Campingplätzen und in einfachen Privatunterkünften, oder, noch besser, umsonst bei Freunden oder Verwandten.[12] Das Inland blieb während der gesamten 50er Jahre das Hauptreiseziel deutscher Urlauber. Manche waren nur ein paar Tage, andere zwei oder drei Wochen unterwegs. Und wer auch das nicht bezahlen konnte, machte Tagesausflüge in die nähere Umgebung. „Pack die Badehose ein", forderte dementsprechend 1950 die damals siebenjährige Cornelia Froboess die Deutschen in ihrem erfolgreichen Schlager auf.[13]

oben:
Campingkoffer, ca. 1950,
Foto: Looft-Gaude; Priv.-Bes.

unten:
Sommerurlaub von Familie L.
aus Kiel in Laboe, 1959; Priv.-Bes.

Seit der zweiten Hälfte der 50er Jahre besuchten die Besserverdienenden immer häufiger Ziele im Ausland. 1954 verreisten bereits 9,3 Mio. Deutsche, 15 % von ihnen ins Ausland. Vier Jahre später war die Zahl der Reisenden schon auf 11,5 Mio. gestiegen, und rund ein Viertel davon leistete sich einen Urlaub außerhalb der deutschen Grenzen.[14] Ein diesbezüglich wichtiges Datum war der 6. Mai 1954, als die deutsche Regierung jedem Bundesbürger einen Umtausch von 1500 Mark in eine ausländische Währung bewilligte.[15] Damals hatten 13 Länder für die Deutschen ihre Grenzen geöffnet.[16] Österreich war das beliebteste Auslandsreiseziel der Bundesbürger. Dort mussten sie wegen ihrer jüngsten Geschichte kaum Repressionen befürchten. Zudem war Österreich aus dem

rechte Seite oben:
das Ehepaar D. reiste mit einem Ford Taunus zum Zelten nach Italien, Foto eines Zwischenstopps in den Bergen, 1958

rechte Seite unten:
Ehepaar D. vor dem Dom in Pisa, 1958; beide Priv.-Bes.

mittel- und süddeutschen Raum relativ schnell erreichbar, und eine Fremdsprache brauchte man auch nicht. Auch hier trugen wieder zeitgenössische Kinofilme zur Begeisterung für das Land bei, etwa „Du bist die Rose vom Wörthersee" (1952) oder die „Sissi"-Trilogie (1955-1958) von Ernst Marischka, die erfolgreichste deutschsprachige Filmproduktion aller Zeiten. Zu den bevorzugten Reisestationen gehörten das Salzkammergut, der Wörthersee, die Wachau und Wien.[17]
Das zweit begehrteste Reiseland war Italien.[18] Wegen der gemeinsamen totalitären Vergangenheit hatten die Bundesbürger auch hier keine Anfeindungen zu erwarten. Der 1950 von Rudi Schuricke gesungene Schlager „Die Capri-Fischer" wurde zum vertonten Sinnbild der damaligen Italien-Euphorie.[19] Auch Schurickes Ohrwurm „Lass uns träumen vom Lago Maggiore" aus dem Jahr 1956 mobilisierte die Sehnsucht einer Reise nach „Bella Italia", die für die meisten Deutschen aber weiterhin unbezahlbar war.[20] „Komm ein bißchen mit nach Italien, komm ein bißchen mit ans blaue Meer und wir tun, als wenn das Leben eine schöne Reise wär", sang Catarina

unten:
der Plöner Herbert D. mit Frau, Enkelin und Schwiegervater beim Probezelten in Eckernförde vor dem ersten großen Italien-Urlaub, Sommer 1958; Priv.-Bes.

oben:
Schnittmusterzeichnung für Winterkinderkleidung in einem „Günter"-Handarbeitsheft; „Peter und Petra" o. J., o. S.

unten:
Winterschaufenster, ca. 1959, Karstadt, Kiel;
schon im Winter 1948/9 waren die ersten Sonderzüge mit Skiläufern in die Alpen gefahren, aber erst ab Ende der 50er Jahre nahm die Bedeutung des Wintersports zu;
Priv.-Bes.

Valente dann 1956. Der Texter dieses Liedes, Kurt Feltz, bekam 1959 den Verdienstorden der Republik Italien verliehen.[21] Bereits 1957 fuhren angeblich vier Millionen Deutsche mit der Bahn oder im Auto in den Italienurlaub.[22]
Zumeist auf Campingplätzen, in günstigen Privatzimmern oder kleinen neu erbauten Appartements untergebracht, suchten die Deutschen an den oberitalienischen Seen oder den Stränden der Adria und Riviera das, was sie für die italienische Lebensart hielten: das „dolce vita", das „süße Leben" unter südlicher Sonne. In den arbeitsreichen Jahren jener Zeit erschien Italien gewissermaßen als Gegenbild. Hier vermutete man die Zwanglosigkeit und Leichtigkeit, die im eigenen Alltag fehlten. Dass auch Bundeskanzler Adenauer oder prominente Personen wie Kaiserin Soraya oder Grace Kelly dort urlaubten, heizte die Italiensehnsucht noch zusätzlich an.[23]
Das Reiseland Italien prägte auch die Ess- und Trinkgewohnheiten der Bundesbürger. Mit italienischen Produkten konnten die Heimkehrer zu Hause ihre Urlaubserinnerungen wieder aufleben lassen. Und auch diejenigen, die kein Geld für eine Reise dorthin hatten, kamen in den Genuss einiger „südlicher" Gaumenfreuden. Lambrusco und Chianti wurden zu beliebten Weinen. Und

bereits 1950 warb die Getränkemarke Cinzano: „Wird Venedig das Ziel ihrer nächsten Reise sein? Hoffentlich können Sie Ihre Italienreise bald antreten. Inzwischen bringt Ihnen Cinzano aus seinem Heimatland den Vorgeschmack einer schönen Erholungsreise in den Süden."[24] Auch die erste Pizzeria Deutschlands, die 1952 in Würzburg eröffnete und der mit der Zeit allerorten zahllose weitere folgen sollten, verdankt ihre Gründung nicht den italienischen Gastarbeitern, sondern dem damaligen Italienboom.[25] Die Firma Maggi wusste die Italiensehnsucht ebenfalls geschickt zu vermarkten. 1959 warb die Firma für ihr neues Produkt Ravioli: „Köstlich wie in Italien. Mit Maggi-Eierravioli bringen Sie im Nu Ferienstimmung auf den Tisch."[26]

Das Reisefieber der 50er Jahre sorgte auch in der heimischen Textilindustrie für einträgliche Gewinne. Ferien- und Freizeitmode war damals ein echter Verkaufsschlager. Die Anfänge der Freizeitkleidung waren stark von dem Bemühen geprägt, als deutscher Tourist im Ausland keinen schlechten Eindruck zu hinterlassen. Man wollte chic und leger aussehen, aber trotzdem korrekt gekleidet sein. Reiseführer und Benimm-Fibeln legten ihren Lesern eindringlich ans Herz, außerhalb Deutschlands auf Lederhosen, Kniebundhosen oder Herrenshorts kombiniert mit Söckchen und Halbschuhen zu verzichten.[27]

Der Tourismus und die zunehmenden Freizeitaktivitäten der Deutschen kurbelten die Kaufkraft auch in anderen Bereichen an. Schließlich benötigten die Deutschen für ihre Ausflüge und ihren Urlaub Zelte, Luftmatratzen, Campingkocher, Kulturbeutel, Landkarten, Reiseführer usw. Auch die Fotoindustrie boomte, denn in den 50er Jahren wurde die Amateurfotografie populär, und für viele gehörte es einfach dazu, die schönsten Tage des Jahres mit einem Fotoapparat festzuhalten.[28] So ist uns aus jener Zeit nicht nur der bis heute gültige Ruf der Deutschen als Reiseweltmeister erhalten geblieben[29], sondern auch eine große Anzahl privater Fotos, die das damalige Urlaubsverhalten eindrucksvoll veranschaulichen (siehe auch die Fotos auf S. 190, 191, 220).

Anmerkungen:

1 Vgl. Glaser 2005, S. 68 und Karasek 2006, S. 73
2 Zit. nach Glaser 2005, S. 73
3 Vgl. Zimmers 1995, S. 65
4 Vgl. Wöhler 2002, S. 269
5 Ebd., S. 270
6 Vgl. Glaser 2005, S. 68-70
7 Ebd., S. 70. Siehe auch die Artikel „Goggomobil" und „Borgwardt" bei www.wikipedia.org
8 Vgl. Glaser 2005, S. 70-74
9 Vgl. Keitz 1997, S. 264
10 Vgl. Zimmers 1995, S. 66 und Schildt 1996, S. 77
11 S. auch Lexikothek: Unser Jahrhundert in Wort, Bild und Ton. Die 50er Jahre. Gütersloh 1985, S. 239
12 Vgl. Zimmers 1995, S. 65; siehe auch Wöhler 2002, S. 272 und Schildt 1996, S. 74 f.
13 Vgl. Glaser 2005, S. 79
14 Vgl. Wöhler 2002, S. 272
15 Vgl. Zimmers 1995, S. 65
16 Ebd., S. 66
17 Vgl. Karasek 2006, S. 73
18 Vgl. Mandel 1996, S. 147
19 Vgl. Karasek 2006, S. 73 und Glaser 2005, S. 74
20 Vgl. den Artikel Rudi Schuricke bei www.wikipedia.org
21 Vgl. Mandel 1996, S. 155
22 Ebd., S. 147
23 Ebd., S. 150, S. 152
24 Ebd.
25 Vgl. Lenhart 2004, S. 276
26 Zit. nach Mandel 1996, S.152
27 Vgl. Jungwirth/Kromschröder 1983, S. 151
28 Vgl. Mandel 1996, S. 151
29 Vgl. Wöhler 2002, S. 272

Literatur:

Glaser 2005
Jungwirth/Kromschröder 1983
Karasek 2006
Keitz 1997
Lenhart 2004
Mandel 1996
Wöhler 2002
Zimmers 1995

Wie Kieler die 50er Jahre erlebten

Aufbruchsgefühle und Realitätserfahrungen von Zeitzeugen

Wiederaufbau und Wirtschaftswunder sind Begriffe, die wir unmittelbar mit den 50er Jahren verbinden. Nach dem Krieg standen viele Deutsche vor den Trümmern ihrer Existenz und schöpften mit der Gründung der Bundesrepublik 1949 neue Hoffnung auf eine bessere und friedlichere Zukunft.
Für die Kieler standen die 50er Jahre im Zeichen des Neuanfangs und der Neugestaltung ihrer Stadt, der Wiederbelebung des kulturellen Lebens und der Beseitigung bedrückender Überreste aus Kriegszeiten.
Die historische Aufarbeitung der Kieler Stadtgeschichte ist in der Literatur eingehend untersucht worden. Wie aber haben die Kieler diese Zeit persönlich empfunden? Wie gestaltete sich ihr alltägliches Leben und welche Aspekte davon waren so prägend, dass sie auch noch nach über fünfzig Jahren in Erinnerung sind?
Zur Beantwortung dieser Fragen haben wir, eine Gruppe von sechs Studierenden, Interviews mit Zeitzeugen geführt. Das Projekt entwickelte sich im Rahmen eines Seminars zu den 50er Jahren, das Prof. Dr. Hermann Heidrich im Wintersemester 2005/06 am Seminar für Europäische Ethnologie/Volkskunde an der Christian-Albrechts-Universität zu Kiel hielt. Durch die gezielte Auswahl von Interviewpartnern nach Alter, Geschlecht und sozialer Herkunft sollte ein differenzierter und aussagekräftiger Einblick in die erlebte Alltagsgeschichte Kiels ermöglicht werden. Ein Fragebogen zu den unterschiedlichen Aspekten des gesellschaftlichen Lebens diente dabei als Leitfaden. Die darin enthaltenen Themenkomplexe beinhalten Fragen zum Wohnen und Essen, zur Kleidung, Arbeit, Freizeit und Urlaub sowie dem politischen und kulturellen Leben. Darüber hinaus wurde auch nach dem in den 50ern auftretenden Phänomen der Amerikanisierung und dem Einfluss der Briten gefragt.
Bei der Suche nach geeigneten Interviewpartnern erwies es sich als schwierig, Personen zu finden, die bereit waren, ihre Erinnerungen auf Tonträgern aufzeichnen zu lassen und im Rahmen der Ausstellung in schriftlicher Form sowie an Hörstationen dem Besucherpublikum zugäng-

lich zu machen. Schließlich fanden sich elf Frauen und zwölf Männer, die zwischen 1917 und 1946 geboren wurden und die 50er Jahre in Kiel verbrachten, sodass ihre Aussagen einen explizit regionalen Bezug haben. Viele von ihnen waren in den 50ern noch in der Schule, im Studium oder in der Berufsausbildung. Einige gingen aber bereits einem Beruf nach oder hatten eine Familie gegründet und teilweise dafür ihr Berufsleben aufgegeben.
Die Qualität der Interviews divergiert durch die unterschiedliche Vorbereitung der Interviewpartner auf die Gespräche. So konnten sie selbst entscheiden, ob sie vorher Einsicht in den Frageleitfaden nehmen wollten. Entsprechend sind einige Gespräche von spontanen Reaktionen geprägt, während in anderen eine distanzierte Schilderung überwiegt.
In der Wissenschaft wird die Methode, subjektive Erfahrungen historischer Ereignisse durch Zeitzeugenbefragungen zu erhalten, als Oral History bezeichnet. Die Problematik bei der Auswertung dieser „Erinnerten Geschichte" ergibt sich daraus, dass aufgrund des natürlichen Prozesses von Erinnern und Vergessen die Zuverlässigkeit der Aussagen in Frage gestellt werden muss. Dieses Problem stellte sich auch bei der Auswertung der Interviews, wobei jedoch das gezielte Interesse an subjektiven Erfahrungsberichten in diesem Kontext überwog und die Oral History zur geeigneten Methode machte. Die Antworten beziehen sich auf festgelegte Themenkomplexe. Die Gestaltung und Ausführung der Antworten war den Befragten aber frei überlassen und wurde nur durch spezielle Verständnisfragen oder erläuternde Erweiterungen unterbrochen. Daher diente der Fragebogen lediglich als Leitfaden für die Gespräche, sodass sie flexibel gestaltet werden konnten.
Eine weitere Schwierigkeit ergab sich bei der Auswertung der Interviews. Durch die Auswahl und Formulierung der Fragen und Interviewpartner fand zwangsläufig bereits im Vorfeld eine spezifische Einflussnahme auf das Interviewergebnis statt. Darüber hinaus musste im Zuge der Auswertung und Zuordnung zu den einzelnen Themenbereichen entschieden werden, welche Zitate besonders aussagekräftig sind. Diese Zuordnung machte es notwendig, Aussagen aus dem Gesamtkontext des Gesprächs zu isolieren und in einen vergleichenden Kontext zu den weiteren Aussagen zu stellen. Der Eingriff diente auch der Komprimierung, um die große Informati-

Gertrud K., eine der interviewten Kielerinnen

oben: Friedrich M.

onsfülle der gesammelten Aufzeichnungen in einen ausstellungsfähigen Rahmen zu bringen. Zur leichteren Verständlichkeit wurde auf die exakte Wiedergabe des Wortlautes mit Fülllauten verzichtet, und unvollständige Satzkonstruktionen wurden ergänzt. Dabei stand jedoch immer die Bewahrung des Sinngehalts im Vordergrund.
Auf den folgenden Seiten findet sich eine Zusammenstellung der Zitate zu den bereits erwähnten Themenbereichen zum alltäglichen Leben in Kiel. Jedes Thema wird durch eine einleitende Darstellung der Sachverhalte anhand allgemeiner Daten ergänzt.

oben: Gertrud B.
unten: Heinz K.

Zeitzeugen

Nachfolgend werden die interviewten Zeitzeugen knapp vorgestellt. Die Angaben zur beruflichen Tätigkeit bzw. Beschäftigung beziehen sich dabei auf die 1950er Jahre. Unter den Zeitzeugen des Projekts befinden sich auch sechs Ehepaare, die jeweils gemeinsam interviewt wurden. Einige Interviewpartner möchten gerne anonym bleiben. So werden, aus Gründen der Einheitlichkeit, von allen Befragten nur die Vornamen mit abgekürztem Nachnamen angegeben.

Adolf V.
geb. 1923 in Thüringen, Angestellter bei den Gaswerken, verheiratet mit Inge V.

Charlotte W.
geb. 1917 in Greifenberg (ehemals Westpreußen), kam als Flüchtling nach Kiel, halbe Stelle bei einer Autofinanzierungsfirma, später Hausfrau und Mutter

Erika F.
geb. 1921 in Kiel, Kontoristin, verheiratet mit Werner F.

Friedrich M.
geb. 1919 in der heutigen Ukraine, kam als Flüchtling nach Kiel, erst Lehramtsstudent, Doktorand und Referendar, dann Gymnasiallehrer (Dr. phil.), verheiratet mit Ruth M.

Gertrud B.
geb. 1928 in Kiel, Schlachtereiverkäuferin im eigenen Geschäft

Gertrud K.
geb. 1925 in Greifenberg (ehemals Hinterpommern), kam als Flüchtling nach Kiel, Hausfrau und Mutter, nebenher Helferin in der Zahnarztpraxis ihres Mannes

Heinz K.
geb. 1926 in Dannewerk (bei Schleswig), wohnte ab 1928 in Kiel, tätig bei der Kiel-Schönberger Eisenbahn

Helga K.
geb. 1933 in Überlauf (ehemals Pommern), kam als Flüchtling nach Kiel, Lederwarenverkäuferin, später Hausfrau und Mutter, verheiratet mit Herbert K.

Herbert K.
geb. 1927 in Dannewerk (bei Schleswig), wohnte ab 1928 in Kiel, erst arbeitslos, später bei der Post beschäftigt, verheiratet mit Helga K.

Herbert P.
geb. 1946 in Leipzig, erst Schüler, später Ausbildung zum Elektroinstallateur

Horst S.
geb. 1935 in Kiel, erst Schüler an der Hebbel-Schule, dann Jurastudent

Ilse H.
geb. 1928 in Kiel, Industriekauffrau

Inge V.
geb. 1926 in Schlesien, Hausfrau und Mutter, verheiratet mit Adolf V.

Kai S.
geb. 1934 in Flensburg, wohnte ab 1948 in Kiel, erst Schüler an der Hebbel-Schule, dann Jura-, Geschichts- und Volkskundestudent

oben: Peter W.

oben: Kai S.
unten: Rita S.

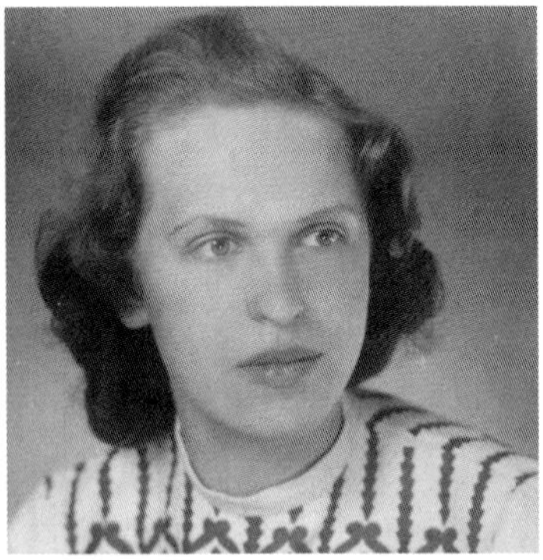

oben: Ruth M.

oben: Ute und Peter S.

unten: Willi und Ursula A.

Peter S.
geb. 1933 in Kiel, Finanzanwärter, später Landesbeamter, verheiratet mit Ute S.

Peter W.
geb. 1938 in Lütjenburg, wohnte ab 1950 in Kiel, erst Schüler am Humboldt-Gymnasium, dann Geschichtsstudent

Reinhold K.
geb. 1941, kam als Flüchtling nach Kiel, erst Schüler, später Ausbildung zum Schlachter in Elmschenhagen

Rita S.
geb. 1928 in Kiel, Hausfrau und Mutter

Ruth M.
geb. 1922 in Breslau, kam als Flüchtling nach Kiel, Ärztin (Dr. med.), Hausfrau und Mutter, verheiratet mit Friedrich M.

Ursula A.
geb. 1926 in Kiel, Sekretärin beim Landgericht, später Hausfrau und Mutter, verheiratet mit Willi A.

Ute S.
geb. 1936 in Kiel, Ausbildung zur Industriekauffrau, später Hausfrau und Mutter, verheiratet mit Peter S.

Werner F.
geb. 1924 in Berlin, kam nach dem Krieg nach Kiel, Berufssoldat, später Umschulung zum Tischler und kaufmännische Ausbildung, verheiratet mit Erika F.

Willi A.
geb. 1925 in Kiel, Sanitärkaufmann, verheiratet mit Ursula A.

Wir danken allen Zeitzeugen herzlich für ihre Bereitschaft, am Projekt teilzunehmen, und für ihre Offenheit und Freude am Erzählen.

Kieler Stadtbild

Nach dem Krieg waren die Menschen, gleich dem Motto „Bürger bauen eine neue Stadt", um einen Neuanfang bemüht. Mit der Zerstörung von fast 80 % verwandelte der Krieg die Stadt Kiel in eine Trümmerwüste. Neben den fast 16.100 beschädigten oder gar zerstörten Häusern fielen auch der Bahnhof, die Nikolaikirche am Markt, das Schloss und die Universität den Bombenangriffen zum Opfer. Nur etwa 5.400 Gebäude der Stadt waren noch bewohnbar. Mehr als die Hälfte der Kieler Bürger hatten ihre Wohnungen durch den Krieg verloren, hinzu kamen ungefähr 54.000 Vertriebene, die in der Fördestadt eine neue Existenz suchten. Die prekäre Wohnraumsituation erforderte einen schnellen und billigen Wiederaufbau.
Mit dem Neuanfang wurde sogleich eine Neugestaltung des Stadtinnern vorangetrieben. Ganze Straßenzüge und Stadtteilbereiche entstanden nach dem damaligen architektonischen Geschmack und verliehen Kiel sein bis heute charakteristisches Aussehen. Nach den zeitgemäßen Maßstäben wurden nicht nur Geschäfts- und Repräsentationsbauten hochgezogen, sondern auch zahlreiche Wohnblöcke errichtet. Mit dem Weiperthaus (1950/51) und der so genannten Klagemauer in der Holtenauer Straße (s. S. 57) prägten unter anderen die Architekten Schenk und Schnittger das neue Stadtbild.
Eine radikale Umgestaltung der Stadt wurde durch die zum Teil preisgekrönten Entwürfe junger Architekten legitimiert und somit vorangetrieben. Das neue städtebauliche Konzept sollte Leichtigkeit, Helle und Weiträumigkeit unterstreichen, ohne Rücksichtnahme auf die noch bestehende Substanz. Der Hauptverkehr wurde um die Innenstadt geleitet, da vor allem dort ein Geschäftsviertel entstehen sollte. Das neu konzipierte Zentrum verzichtete Anfang der 1950er Jahre auf die Dänische Straße und die Holstenstraße als Durchgangsader. Immerhin wurde mit dem einheitlich versehenen Plattenbelag in der Holstenstraße die erste Fußgängerzone Deutschlands angelegt. Fortan präsentierten die Schaufenster der neuen zeitgenössischen Geschäftshäuser ihre Produkte, Gemüse- und Schlachterläden verschwanden immer mehr aus dem Bild der Holstenstraße. Bis 1957 war die Bebauung weitgehend abgeschlossen und fand mit dem zehn-

Baustelle in Kiel, Foto: Magnussen; Stadtarchiv Kiel

geschossigen Astorhotel 1960 seinen Abschluss.

Neben dem Altstadtkern und der Vorstadt, die bis zum Hauptbahnhof reichte, gehörte auch die untere Holtenauer Straße zwischen Jungmannstraße und Jägersberg zum Schwerpunktprogramm im Aufbauplan. Dementsprechend erhielt sie in der ersten Hälfte der 50er Jahre mit einer einheitlichen Ladenzeile und den sechsgeschossigen Wohnblocks ihr neues Gesicht.

Bis auf das Bahnhofsgelände haben sich die meisten Kieler Ansichten grundlegend verändert. Zeitzeugen berichten von ihren Eindrücken und Beobachtungen, die sie im Zuge der Neu- und Umbaumaßnahmen machen konnten:

Kai S. erinnert sich daran, wie es war, als er 1948 nach Kiel kam: *Das Kieler Stadtbild war Anfang der 50er Jahre stark geprägt von der Zerstörung, man muss davon ausgehen, als wir 1948 nach Kiel kamen, konnten wir praktisch von der Holsten-Brauerei bis zum Rathausturm durchgucken, ohne dass dort noch Häuser standen. Die ganze Holtenauer Straße war mit Loren parallel ausgestattet, die den Schutt und die Trümmer zum Hafen runter fuhren. Und dies alles änderte sich. Ich erlebte also in den 50er Jahren, wie Häuser, die durch Brandbomben bis zum Erdgeschoss runter gebrannt waren und nur noch in den Umfassungsmauern erhalten blieben, wie innerhalb dieser Umfassungsmauern langsam Stockwerk für Stockwerk wieder aufgebaut wurde, sodass ich heute an Häusern vorbei gehe, von denen ich mich erinnere, dass sie eigentlich nur leere Fensterhüllen hatten, und das kann man ja heute fast nicht mehr erkennen.*

Dann fällt mir noch die Klagemauer ein, die nach der Jerusalemer Klagemauer bezeichnet ist. Man meinte, das waren die Ladeninhaber vom Dreiecksplatz, die könnten also die Mieten nicht bezahlen, weil die so hoch seien, und deshalb also sei es eine Klagemauer. Und parallel zur Klagemauer waren dann gestaffelt große Züge von Mietshäusern, in ganz anderer Art aufgebaut, als wir das je kannten. Wir kannten ja nur Mietshäuser, die parallel zu Straßen lagen, hier lagen sie aber gestaffelt in

Reihen. Das war also was ganz Neues. Dann war ganz neu der Durchbruch der Gaykstraße. Es hat die Gaykstraße nie gegeben vorher, die musste gegründet werden, der Untergrund war also offensichtlich sumpfig, und ich höre also noch die Dampframmen, die nun die Pfähle in den Untergrund schlugen, und langsam entstand nun eine für unsere damaligen Verhältnisse Prachtstraße, wo auch große Gebäude lagen, die ja auch heute noch da sind, und einen ganz neuen Zugang zum Sophienblatt ergaben, sodass eine riesengroße Marginale entstand.

Zwischen der südlichen Altstadt und der Stresemannstraße entstand nach dem Krieg eine neue Hauptverkehrsader. 1950 eröffnet, hieß sie bis zum Tode des Oberbürgermeisters Andreas Gayk 1954 „Neue Straße".

Abgesehen vom schwer beschädigten Turm stand kaum noch ein Fünftel von St. Nikolai. Im Jahr 1951 wurde sie sieben Jahre nach ihrer Zerstörung wieder eingeweiht. **Kai S.** erinnert sich: *Sehr beeindruckend war in dieser Hinsicht auch der Wiederaufbau der Nikolaikirche am Markt. Das war ja nun die zentrale Kirche in Kiel, die vollständig ausgebrannt war. Und dass einer der Bürger, ein Reeder, Grammersdorf, sich bereit fand, die Eindekkung des Kirchturms zu finanzieren, aus privaten Mitteln.*

die Kieler Innenstadt von oben, Foto: Magnussen; Stadtarchiv Kiel

oben:
der alte Kieler Bootshafen,
ca. 1958; Priv.-Bes.

Auch **Peter W.** schildert ähnliche Erinnerungen: *Es hat einen ungeheuren Aufbau gegeben in Kiel. Also man sah Kiel während dieser zehn Jahre geradezu wachsen. Dann erschienen also diese ersten Hochhäuser, das jetzige Howe-Haus, da ist unten WMF drin, das war das erste Hochhaus in Kiel, gewaltig angekündigt durch die Kieler Nachrichten.*

1950 entstanden mit dem Howe- und dem Flügger-Haus die ersten echten Neubauten.

Peter W.: *Der Autoverkehr nahm ungeheuer zu. Die Straßen wurden ausgebaut, das Sophienblatt wurde ausgebaut, der gesamte Friedhof da wurde verlegt, um dem Straßenverkehr nachzukommen. Es gab riesengroße Flächen in Kiel, die einfach leer waren. Und auf diesen Flächen hat der damalige Oberbürgermeister Andreas Gayk angeregt, kleine Wäldchen zu pflanzen. Und diese Bäume wuchsen so langsam auf, dass diese Flächen nun nicht mehr so kahl waren. Das waren die so genannten Gayk-Wälder.*

Im Rahmen der Schule leistete auch **Horst S.** seinen Beitrag: *Wir haben als Schüler die Gayk-Wäldchen gepflanzt. Da wurden wir klassenweise abkommandiert auf irgendeine Trümmerfläche und haben einen Spaten in die Hand gekriegt, einer musste ein Loch machen, der Zweite stellte den Baum rein. Und im Anschluss daran wurde gebaut. Und zwar Lücken geschlossen, es wurden auch ganze Viertel neu gebaut, die so genannte Klagemauer links und rechts von der Holtenauer Straße. Es wurden auch Durchbrüche gemacht, die Gayk-Straße. Man hatte den Eindruck, es passierte etwas, es wurde gebaut. Kiel war nie eine schöne Stadt, auch vor dem Krieg nicht, aber es war immer eine sehr luftige Stadt.*

unten:
die „Neue Straße",
später „Andreas-Gayk-Straße",
ca. 1954; Priv.-Bes.

Der Stadtteil Gaarden galt mit seinen großen Werftanlagen als das wichtigste Industriezentrum Kiels. Dementsprechend war es in besonderem Maße den Bombenangriffen der Alliierten ausgesetzt, deren Gegenstöße einen ganz erheblichen Teil der Bausubstanz zerstörten. Die nach dem Krieg wenigen verschont gebliebenen Werftanlagen wurden zwischen 1948 und 1950 von der britischen Besatzungsmacht demontiert und zerstört. Folglich zeigt sich das Stadtgebiet heute in einem vollständig veränderten Antlitz. Neben den Werftanlagen gingen beispielsweise auch die so genannten schiefen Häuser am Vinetaplatz verloren.

Willi A. erinnert sich: *Um den Vinetaplatz herum waren sehr viele Häuser, die eine Seite sowieso schon ganz neu, während die gegenüberliegende Seite fast unbeschädigt den Krieg, also Splitter hier und da schon, überstanden hatte, aber die Häuser sind heil geblieben. Und die Seite unten, bei dem Eckgeschäft, war total kaputt. Ein Glück, das waren Häuser, die sowieso schon weggesackt waren, weil früher alles Moor war. Naja, und deswegen war die Umgebung selbst noch recht gut. Wo jetzt unten die großen neuen Häuser sind, waren früher solche Flachbauten, Fischgeschäfte und alles, was sich da so an Flachbauweise kriegsbedingt wieder schnell ansiedelte. Doch um ein Geschäft aufzumachen, mussten sie Räume schaffen. Da haben die halt so was gebaut. In Ellerbek entstanden viele neue Häuser. Die Nissenstraße, wo wir hinzogen, das war auch eine Neubaustraße. Nur die Peter-Hansen-Straße, die war schon im Kriege da. Das war an sich ein sehr schönes Wohnen dort.*

Ute S. ist in der Wrangelstraße aufgewachsen und beschreibt die Umgebung folgendermaßen: *Das Eckhaus an der Wilhelmshavener, da stand nur das Gerippe, innen war es ganz leer. Aber man hat das Gerippe genutzt, um es innen wieder zu füllen. Hier ist also eine Menge stehen geblieben. Die Gerhardstraße hoch hingegen war platt.*

Peter S. hatte Glück: *Unser Haus beim Königsweg ist zwar stehen geblieben, aber das Nachbarhaus war weg. Das Nachbarhaus zur anderen Seite ist auch stehen geblieben, aber die Häuser dahinter waren auch alle weg.*

Der einstige private Pferdebahnbetrieb aus dem Jahre 1881 entwickelte sich zu einem bedeutenden Verkehrsnetz, das in seiner Blütezeit zehn Linien und eine zusätzliche Sonderlinie für Messen vorzuweisen hatte. In den ersten Nachkriegsjahren war es vor allem die Straßenbahn, die unglaubliche Beförderungsdienste leistete. In erstaunlich kurzer Zeit half sie, die Schäden des Bombenkrieges zu beseitigen. Neben dem Wiederaufbau und der Restaurierung zahlreicher Stadtteile wurden auch zahlreiche Wagen der Kaiserzeit mit modernen Aufbauten versehen und sukzessiv neue Triebwagen und Beiwagen angeschafft. Ein Zeitzeuge zieht die Bilanz, dass „vor allem aber ... neue Wege gegangen" wurden. **Kai S.** kann sich gut an das Verkehrsmittel erinnern: *Damals fuhren wir ja Straßenbahn, es gab viele Straßenbahnlinien, ich glaube neun, und eine von denen führte in die Wik. Damals aber noch nicht, sondern sie hörte an der St. Heinrich-Kirche auf, und da wurden also die Schienen gelegt, und die führten dann letztendlich in die Wik. Das war für uns damals auch was Besonderes, dass damals also die Straßenbahn erweitert wurde und dass man bis nach da unten hin fahren konnte. In der zweiten Hälfte der 50er Jahre wurde das dann komplettiert, das heißt also, es wurde dann der Aufbau weiter durchgeführt, aber*

Kinder spielen vor Nissenhütten, im Hintergrund entstehen Neubauten,
Foto: Magnussen; Stadtarchiv Kiel

im Wesentlichen war der eigentlich schon Mitte der 50er abgeschlossen. Später kommen die Satellitenstädte dazu, wie Mettenhof usw., aber das ist eine Zeit, die dann danach liegt.

Wohnen

Die ersten Nachkriegsjahre waren in vielen deutschen Städten durch die Herausforderung geprägt, die Wohnungsnot durch umfassende Maßnahmen im Wohnungsbau zu überwinden. Über ein Drittel aller Bundesdeutschen lebte 1950 in schlechtesten Wohnverhältnissen.
So auch in Kiel: Nur ein Viertel der Wohnungen der Stadt war bei Kriegsende 1945 unbeschädigt geblieben. Als Konsequenz wurde der Zuzug nach Kiel per Verbot vom Juni 1945 beschränkt. Erst Mitte der 50er Jahre stand in der BRD statistisch wieder einer Person ein Raum zu. Der Zustand, dass sich mehrere Familien eine Wohnung, Bad oder Küche teilen mussten, änderte sich nur allmählich, die Wohnraum-Bewirtschaftung endete in Kiel erst 1966. So fehlten 1949 in der BRD fünf bis sechs Millionen Wohnungen. Allein das Kieler Flüchtlingswohnungsbauprogramm sah 1.400 Wohnungen vor. Auf dem freien Wohnungsmarkt wurde ebenfalls kräftig gebaut. Mit dem Zweiten Wohnungsbaugesetz von 1956 wurde die Eigentumsförderung und damit der Bau von Ein- und Zweifamilienhäusern in den Mittelpunkt der Wohnungsbaupolitik gestellt.
Darüber, wie sich die Kieler und nach Kiel Geflüchteten in den 1950er Jahren in der zerstörten Stadt eingerichtet haben und wie sie den allmählichen Wiederaufbau erlebten, geben die folgenden Interviewausschnitte Auskunft. Von (anfangs) beengten Wohnverhältnissen berichten dabei alle Interviewten übereinstimmend.
So auch **Gertrud B.:** *Wie wir dann nachher 1951 verheiratet waren. Wie wohnen? Ganz oben der Dachboden in dem Haus, in dem meine Eltern zur Miete wohnten, da waren diese Abseiten, Bodenkammern. Meine Eltern hatten eine Bodenkammer, und eine (andere) Bodenkammer, wurde so nicht gebraucht, die haben wir vom Hauswirt zur Verfügung gekriegt. Da haben wir das dann so gemacht: Die Bodenkammer hatte vielleicht 4 m². Da*

Hausbau in Trümmerzeiten, ca. 1952; Priv.-Bes.

hatte uns nachher der Hauswirt erlaubt, die Trennwand rauszureißen. Dann haben wir noch mal doppelte Bretter dagegen genagelt und dann die billigsten Tapeten, es gab ja weiter nichts. Dann hatten wir ja eine schöne große Stube, sogar mit zwei Fenstern. Das war unsere erste eigene Wohnung!
Ähnliches weiß auch **Herbert K.** zu berichten: *Die Wohnungsnot war damals ganz extrem, es gab da die so genannte Wohnraumbewirtschaftung. Also, jeder Bürger hatte Anspruch auf ein paar Quadratmeter. Das war genau geregelt, deshalb waren größere Wohnungen auch immer mehrfach besetzt. 1955 lebten bei meinen Eltern in deren 3 ½-Zimmer-Wohnung erstmal meine Eltern, dann meine Schwester mit Mann und ihre zwei Kinder. Und dann kamen meine Frau und ich dazu, und später hatten wir dann auch noch ein Kind.*
Willi A. erzählt, wie er nach seiner Heirat 1949 wohnte: *Wir haben erst bei einer Tante ein Zimmer zur Untermiete gehabt. Ein verhältnismäßig großes Zimmer. Tischbenutzung, Badbenutzung, wie das eben in den Nachkriegshäusern noch üblich war. Naja, wir haben dann von 1952 bis 1958 im Stadtteil Ellerbek gewohnt. Da hatten wir eine Neubauwohnung mit 2 Zimmern, das waren 44 m². Das war ein doller Erfolg, ja, wir hatten da eine gekriegt, weil wir einmal einen Mann von der Heimstelle ein bisschen geschmiert haben. Zum anderen wiederum hatte ich das Glück, ich war seinerzeit Sanitärkaufmann, unsere Firma hat damals die Installationsarbeiten in diesem Neubau gemacht, da war mein Chef mit beteiligt. Gut, darum klappte das mit der Wohnung. Das war 1952 noch nicht selbstverständlich, dass man 'ne eigene Wohnung hatte.*
Ilse H. schildert, wie sie zu Beginn der 50er Jahre die Wohnung bezog, in der sie noch heute lebt: *Kiel war ein einziges Trümmerfeld. Sie dürfen nicht vergessen, Kiel war zu 80 bis 85 % zerstört. Ich habe '54 geheiratet; wir hatten höchstens Anspruch auf ein leeres Zimmer. Neun Jahre nach dem Krieg! War ja auch nix da. Da haben wir aber hier, noch vor der Hochzeit, mit Trick 17 gearbeitet:*

die alte Dame, die hier in dieser Wohnung wohnte, ihr Mann starb, naja allzu groß war die Rente nicht, viel hatte sie nachher nicht, sie musste vermieten. Zwei Zimmer. Aber wir waren ja nicht verheiratet. Also machten wir das einmal unter meinem Mädchennamen und dann unter dem Namen meines Mannes. Das fiel gar nicht auf, dass wir nun heiraten wollten. Und so hatten wir hier ja gleich zwei Zimmer, das war damals, oh, das war das Ereignis! Wenn das rausgekommen wäre, oh du lieber Gott!

Ähnlich findig schlug sich auch **Heinz K.** durch die damaligen Gegebenheiten: *1951 im Dezember bekam ich eine Dienstwohnung, aber das war nur eine Notwohnung. Die befand sich im Güterschuppen, da waren so drei Räume abgeteilt worden und ein bisschen ausgebaut und das war dann unsere Wohnung, an der Südseite, an der Stirnseite des Schuppens. Da kam immer Sonne rein, so sie denn schien. Und in den Zimmern, da hatten wir dann Kohleöfen. Aber weil Kohle dann immer sehr knapp war und die zugeteilte nie reichte, hab' ich dann einfach Kohlen geklaut. Wir hatten bei der Arbeit ja die ganzen*

in den kleinen Wohnungen musste jeder Platz möglichst gut genutzt werden, 1952; Priv.-Bes.

Kohlenwannen für die Lokomotiven. Ich bin dann abends immer spazieren gegangen und hab' Kohlen aus den Wannen geklaut. Da hat aber keiner was gesagt, aber das waren ja auch ganz kleine Mengen.

Erika und Werner F. erinnern sich u. a. an das Zuzugsverbot, das ab Juni 1945 für Kiel galt:

Erika F.: *Wohnungsbau wurde viel betrieben. Es kamen ja die ganzen Flüchtlinge aus den Ostgebieten ....*

Werner F.: *Eine bombenbeschädigte Wohnung haben wir hergerichtet. Die war in der Rathausstraße, direkt am Rathaus. Es war aber schon mal schwierig, dass man hier den Zuzug bekam. Man war unter Umständen kein Kieler, denn das wurde dann positiv beurteilt!*

In vielen Fällen wurde beim Neubau eines Hauses von den späteren Mietern etwas zu den Baukosten beigetragen, ein so genannter Baukostenzuschuss.

Rita S. berichtet davon: *1956 haben wir dann unsere erste eigene Wohnung in der Gerhardstraße bekommen, aber auch nur durch Beziehungen, obgleich wir so beengt wohnten. Und der Chef von meinem Mann hat dann auch den Baukostenzuschuss ausgelegt, das hätten wir gar nicht bezahlen können, das hat 1.500 DM gekostet. Das war ja kein sozialer Wohnungsbau, sondern privat finanziert von Kersig.*

Kai S., zu Beginn der 50er Jahre Schüler und noch zu Hause lebend, schildert ebenfalls diese Art der Kostenbeteiligung: *Der Wohnungsmarkt öffnete sich ja nach der Währungsreform etwas, aber man musste einen Baukostenzuschuss „à fonds perdu", wie man das nannte, einen verlorenen Baukostenzuschuss zahlen, wenn man eine Wohnung haben wollte. Und ich erinnere mich, dass wir in der Graf-Spee-Straße 1 eine solche Wohnung fanden, mein Vater musste viereinhalbtausend DM dann bar auf den Tisch legen, die er natürlich nicht hatte und die er sich zusammenborgte von Freunden, die geschäftlich schon etwas im Schwung waren. Da hatten wir unsere erste eigene Wohnung, und das war natürlich ganz toll.* *Beengt wohnte die Familie jedoch vorerst weiterhin: Die Wohnung bestand nur aus drei Zimmern. In einem Zimmer schliefen meine Eltern, im zweiten meine beiden Schwestern und im dritten war das Wohn- und Esszimmer. Ja und ich, ich schlief also hinter einem Vorhang in der Diele. Und das war sehr unangenehm, weil, wenn abends Besuch kam und ich also schon im Bett lag, der Besuch ging oder kam und zog also den Vorhang auf,* *weil er meinte, das sei also die Garderobe. Und dann lag ich dahinter. Das war also ein scheußlicher Zustand. Dann etwa '53 zogen meine Eltern um in eine 4-Zimmer-Wohnung, und ich hatte nun eine eigene Dachmansarde. Das war also schon sehr komfortabel für unsere Begriffe. Und dann 1955 bauten meine Eltern ein Haus am Niemannsweg, und da lebe ich heute noch drin. Das war also eine noch bessere Wohnsituation, und das hat dann die zweite Hälfte der 50er Jahre für mich geprägt.*

Horst S. erzählt ebenfalls vom Umzug aus beengten Verhältnissen in eine größere Wohnung: *Ecke Esmarchstraße/Feldstraße. Da hatten wir eine wunderschöne Wohnung, für damalige Verhältnisse riesig. Ich hatte ein eigenes Zimmer, als einziger in meiner Klasse. Wir haben also alles, Schularbeiten und so, immer in meinem Zimmer gemacht, weil ich der einzige war. Also die Wohnsituation hat sich seit Anfang der 50er Jahre aus meiner Sicht und für meine Verhältnisse ständig verbessert.*

Herbert P. erinnert sich an die damalige Wohnungseinrichtung: *Das war also in vielen Familien so, dass das zusammengesammelt werden musste oder sollte. Weil gar nicht das Geld da war. Und diese typischen Einrichtungsgegenstände, wie Nierentische und alles, was wir so hatten, und diese komischen Drei-Arm-Leuchter, die waren ja nur für die Leute da, die auch schon ein bisschen mehr verdient haben, die auch schon die ganze Familie und das ein bisschen aufgebaut hatten.*

Ruth und Friedrich M., beide Flüchtlinge, lebten nach ihrer Hochzeit 1950 einige Zeit in Ruth M.'s kleinem Studentenzimmer, nur mit Bett, Tisch, Ofen und Waschschüssel ausgestattet. Nach Beendigung seines Studiums, absolvierte Friedrich M. einen Teil seines Lehrer-Referendariats in Flensburg. 1953 kehrte das Ehepaar, inzwischen mit zwei Kindern, nach Kiel zurück.

Ruth M.: *So jetzt: wohin? Wohnung: Wir hatten keine Wohnung mehr, mein Zimmer war weg, zwei Kinder, nichts! Da sind wir erst zum Wohnungsamt: „Nee, wir haben nix!" Meine Mutter sagte dann: „Geht doch mal in ein Flüchtlingslager, vielleicht könnt ihr da rein." Und im Flüchtlingslager war damals, also '53 – vielleicht ist das allgemein gültig –, bereits ein Räumungsprogramm. Die durften 1953 keine Flüchtlinge mehr aufnehmen, die hatten noch welche. Also hat der Mann dort gesagt: „Gehen Sie zum Sozialamt!"*

Friedrich M.: *Wir saßen auf dem Flur im Sozialamt, von einem Zimmer zum anderen waren wir gegangen. So saßen wir da auf dem Flur, und meine Frau fing an zu heulen. Da ging ein Mann vorbei und sagte: „Warum heulen Sie denn, gnädige Frau?" Da haben wir gesagt: „Wir sind jetzt hier schon in zehn Zimmern gewesen und keiner will uns helfen! Ich bin von Flensburg nach Kiel versetzt und wir wissen nicht, wo wir wohnen sollen!" Und da sagte er: „Nun kommen Sie mal mit rein! Ich bin der Leiter dieser Abteilung hier. Und wenn Sie mir Ihren Fall in fünf Minuten erzählen, dann bin ich bereit, mit Ihnen zu reden. Aber wenn Sie hier zwei Stunden mit mir reden wollen, die Zeit hab' ich nicht!" Da haben wir erzählt. Da hat er gesagt: „Lassen Sie sich doch mal Zeit! Reden Sie nicht so schnell!" Da hab' ich gesagt: „Sie haben gesagt: fünf Minuten!" Da sagte er: „Fünf Minuten brauche ich, um zu wissen, ob das ein ernster Fall ist oder nur ein Fall, den man wegschieben muss. Es gibt ja tausend Leute, denen ist alles nicht gut genug, die nörgeln nur rum. Aber ihr Fall ist ein ernster Fall! Und jetzt haben wir Zeit!"*
Ruth M.: *Dann hat er uns ins Flüchtlingslager eingewiesen. Es gab da große Lager noch damals.*
Friedrich M.: *Am Ende von Kiel, in Holtenau, da war mal ein Riesenlager. Und er hat gesagt: „Es gibt ein Lager-Räumungsprogramm. Und irgendwann kriegen Sie dann eine Wohnung. Der Staat muss Ihnen eine Wohnung zuteilen!"*
Ruth M.: *'53 war das schon, also acht Jahre nach dem Krieg!*
Im Lager bewohnte die Familie zum ersten Mal zwei Räume. 1954 bekam die Familie im Rahmen des Sozialen Wohnungsbaus eine kleine Wohnung in der Alsenstraße.
Ruth M. weist auf die unterschiedlichen Mietpreise hin: *Im Lager hatten wir eine Miete von 20 Mark für die Räume, und in der Alsenstraße mussten wir im Monat 80 Mark bezahlen! Mein Mann war schon Assessor hier, aber ...*
Friedrich M.: *... wir bekamen nicht viel Geld am Anfang als Lehrer. 140 Mark, glaub' ich, waren meine ersten Gehälter als Referendar. Abzüglich der Miete hatten wir dann weniger als 100 Mark zum Leben.*

Über den Wechsel vom Leben im Flüchtlingslager hin zum Wohnen im eigenen Haus berichtet **Reinhold K.:** *Wir haben bis '55 im Lager Eckernförder Chaussee gewohnt. Das Lager leerte sich ja langsam. Es wurden immer weniger, denn viele hatten Arbeit unten in Süddeutschland gekriegt, die sind denn ganz nach Süddeutschland gezogen und so was alles. Aber der größte Teil von diesem Lager, was ich jetzt so festgestellt hab', auch durch unsere Lagertreffen, der größte Teil ist doch hier in Kiel geblieben, das hat mich gewundert. Und je mehr hier gebaut wurde in Kiel, desto weniger waren nachher im Lager drin. Mein Vater hat ja eine Kriegsrente für sein Bein gekriegt. Und von dieser Rente hat er sich was auszahlen lassen. Und dadurch haben wir denn nachher am Klausdorfer Weg das Haus gebaut. '52 haben wir angefangen auszuschachten und das alles. Alles selbstgebaut! Von unten bis oben!*

Arbeit

Viele Bundesbürger blickten seit 1950 wieder optimistisch in die Zukunft. Die Spuren von Krieg und Zerstörung wichen dem Wiederaufbau. Die Wirtschaft wuchs, der Export stieg, die Entwicklung auf dem Arbeitsmarkt war positiv.

Die Arbeitslosenzahlen in Kiel sanken innerhalb der 50er Jahre kontinuierlich. Betrug die Zahl der Arbeitslosen im Arbeitsamtsbezirk Kiel im Juni 1950 noch 21,6 %, so waren es im September 1956 nur noch 6,8 %.

Ruth M.: *Ich habe '50 Examen gemacht und wollte dann zum Arbeitsamt gehen und mir eine Stelle besorgen. Und die haben gesagt: „Stellen gibt's nicht, da sitzen ja erst mal die Männer drauf." Im Krieg, der Hitler hat also viele Männer studieren lassen, weil er die Ärzte brauchte, – ich hab' ja Medizin studiert. Weil er die Ärzte brauchte für seinen verdammten Krieg! Also, die Arztstellen waren mit Männern besetzt. „Als Frau", sagte der, „haben Sie gar keine Chance!" „Und was mach' ich dann? Mein Mann ist noch Student." '50 war das. Da hat er gesagt: „Wissen Sie, ich gebe Ihnen 'ne Stempelkarte, also einen Arbeitslosenausweis. Mit der Stempelkarte müssen Sie jede Woche einmal zu uns kommen, dann kriegen Sie ...", – stempeln lassen, das hieß damals „wir gehen*

oben:
in einer Kieler Bäckerei, 1954

stempeln", wenn wir arbeitslos waren –, „dann kriegen Sie jede Woche 18 Mark und fünfzig Pfennig."

Reinhold K.: *'56 hab' ich dann angefangen mit der Lehre. Da hab' ich mir in Elmschenhagen eine Lehrstelle besorgt. Da bin ich selbst unterwegs gewesen und hab' erstmal bei Bäckern vorgesprochen – Bäcker oder Schlachter wollte ich werden. Das hatten wir meiner Mutter versprochen, wie uns das so schlecht ging und wie wir nichts zu essen hatten, da hat mein Bruder gesagt: Du, einer von uns wird Bäcker und einer wird Schlachter, dann haben wir immer was zu essen. Ich bin bei, ach, bei mindestens 15 Schlachtern gewesen und hab' vorgesprochen. Erstmal war ich breit im Kreuz wie ein Hering zwischen den Augen. Ich hab' ja nichts gewogen. Aber ich konnte arbeiten. Kraft hatte ich. Und als ich nachher hier in Elmschenhagen die Lehrstelle kriegte da bei Erich – da bin ich mit meinem Vater hingegangen. Na, secht er, viel auf de Rippen hat er ja nicht, aber, secht er, dat kriegen wir schon hin, secht er, den futtern wir schon zurecht.*

unten:
in einer Werkstatt, 1951;
beide Fotos: Magnussen;
Stadtarchiv Kiel

Herbert K.: *Mein Arbeitstag begann meistens sehr früh. Wenn ich Paketzusteller war, dann musste ich um halb sieben meinen Dienst antreten. Meistens bin ich zu Fuß von der Waitzstraße zur Post, die damals in der Nähe vom Bahnhof war, gegangen. Das waren so Baracken in der Kaistraße. Unzumutbar, im Sommer „schön" warm, wegen dem Pappdach, und im Winter saukalt. Dann der Dienst: Pakete auseinanderschmeißen, Wagen beladen und dann ging's los. Man hatte einen bestimmten Bezirk. Briefträger, das ist ja ein anstrengender Job, mit den Ta-*

schen behängt und dann treppauf, treppab, treppauf, treppab, da war man ja Hochartist, könnte man sagen. Die Taschen musste man ja immer mitschleppen, die durfte man nicht einfach irgendwo stehen lassen. Das hat man dann zwar manchmal getan, aber man durfte sich nicht erwischen lassen. Da gab es nämlich auch Überwachungsbeamte, die dann schauten, dass man auch alles richtig machte. Dass man zum Beispiel nicht auf der Zustellung rauchte, oder ob man nicht vielleicht die Tasche auf der Fensterbank stehen ließ und nach oben sprintete, oder ob man auch die Dienstbekleidung vorschriftsmäßig trug und nicht etwa die Mütze abgenommen hatte. Mittags nach Hause, Radio gehört und ein bisschen geschlafen.

Frauen bereiten Sprotten zum Räuchern vor, 1950, Foto: Magnussen; Stadtarchiv Kiel

Freizeit

In allen Untersuchungen zur Freizeit in den 50er Jahren wird als auffälligster Grundzug die ausgeprägte Häuslichkeit und das Beisammensein innerhalb der Familie betont. Der private Rückzug prägte nicht nur den werktäglichen Feierabend, sondern auch das lange Wochenende. Arbeit in Haus und Garten, die Lektüre der Tageszeitung und das Radio bildeten das Zentrum der Freizeit.

Vor allem ist der sehr lange Arbeitstag (Arbeitszeit plus Arbeitswegzeit) anzuführen. Wer zwischen sechs und sieben Uhr morgens aufstand und zwischen 18 und 19 Uhr abends nach Hause zurückkehrte – dies sind die Mitte der 50er Jahre ermittelten Durchschnittswerte für die erwerbstätige Bevölkerung – der suchte zunächst einmal Ruhe. Außerdem lag die Trennung vieler Familien durch die Abwesenheit des Vaters als Soldat und in der Gefangenschaft, der Söhne und Töchter durch die Evakuierung im Krieg, durch Ausbombung und Wohnungsnot noch nicht lange zurück.

Heinz K.: *Fernsehen war damals was ganz Besonderes, nur wenige meiner Bekannten hatten einen, und ab und zu wurde man dann eingeladen zum Fernsehen. Und dann*

war die ganze Bude voll, und alle haben wie gebannt auf diesen kleinen 36er Bildschirm geschaut, das muss man sich mal vorstellen.

Helga K.: *Wir haben immer viel gelesen. Das heißt, mein Mann hat viel vorgelesen. Am Wochenende gingen wir in eine so genannte Leihbücherei, das waren Private, die gegen Bares Bücher verliehen, und dann liehen wir uns fürs Wochenende Bücher aus. Vater dies, Mutter das. Ich stand am Bügelbrett oder habe gestopft, oder wir lagen auf der Couch und mein Mann hat vorgelesen. Wunderschön fand ich das, da haben wir viel gelesen.*

Rita S.: *Ich bin immer mit meiner Nachbarin und unseren Kindern zur Krusenkoppel gegangen. Das war ein wunderbares Gelände für Kinder, die konnten da rumtoben und sich vergnügen. Und wir saßen dann auf einer Wolldecke und haben gelesen oder Handarbeiten gemacht. Oder wir sind ins Kino gegangen. Mein Mann, der hatte ja mal den Kinovorführer gemimt, und seitdem war das nichts mehr für ihn. Der hat da jedes Umblendzeichen und so etwas mitbekommen. Nur in Ausnahmefällen ist er mal mitgekommen, ansonsten bin ich mit Freundinnen ins Kino gegangen.*

Peter W.: *Man spielte auf der Straße Fußball, und es wurde auch ein so genannter Völkerball gespielt. Es wurde Rollschuh gelaufen und ganz zu Anfang ein so genannter Schlagball gespielt, das waren so kleine feste Lederbälle, die mit einem Stock weg geschlagen wurden. Ich war erst Mitglied bei den christlichen Pfadfindern, und da haben wir verschiedene Zeltlager besucht. Am Westensee waren wir mal, bei einem zentralen Treffen in der Lüneburger Heide. 1954 bin ich in einen Schüler-Ruderverein eingetreten, und mit dem haben wir Tagesfahrten gemacht und auch zwei große Wanderfahrten auf der Weser und rund um Holstein. Kieler Bucht, Fehmarn, Lübecker Bucht runter, Elbe hoch und durch den NOK wieder zurück.*

Peter S.: *Im Kieler Kanuclub haben wir die Anfänge der 50er Jahre noch richtig schön mitgenommen. Das war damals eine Zeit, wo wild gefeiert wurde. Die Zeit aus dem Krieg und der unmittelbaren Nachkriegszeit, wo es nichts gab, war nun irgendwie vorbei. Und es wurde dem Alkohol zugesprochen, zumal man ja kaum ein Auto zur Verfügung hatte. Da fanden die Feste statt, unten auch in den Umkleideräumen und dergleichen, das war voll, und* *dann wurde viel auch unterm Tisch getrunken. Das heißt, man brachte die Flasche mit. Die berüchtigten Sorten von damals: Kakao mit Nuss-Cherry, Brande und es gab noch so einige böse Sorten. Und Danziger Goldwasser, da kleben Ihnen die Gedärme zusammen. Wir hatten auch die Flaschen unterm Tisch, im Herrenumkleideraum, kann ich mich gut erinnern. Wir konnten uns das nicht leisten, die Gaststättenpreise zu bezahlen, obwohl die in so einem Klub auch nicht so besonders hoch waren.*

Willi A.: *Wir waren im Chor, Akkordeonclub, Kolpingsfamilie, katholischer Gesellenverein und Sportverein. Und dann war man da mal im Vorstand, dann macht man dies mit und das mit, und dann hat man Kinder, die wollen den Vater mal zu Hause sehen. Weil, ich habe es manchmal auch geschafft, dass ich auch am Sonnabend nicht zu Hause war. Man war in dem besten Alter, 25 bis 30 Jahre, und wenn irgendetwas anlag, wie der Aufbau der alten Kirche. Was haben wir da alles gemacht, bis die wieder einigermaßen notdürftig genutzt werden konnte. All solche Sachen. So genannte ehrenamtliche Arbeit, die war damals viel. Und einen Pachtgarten hatten wir. Ja, einen*

Vatertagsausflug am Himmelfahrtstag 1956; Priv.-Bes.

Pachtgarten, logisch. Die Eltern waren auch nicht mehr die Jüngsten. Und da wir beide aus Einfamilienhäusern kamen, da hieß es dann auch umgraben, die Äpfel pflücken, Stachelbeeren pflücken, wir müssen neu tapezieren. Also mit anderen Worten, im Haus handwerkern und Hobbygärtner … Das füllte dann die geringe Freizeit noch aus.

Helga K.: *In der Freizeit da traf ich mich mit einer Freundin zum Kaffee trinken, aber dann bei mir oder ihr. Oder wir gingen ins Kino. Oder am Wochenende sind wir zum Tanzvergnügen in den Eichhof gegangen. Oder wir gingen auf Freizeitfahrten mit der evangelischen Jugend, z. B. zu Laienspielgruppen, irgendsolche Tätigkeiten, so richtig nett und harmlos.*

Ilse H.: *Ja, tanzen sind wir gegangen. Ja. Nun, zu vernünftiger Musik. Wir hatten auch immer 'ne Kapelle. Wir waren hier drüben in Heikendorf, oben in Kehlers Gasthof. Hier in Kiel war ja gar kein Tanzlokal. Das war ja alles kaputt. Wenn, mussten wir raus. In Heikendorf sind wir viel gewesen. Mit der Kapelle – das war eigentlich immer ganz nett. Friedrichsort sind wir mal gewesen. Nachher der Eichhof, Max, damals noch Eichhof. Das war nachher auch wieder ein Tanzlokal.*

Seebadeanstalt Bellevue, 1953,
Foto: Magnussen;
Stadtarchiv Kiel

Gertrud B.: *Und dann war ja dieser Schlager, diese Laterne: (singt) „Unter der Laterne, vor dem großen Tor ..." Lili Marleen. Das war dann. Oder „Wenn bei Capri die Sonne im Meer versinkt", „Die Capri-Fischer". Und wenn wir dann vom Tanzen kamen, das sang dann der ganze Dampfer. Und dann natürlich die Oldies, die alten Schlager. Auch wo wir dann nach getanzt haben. Viel Walzer und Foxtrott. Das war sehr schön!*

Kai S.: *In der Tanzstunde bin ich natürlich gewesen. Das war ein großes Ereignis, dass man nun auf die Damen losgelassen wurde. Da haben wir aber die konventionellen Tänze gelernt, langsamen Walzer, schnellen Walzer, nicht mal den Tango. Das war ein Kanon, der begrenzt war. Da war nichts Modernes dabei. Wenn wir ausgingen, ich bin mit meiner zukünftigen Frau auch ausgegangen so in den End-Fünfzigern, vorher gar nicht, da sind wir auf die Schulfeste gegangen. Die Ricarda-Huch-Schule, die hatten hier einen sehr schönen Ball, den Ruderball nannten sie das. Die hatten eine Ruderriege, und diese Ruderriege veranstaltete einen Ball. Dieser Ball fand in der Mensa statt. Und da haben wir schöne Bälle gefeiert. Dann haben wir „Ultrazinnober" gefeiert, das war von der Muthesius-Schule veranstaltet, mit sehr vielen Effekten und sehr viel Kunstfertigkeit eingerichtet. Da gab es Rutschbahnen in den Keller und was weiß ich alles. Das war also ein toller Ball, da ging man gerne hin. Und da wurde auch gute Musik gespielt. Das waren die Musik und die Tänze, die bis dahin im Allgemeinen üblich waren, die wurden da auch gespielt, und keine anderen. Ultrazinnober war ein Jahresfest der Muthesius-Werkschule, wie sie damals noch hieß. Da stellten sich die Muthesius-Schüler mit ihren Ideen für ein Tanzfest dar. Wie kann man also Räume gestalten und mit einem besonderen Pfiff auch etwas darstellen, was man im Unterricht gelernt hat oder was man auf diese Art und Weise anwenden konnte zur Gestaltung eines Hauses.*

Kinder spielen im Zeltlager, ca. 1950; Priv.-Bes.

Das war ein Ball, zu dem jedermann gehen konnte, es war also nicht beschränkt auf die Muthesius-Schule. Das Publikum waren meistens Schüler und Studenten. Schichten wie Lehrlinge gingen in der Regel nicht zu diesem Ball.

Urlaub

Die steigenden Löhne beteiligten auch die Arbeitnehmer am wachsenden Wohlstand und ermöglichten ihnen erste, touristische Erfahrungen. Die westlichen Staaten öffneten ihre Grenzen für den internationalen Güter- und Personenverkehr. Immer mehr Menschen packte das Reisefieber. Film und Schlagermusik weckten die Sehnsucht nach dem Süden. Die durchschnittliche Wochenarbeitszeit in der Industrie betrug 48 Stunden. In vielen Branchen leisteten die Arbeitnehmer Überstunden. Urlaub war die lang ersehnte Pause in der Hast des Alltags. Mitte der 50er Jahre konnte sich jedoch nur eine Minderheit der Deutschen in der Bundesrepublik Deutschland Auslandsreisen leisten. Die Mehrheit blieb zunächst noch im Lande und träumte von Sonne, Strand und Meer.

Gertrud K.: *Ja, irgendwann hat jemand erzählt, im Plöner See kann man eine Insel pachten. Da haben wir gesagt, das gibt's ja gar nicht. Wir dachten an Riesensummen. Und da haben wir uns danach erkundigt, und dadurch, dass mein Mann ja nebenbei Jäger war, kannte er viele Jäger und hat sich dann erkundigt, weil die Insel durch das Forstamt Eutin vermietet oder verpachtet wurde. Und da hat er da angefragt, und da war eine Insel zu haben, die kostete fünf Mark im Jahr. Pacht. Wir durften aber nichts ändern auf der Insel und durften keinen Anleger bauen. Und da wir leidenschaftliche Paddler waren, haben wir uns dann ein altes Paddelboot gekauft. Und dann sind wir mit zwei Kindern im Paddelboot, einer saß vorn, einer saß hinten, darüber geschippert und haben gezeltet. Manchmal haben wir auch Freunde mitgenommen, und das war unser „süßes Leben“.*
Rita S.: *1955 waren mein Mann und ich das erste Mal in Italien. Die Kinder waren während dieser Zeit bei ihrer Oma, wir hatten das Glück, dass wir 'ne liebe Oma hatten. Mein Mann musste da beruflich hin. Auf dem Weg*

trafen wir an irgendeiner Raststätte ein Ehepaar, und die kamen gerade aus Italien, und die haben uns dann gute Ratschläge erteilt, wo wir dann da unbedingt hinfahren sollten, also z. B. das Hotel, und was man unbedingt gesehen haben müsste und so weiter. Das haben wir dann auch befolgt. Und wenn wir in Italien ein deutsches Auto gesehen haben, dann hupte und winkte man. Da sah man damals noch nicht so viele Touristen.

Ilse H.: *Ja. Wir sind mal in '52 im Harz gewesen. Da haben wir die Fahrräder mitgehabt. Aber per Zug runter, die Fahrräder im Gepäckwagen, dass wir da unten'n bisschen mehr unternehmen konnten im Harz. Die haben uns eigentlich auch gut geholfen, die Räder, wir sind wirklich rund rumgekommen im Harz. Das war unsere erste Reise, '52. Mit Ausland war nicht viel, wir blieben eigentlich immer in Deutschland oder Österreich ... Italien? Nein! Nein, gar nicht. Gar nicht. Da fuhren ja alle hin. Wir hatten ja auch immer schlechte Sommer, und alles fuhr nach Italien, oder nachher kam Spanien dazu. Das hat uns nie gereizt! ... Nein, ich glaube, es hat Leute gegeben, die haben einen Kredit aufgenommen, um hinzukommen. Das kam für uns schon gar nicht in Frage!*

Rückkehr am Kieler Bahnhof, 1951; Priv.-Bes.

Also eine Reise auf Abzahlung! Das kam wohl nicht in Frage! Nee, dafür waren wir nicht.

Heinz K.: *Für Urlaubsreisen hatten wir kein Geld, das einzige, was uns übrig blieb, das war einmal im Jahr ein Besuch bei meiner Schwiegermutter in Paderborn. Und es ist uns verdammt schwer gefallen, 80 Mark für ein Eisenbahnticket für zwei Personen aufzubringen, die Reisekosten haben ja fast mein ganzes Gehalt aufgezehrt, ich mein', bei Schwiegermuter haben wir nichts bezahlt, da haben wir umsonst gelebt.*

Willi A.: *Wir haben unsern ersten Urlaub in Schönberg gemacht. Da hatte eine Frau so Blockhäuser, so bessere Gartenbuden. Da waren 2 Etagenbetten drin, also vier Mann konnten darin liegen. Ein kleiner Vorraum, Tisch und Stühle gab es. Das war unser erster Urlaub, und das war 1956. Dann haben wir es nachher noch mal geschafft, mit einer Bekannten aus dem Ort, die hatten einen PKW – wir ja nicht, wir hatten dafür Kinder –, sind wir beide dann in den Harz gefahren. Das waren unsere ersten Urlaube in den 50er Jahren.*

Kai S.: *Also, Reisen ins Ausland war für uns ungeheuer wichtig. Und wenn man sich traf, war es sehr wichtig zu erfahren, was die anderen erlebt hatten, wo man selbst*

im Urlaub, ca. 1950; Priv.-Bes.

hingefahren war, wie man gefahren war, per Anhalter oder nicht. Es war ein Abenteuer. Man musste sehen, wie man zurecht kam, auch mit dem Geld zurecht kam, und der Bildungsaspekt. Man kam nach Hause und sagte: „Ich hab' Trafalgar Square gesehen ...", und man war darin den Eltern auch voraus, denn die Eltern hatten nach dem Ersten Weltkrieg kaum Möglichkeiten, ins Ausland zu reisen. Und deshalb vielleicht auch dieses große Bedürfnis der Jugend und der Eltern, das Ausland kennen zu lernen.

Kino, Musik, Theater

Nach dem Krieg versuchten die Kieler, das kulturelle Leben in ihrer Stadt möglichst schnell wieder zu beleben. Bereits am 7. Oktober 1945 eröffnete das Schauspielhaus an der Holtenauer Straße als neues Stadttheater. Knapp acht Jahre später war auch der Wiederaufbau des alten Stadttheaters am Kleinen Kiel abgeschlossen, das am 21. Juni 1953 mit Beethovens Oper „Fidelio" das Publikum begeisterte. Allerdings wurde es in den folgenden fünf Jahren als Kino verpachtet und nahm erst am 18. September 1958 seine Funktion als Theater und Opernhaus wieder auf.

Eröffnung des „Gloria"-Kinos an der Holstenbrücke am 22. November 1951, Foto: Magnussen; Stadtarchiv Kiel

Die Kieler hatten einen großen Nachholbedarf an kulturellen Ereignissen, und mit den steigenden finanziellen Möglichkeiten nutzten sie das vielfältige Angebot intensiv, sodass zwischen 1953 und 1959 die Zahl der Theaterbesucher um 30 % stieg, während sie vergleichsweise im bundesdeutschen Durchschnitt um 10 % sank. Auch für Künstler war Kiel eine attraktive Spielstätte. So gastierten neben dem Berliner Ensemble auch diverse zeitgenössische Filmgrößen bei Premieren in der Stadt.
In den Kieler Lichtspielhäusern wurden größtenteils Unterhaltungsfilme gespielt, die den Eskapismus der Zeit widerspiegelten. Erst Mitte der 50er Jahre fand auch die cineastische Aufarbeitung des Krieges mit Filmen wie die 08/15-Trilogie Anklang beim Publikum.
Mit dem „Gloria-Palast" an der Holstenbrücke, der „Camera" am Wilhelmsplatz, dem „City" in der Holstenstraße, dem „Metro" in der Holtenauer Straße und vielen weiteren Kinos hatten die Kieler eine vielfältige Auswahl. Dazu gab es verschiedene Filmclubs, in denen jenseits des Mainstreams anspruchsvolle Filme präsentiert wurden.
Neben klassischen Operndarbietungen war der Jazzclub am Kleinen Kuhberg ab 1953 ein beliebter Treffpunkt für Freunde der modernen Musik.

Oper und Konzerte

Friedrich M.: *Wir sind ständig ins Konzert gegangen. Sinfoniekonzerte! Eigentlich, wenn's ging, immer. Regelmäßig! Theater auch viel. Theater und Konzert, ja. Das haben wir immer gemacht, da musste das Geld für da sein. War auch nicht so teuer wie heute!*
Kai S.: *Mein erster Opernhausbesuch in den 50er Jahren galt einer Operette, natürlich der „Vogelhändler" und solche Sachen, das kam ja damals auf. Dann waren damals die Apfelsinen, die kamen zu der Zeit auf. Der Applaus damals war verbunden mit einem Apfelsinenregen auf die Bühne. Oper, da hab ich Verdi, Puccini, sehr viel auch von Wagner gehört in der Zeit.*

Musik

Ruth M.: *Wir haben nur klassische Musik gehört, kein Schlager und kein Jazz ... Konzerte immer, auch Kammermusik. Fischer-Dieskau haben wir uns nicht entgehen lassen, den haben wir etliche Male gehört. Der war, als er jung war, hervorragend!*
Peter W.: *Die erste Platte, die ich mir gekauft habe, war „The world is waiting for the sunrise" von Les Paul und Mary Ford. Das fand ich umwerfend, das Ding. Da waren erste Halleffekte und auch schon so ein bisschen Techno dabei, und das hab' ich mir von der Schallplattenfirma Capitol gekauft. 78 Umdrehungen, schwarze Schellackplatte. Und wenn ich die spielte, zur Fassungslosigkeit meiner Eltern und meiner Großmutter, fand ich das gut. Dann Bill Haley mit „On the waterfront", „Faust im Nacken", das war so ein Jugendlichen-Gangfilm mit dem jungen Marlon Brando. Bill Haley and the comets, „Rock around the clock tonight", das fanden wir unheimlich gut ... Jazz: Stefan von Dobschinski, der spielt heute noch. Akkordeon, Gitarre, Schlagzeug, manchmal auch noch ein Blasinstrument, das ist die typische Musikausstattung der 50er Jahre. Amerikanische Musikinstrumente wie Trompeten und Posaunen, Saxophone, Klarinetten kamen später.*
Kai S.: *Es gab natürlich auch den Jazz-Club, aber ich bin nie interessiert gewesen an Jazz. Damals hat mir der Jazz nicht viel gesagt ... Die Jazz-Szene war für uns exotisch. Das war natürlich auch vom Elternhaus beeinflusst. Das wurde als „Neger-Musik" bezeichnet und wäre „auch nicht ganz gesund". Ich hab das nicht so empfunden, aber die Musik war mir ... zu schrill, nicht genügend Harmonie.*

Theater

Ilse H.: *Tatsache ist, dass Kiel zu 80 oder 85% zerstört war. Und das Theater war auch kaputt. Wir sind denn ins Schauspielhaus gegangen, da wurde ja alles gespielt, ob nun Oper, Operette, Schauspiel. War ja eigentlich ein bisschen eng, aber ... Das Theater unten war 1953 wieder fertig. Das war eine Kulturstätte, das hatte denn ja auch ein bisschen Vorrang, damit die Leute wieder mal ins Theater gehen konnten. Nur dies Schauspielhaus reichte ja auch nicht auf die Dauer.*

Kai S.: *Da war das Übliche damals auf der Bühne, sagen wir mal der Bildungskanon. Schillers Wallenstein, solche Dinge haben wir natürlich gesehen, aber es kam dann auch „Des Teufels General" auf die Bühne, das hat uns sehr beeindruckt. Es gab eine große Diskussion auch in den Elternhäusern, die sich noch mal anknüpfte an das Dritte Reich und den 20. Juli, wie sollte sich die Führungsschicht verhalten, wie sollten sich die Gebildeteten damals verhalten gegenüber diesem Staat, sollten sie sich also gegenüber dem 20. Juli und ihren Führungskräften anschließen, oder sollten sie, da sie ja den Treueeid geleistet hatten, dem Führer weiter folgen.*

Radio

Reinhold K.: *Und Radio, wer hatte damals ein Radio. Wir hatten eins, gut ok. Aber das war auch nur so. Das stand oben auf dem Schrank, und dann lief nicht von morgens bis abends Musik. Da waren politische Sendungen, und alles so was lief da. Das war normal, aber nicht Musik. Musiksendung, das war ja mal ganz was anderes.*
Herbert K.: *Am Sonnabend Nachmittag gab es immer so eine Sendung im Radio, da kann ich mich noch gut dran erinnern, und zwar nannte sich die „Das ideale Brautpaar" von und mit Jacques Königstein. Wenn ich dann am Sonnabend noch zustellen musste, dann hörte ich überall aus den Wohnzimmern Jacques Königstein.*
Inge V.: *Ich hab morgens immer eine Hausfrauensendung angehört.*
Kai S.: *Was ich viel gehört habe, ist Radio. Ich hatte noch kein eigenes Gerät, aber wenn es ging und die Familie nicht da war, meine Geschwister, und ich mal alleine war, und ich muss sagen, ich habe ausschließlich Schlagermusik gehört. Also Schmalz hoch drei, aber ich fand es schön damals … Den Rundfunk haben wir für Tagesnachrichten benutzt. Wenig für bildende Nachrichten, Sendungen kultureller oder kulturpolitischer Art, im Wesentlichen hab ich das Radio für Nachrichten im Laufe des Tages genutzt, wenig abends, und dann am späten Nachmittag Musiksendungen. Aber das waren im überwiegenden Teil Schnulzen der übelsten Art.*
Peter W.: *Wenn man richtig flotte Tanzmusik hören wollte, dann hörte man AFN – American Forces Network.*

Lief über die normale Rundfunkskala. Wenn man AFN hörte, dann war man ungeheuer fortschrittlich ... Suchmeldungen gab es auch ganz viel im Radio, stundenlang, morgens, mittags, abends. Das waren all die Vermissten während des Krieges. Dann Wunschkonzerte. „Sang und Klang" und „Herr Sanders öffnet seinen Schallplattenschrank".

Fernsehen

Peter W.: *Fernsehen bekamen wir erst in den 60ern, und vorher ging ich zum Gucken woanders hin. Also so ein Fernsehtourismus, dass man sich irgendwo versammelte, um „Dalli Dalli" zu sehen oder „Das ideale Ehepaar" mit Jacques Königstein.*
Reinhold K.: *Ich weiss noch, wie im Lager der erste Fernseher ankam, das war hier unten in dieser Baracke. Die in der Mitte, die hatten den ersten Fernseher. Und da war es denn so, dass vorne die Kleinsten saßen, dann kam die nächste Reihe, das waren größere Kinder. Da, im Wohnzimmer bei denen. Dann war erste Stuhlreihe, da saßen die Eigentümer, denen der Fernseher gehörte und denn ihre Bekannten, und dahinter, da saßen dann noch mal welche. Ja, jeder musste seinen Stuhl mitbringen, der da sitzen wollte. Ne, und dann wurde das Fenster aufgemacht und draußen am Fenster, da hing auch noch 'ne ganze Traube. Und alles hat Fernsehen geguckt. Und das war so, das fing erst um 18 Uhr an. Da gab es die Tagesschau denn um acht, und dann gab's noch mal 'n Spielfilm oder irgendwie 'ne Sendung hinterher, und dann war Feierabend. Da wurde der große Hebel umgelegt.*

Film und Kino

Ruth M.: *Ins Kino sind wir immer nur, wenn bestimmte Filme liefen. Zum Beispiel Filme von Ingmar Bergmann. Wenn bestimmte Filme im Gespräch waren. Oder Filme mit dem jungen Frechen, der so früh gestorben ist, James Dean. Kino ab und zu, aber selten. Nicht regelmäßig. Kinos gab's ziemlich bald wieder. Zum Beispiel in der Holtenauer Straße, dann am Dreiecksplatz. Das wurde ziemlich schnell aufgebaut, das Volk braucht Spiele!*

Gertrud B.: *Ja, also diese 50er Jahre, da konnte man dann ja mal in diese Filmstudios gehen, die sich noch soweit zurecht gemacht hatten, wo keine Bomben gefallen waren, aber die Scheiben und das war dann kaputt. ... Abends um acht fing das denn ja an, da haben wir eben mal die Arbeit liegen lassen! Und das haben wir dann eben mal gemacht! Und dann nachher war da auch das „Gloria", das Kino, das war an der Holstenbrücke. Also das war sehr, sehr schön!*
Werner und Erika F.: *In den ersten Ehejahren war es regelmäßig, dass wir sagten: Montag gehen wir ins Kino. Man hat ja kein Fernsehen gehabt. Die brachten alte Filme, aber auch mal ausländische Filme. Es gab auch viele Musikfilme. Kino war schön. Eiskonfekt wurde auch geboten. Die Leute haben das mehr genutzt als heute. Es gab mehrere Kinos. Eins war in der Wik. Und dann da, wo jetzt die Brücke ist. Es gab mehrere Kinos.*
Gertrud K.: *Also Wildwest-Filme waren damals in. Oh, wir haben ja mit geschossen, wir sind mit gestorben, wir haben uns mit aufhängen lassen, wir haben mit geheult.*
Peter W.: *Ganz große Serie war Sonntagmittag im Hansapalast, das ist draußen in Hassee, und da sind wir jeden Sonntagmittag hingegangen und haben um 14 Uhr Wildwestfilme geguckt. Und zwar „Zorro Teil 1 und 2", „Sabu", der spielte mit Elementen aus Tausend und einer Nacht, und dann „Ariane - Liebe am Nachmittag", den hab ich bestimmt vier mal gesehen, mit Audrey Hepburn, Maurice Chevalier und Gary Cooper ... Es liefen viel deutsche Produktionen. Und zwar auch Eskapismus. Also die eigene Kriegsvergangenheit wurde nicht oder ganz wenig thematisiert. Das meiste waren Operettenfilme. Dann gab's die großen Liebespaare des deutschen Films, Ruth Leuwerik und Dieter Borsche, O. W. Fischer und Maria Schell. Null-Acht-Fünfzehn, aber die waren alle unter sechzehn Jahren verboten. Es gab durchaus auch kritische Filme ... Aber viele Heimatfilme mit Schwarzwald und Alpen, weniger die See.*
Über die Eintrittspreise haben die Interviewpartner unterschiedliche Angaben gemacht, die vermutlich auf den Besuch verschiedener Kinos zurückzuführen sind.
Inge und Adolf V.: *Kino kostete 80 Pfennig und weiter hinten 1,20. Ja, Heimatfilme gab es da wohl meistens.*
Werner und Erika F.: *Kino hat damals 'ne Mark Fuffzig gekostet.*

Peter S.: *80 Pfennige kostete damals eine Karte. Später war denn 1,50 Mark normal und 1,80 Mark auf den etwas besseren Plätzen. Damals war noch viel nummeriert und mit Platzeinweisung.*

Filmclub

Neben den konventionellen Kinos gab es in Kiel auch Filmclubs, in denen dem interessierten Publikum auch jenseits des weit verbreiteten Heimatfilms oder der für die 50er typischen Komödien unbekanntere Produktionen vorgestellt wurden.
Peter und Ute S.: *Es gab auch in Kiel den Filmclub. Da waren wir Mitglied, durch Schulfreunde sind wir da rein gekommen. Da waren viele junge Leute, viele Studenten, und da wurden besondere Filme gezeigt, die nicht im Programmkino liefen. „Golem" zum Beispiel, ein uralter Stummfilm. Filme, die nicht ihr breites Publikum fanden. So etwas wie Sie heute in der Traumfabrik oder in der Pumpe finden. Der berühmte Film „Arsen und Spitzenhäubchen", welcher damals noch „Arsenik und Spitzen" hieß, lief in der englischen Fassung mit deutschem Untertitel. „Kinder des Olymp" haben wir dort gesehen, diese berühmten alten Filme.*
Kai S.: *Dann gab es in Kiel einen Filmclub, der Mitglieder hatte. Man wurde Mitglied in diesem Filmclub, und der holte sich von überall her Filme. Und diese Filme wurden dann in einem Studentenheim am Niemannsweg aufgeführt. Es gab ein Programm dazu, soundso viele Filme pro Monat, und dann wurde immer eine kleine Einführung gegeben von zum Beispiel einer Oberstudiendirektorin hier in Kiel, die sich damit beschäftigt hatte. Und auf diese Weise sah man also Filme, die sonst nicht so nach Kiel kamen.*

Konsum

Die 50er Jahre sind der Inbegriff des Wirtschaftswunders in Deutschland. Nach der Währungsreform 1948 begann der Export zu boomen, die Arbeitslosigkeit sank und die Löhne stiegen. Gefeierter Held dieser positiven wirtschaftlichen Entwicklung war der damalige Bundeswirtschaftsminister Ludwig Erhard. Mit ihm verbindet man nicht nur den wachsenden Außenhandel, sondern auch eine jährliche Steigerung des Bruttosozialproduktes um durchschnittlich sechs Prozent. Durch die steigende Kaufkraft wuchs der Absatzmarkt für Konsumgüter langsam an.

Nach den Entbehrungen des Krieges stand jedoch zunächst die Zufriedenstellung der Grundbedürfnisse im Vordergrund. Erst als diese Bedürfnisse gestillt waren und die unmenschliche Wohnsituation in den Städten sich besserte, dachte man an weitergehende Wünsche und Sehnsüchte. Alle träumten den Traum von einem schöneren Leben. Elektrische Haushaltsgeräte kamen auf den Markt, die der Hausfrau die Arbeit erleichtern konnten, sie entwickelten sich rasch zu einer Selbstverständlichkeit im täglichen Leben, da sie im Laufe der 50er für die meisten erschwinglich wurden.

Der Mann hingegen interessierte sich eher für das Auto. Zwar war ein solches auch am Ende der 50er für die meisten noch unerschwinglich, doch der Motorisierungsgrad wuchs jährlich um 21 Prozent. Der Roller galt als preisgünstige Alternative zu dem teuren Volkswagen. So sparten 1955 nur drei Prozent der Bevölkerung auf ein Auto. Dennoch gilt der VW-Käfer heute als Symbol des wirtschaftlichen Aufschwungs.

Auch der Fernseher fand eine immer schnellere und weitere Verbreitung – doch „wer konnte sich das schon leisten?" (Reinhold K.). Wer diese teuren Konsumgüter nicht erstehen konnte, hatte immerhin ein Radio. Dieses war unverzichtbar, denn für viele Menschen war es das einzige Konsumvergnügen. In den 50er Jahren gehörte es beinahe mit zur Standardausrüstung im Wohnzimmer oder in der Küche.

Auch in Kiel scheint die Währungsreform der Beginn einer neuen, besseren Zeit gewesen zu sein:

Friedrich M.: *Am Tag nach der Währungsreform gab's alles, was es vorher nicht gab! Plötzlich waren die Geschäfte voll, da hatten sie alles! Die wussten ja wohl, dass da was kommt, und da haben sie natürlich nicht mehr verkauft. Nach der Währungsreform '48, seitdem die Währungsreform hier war, war Deutschland verwandelt! Die Geschäfte waren voll, es gab auch alles. Vorher bekamen wir die Marken, und wir bekamen nicht mal das zu essen, was auf den Marken oben stand! Alle Einschränkungen hörten auf, es gab alles! Vorher gab's we-*

rechte Seite
oben:
der Weipert-Neubau, ca. 1955;
Priv.-Bes.

unten:
Weihnachtseinkauf 1954,
Foto Magnussen;
Stadtarchiv Kiel

nig, und das Wenige bekamen eben nur gewisse Leute.

Ilse H.: *Wir hatten ja keine Kaufhäuser. Karstadt oben ist stehen geblieben, war aber auch beschädigt. Auf der anderen Seite war Jacobsen, das kennt heute kaum noch einer. Und einmal war Jacobsen oben am Dreiecksplatz, was später Merkur war, Ecke Preußerstraße. Das waren zwei Brüder, einer hieß Hans, der andere Willi Jacobsen, und jeder hatte ein Kaufhaus. Ja, Karstadt. Wie war's denn mit Weipert? Ja, das war alles runter. Die mussten erst alles mal wieder aufbauen. Wir hatten gar keine Möglichkeit, was zu kaufen. Selbst als die Währung kam, und in den Schaufenstern war ja nun gleich nach der Währung ein bisschen Garderobe, nicht. Da weiß ich noch, da bin ich mit einer Kollegin los gewesen, auf einen Sonnabendmorgen. Oh Gott, waren wir begeistert! Was hatten die alles im Schaufenster! Heute würden wir das als Plunder bezeichnen. Aber das war was Neues!*

Mittelpunkt des Aufschwungs und der Konsumierung war in Kiel zunächst die Holtenauer Straße:

Herbert K.: *Das Geschäftszentrum war einige Jahre lang der Dreiecksplatz, wo all die Geschäfte waren. Da war zum Beispiel das Kaufhaus Jacobsen, das war das erste, das wiederaufgebaut war. Andere Kaufhäuser waren ja meistens noch Ruinen.*

Doch dass die Schaufenster plötzlich wieder voll waren und man wieder alles kaufen konnte, bedeutet nicht, dass alle Waren auch unbedingt erschwinglich waren. Daher musste man zusehen, wie man sich auch mit wenig Geld einen kleinen Luxus leisten konnte:

Ilse H.: *Nein, wir konnten nicht gleich viel einkaufen. Also, das musste man sich alles überlegen. So viel haben wir nicht verdient, nicht so wie heute, rein und kaufen. Das war nicht. So viel haben die Leute nicht*

verdient. Das dauerte seine Weile. Auch der Aufbau! Zum Beispiel die Holtenauer Straße, da unten, wo jetzt die Arkaden sind, das war doch flaches Feld. Da stand ja nicht ein Haus mehr! Das hat nachher Kersig aufgebaut und unten die Geschäfte reingemacht. Das gehört Kersig, nennt sich „Klagemauer", und auf der anderen Seite, das ist auch Kersig, das nennt sich das „Echo". Dann kamen allmählich die Geschäfte, na ja, da hatte man inzwischen auch ein bisschen verdient, und wir waren auch sehr sparsam damals, damit wir uns was kaufen konnten. Wir mussten sparen!

Gertrud K.: *Aber es gab ja noch Rabatt-Marken. Werde ich nie vergessen. Wenn du einkaufen warst, ich weiß nicht, für 'ne Mark kriegtest du denn 'ne Rabatt-Marke ... Und wenn dies Buch voll war, kriegtest du eine Mark fünfzig. Und damit bin ich dann fröhlich losgezogen, hab' vom Wirtschaftsgeld noch ein bisschen abgeknapst und hab' zum Beispiel Wolle gekauft. Ich war schon immer verrückt auf Handarbeiten. Dann hab' ich gesehen, wo ich sie billig kriegte und hab' für die Kinder gestrickt und hab' meinem Mann immer erzählt: Alles von Rabatt-Marken! Hab' ihn natürlich auch fleißig beschummelt. Aber nicht für mich, sondern immer für die Kinder. Und wir haben uns mit drei, vier Frauen zusammengetan noch in der Goethestraße. Und zwei Frauen haben zum Beispiel im Park die Kinder gehütet auf dem Spielplatz, und zwei sind in die Stadt gegangen und haben ein bisschen eingekauft, Schaufenster geguckt, aber nicht für uns, immer für die Familie. Und dann haben wir geguckt, da gibt's was billig und da.*

Ruth M.: *Was wir uns kaufen konnten, also unser Luxus: Mein Mann bekam am Sonnabend, auch in der Ehe noch, also in den 50er Jahren, 20 Pfennig, davon hat er sich zwei Zigaretten gekauft, das war sein Taschengeld. Und ich hab' für 20 Pfennig Goldnüsse bekommen, Bonbons. Das war unser Luxus!*

Herbert K.: *Ich war ein großer Musikfreund und '52 hab ich mir ein neues Radio gekauft. Das war das dollste, was es damals gab: Röhrenverstärker, hochglanzpoliert von Grundig; goldene Metallleisten und so weiter. Kurz: das Spitzengerät der Saison! Dafür hab ich ein Jahr lang abbezahlt. Das kostete unglaubliche 590 Mark, das war eine Menge Geld. Das war der schiere Luxus, aber den hab' ich mir gegönnt.*

Und was man nicht sofort bezahlen konnte, das wurde gerne auf Raten oder Kredit gekauft. Denn Wünsche hatten alle. Besonders der Fernseher schien ein großer Traum zu sein:

Herbert K.: *Was haben wir uns damals gewünscht! Man hat sich so wie ich und meine Frau eine Wohnung gewünscht. Mehr Geld zu haben natürlich. Ich habe mir damals ein Radio mit UKW gewünscht „Ein Radio mit königlichem Klang", so wurde das damals genannt. „Die Welle der Freude", da gab es nur ein Programm. Ein paar Jahre weiter das Fernsehen, das war ja nun der größte Knaller. Der Boom damit begann in der zweiten Hälfte der 50er Jahre, vorher war das so teuer, dass sich das ein normaler Mensch nur schwer leisten konnte.*

Helga K.: *Ich wünschte mir ganz brennend ein Fahrrad.*

Gertrud B.: *Mit dem Fernseher, das kam ja nach und nach auf, und dann wurde nachher 1957 unser Sohn geboren. Und Fernseher kam bei uns so '58 oder '59, genau kann ich's nicht sagen. Also ganz wenige hatten da einen Fernseher! Da war einer, der kaufte bei uns im Laden, da durften wir dann immer mal fernsehen auf einen Abend. Das fing dann um acht an, und da haben wir immer mal so Stücke gesehen, vom Hamburger Ohnsorg-Theater. Das hat meinem Mann dann auch sehr gut gefallen. So sagte er: „Damit du dann auch mal aus diesem ganzen Kram herauskommst, kauf' ich dir einen Fernseher!" Und da haben wir denn uns einen Fernseher gekauft bei Firma Götz, das war in der Gneisenaustraße. Die haben dann das mit Abzahlung gemacht. Also, weil wir ja noch viel fürs Geschäft Geld brauchten. Aber so nach und nach, da kam das dann alles. Aber mein Mann, der war so: Nur das, was man an Geld abzweigen konnte.*

Peter und Ute S.: *1956 ist unsere Älteste geboren, 1957 kam kein Kind, da kriegten wir einen Fernseher. Wir gehörten zur ersten Million in Deutschland, die einen hatten. 1958, 1959 und 1960 kamen dann die anderen Kinder. Also: Älteste, Fernsehgerät, Zweite, Dritte und Vierte. Und ich kriegte gleich einen Staubsauger, war ja auch nicht selbstverständlich. Auf der Messe hat mein Vater mir den gekauft. 'Ne tolle Sache, ein Staubsauger von Vorwerk, gutes Ding. Ja, was hatten wir noch? Ein Radio. Das haben wir uns gemeinsam noch vor unserer Ehe angeschafft. Und einen Plattenspieler hatten wir. Der war dort mit eingebaut. Das war so eine Truhe. Das war unse-*

re erste gemeinsame Anschaffung, noch vor der Ehe. Das war für uns ein bisschen Luxus.

Willi A.: *Fernseher hatten wir zu diesem Zeitpunkt noch nicht. Den bekamen wir erst in den 60er Jahren. Radio hatten wir selbstverständlich gehabt, Plattenspieler hatten wir gehabt. Eingefrorenes war zu der Zeit noch gar nicht möglich, weil die Leute noch gar keine Kühltruhen hatten. Kühlschrank hatten wir erst, als wir '58 nach Heikendorf zogen. Da hatten wir den ersten Kühlschrank. Vorher mussten die Waren frisch gekauft werden. Man hatte auch sehr viel gebastelt seiner Zeit. Ob das nun kleine Möbel waren oder Regale, so das haben wir auch schon gemacht. Das wird zwar heute auch viel gemacht, aber damals war das zwangsweise, heutzutage ist das ein Hobby für viele.*

Neben dem Wunsch nach Radio und Fernseher wuchs auch das Verlangen nach größerer Mobilität:

Ruth M.: *Unser erstes Auto hatten wir '56, glaub' ich ... Da hab' ich gespart! Ich war also dann der Finanzminister, ich habe gespart! Ich habe sehr viel Nachhilfeunterricht gegeben, wenig Geld dafür bekommen, aber wenigstens ein bisschen Zubrot! Auf das Auto hin haben wir gespart! Kräftig! Und dann wurde es eben teilfinanziert und abbezahlt.*

Friedrich M.: *Natürlich war's ein Käfer, was sonst! Käfer hieß der, der VW!*

Kai S.: *Dann bekam ich 1951 ein Fahrrad. Das war geradezu eine Offenbarung ... Ein Radio hab ich zum Abitur bekommen, ein Philips-Gerät, ein kleiner Apparat, den ich sehr geliebt und auch ins Semester mitgenommen habe. Dadurch hab' ich viele Radiosendungen gehört und viel Musik. Ein Auto hatten meine Eltern zunächst nicht, mein Vater bekam dann einen justizialen Dienstwagen 1954. Den durfte er auch privat benutzen. Das war schon was Besonderes. Wenn ich mich in meiner Klasse umsah, war niemand da, der von Haus aus ein Auto hatte. Wir waren die ersten, das war ein VW, ganz einfaches Modell, „Standard" nannte sich das.*

Peter W.: *Mein Vater kaufte sich Ende der 50er das erste Auto. Das war ein Ford 12M, 1,2 Liter Motor. War so ein bisschen amerikanisch angehaucht. Dann gab es damals auch noch den Lloyd. Das war so eines aus Plastik und Pappe, der hieß bei uns Leukoplast-Bomber. Dann gab es das Goggomobil, das war auch ein verhältnismäßig klei-*

nes Auto. Dann gab es einen Messerschmidt-Kabinenroller. Als Einsitzer war der dreirädrig, zwei Vorderräder, ein Hinterrad, flach mit Fahrerkabine wie so ein Flugzeug-Cockpit. Den gab es auch als Zweisitzer, und das Ding war unglaublich schnell. Die fuhren über 100 km/h. Ich hatte erst eine Lambretta von NSU, so einen Motorroller, so wie heute die Vespa. Die hab ich mir in Hamburg von meinem Abiturgeld nach der Bundeswehrzeit gekauft. Die hab ich lange gefahren. Und dann hinterher hatte ich eine Isetta in Gelb, da machte man nach vorne hin die Tür auf.

ein eigenes Auto – ein Käfer!
Priv.-Bes.

Kleidung

Nach dem eingeschränkten Kleidungsangebot während der Kriegsjahre entstand der Wunsch nach eleganter und modischer Kleidung. Hosen konnten die Frauen zu der Zeit jedoch nur in der Freizeit tragen, sodass die Röcke und Kleider vielseitig verwendbar sein mussten. In den 50er Jahren trug die „Frau von Welt" figurbetonte Kleider, Petticoat und Nylonstrümpfe. Der Petticoat unter weit schwingenden Röcken, gestärkt mit einem Gemisch aus Zucker und Wasser, war in allen Formen erhältlich. Daneben waren die Perlonstrümpfe ein Symbol für das Konsumzeitalter. Allerdings gab es viel Ärger mit schief sitzenden Nähten und Laufmaschen. Zwar hielten die neuen Strümpfe besser, als die bis dahin üblichen Seidenstrümpfe. Sie hatten jedoch den Nachteil, dass sie schlechter wärmten und zumindest zu Beginn der Perlonzeit nicht sehr elastisch waren. Die Dehnbarkeit wurde in den Folgejahren verbessert, und ab 1958 gab es schließlich auch nahtlose Strümpfe.
Die Frauenkleidung wandelte sich stark: Die Damen zeigten sich am Strand zunehmend freizügiger, und große Filmstars präsentierten sich sogar schon im Bikini. Die

Männermode hingegen war konventioneller: Anzug mit Hut in dezenten Farben galt überall als angemessen. Die Jeans hingegen war eine reine Arbeitskleidung. Nur die Halbstarken protestierten mit ihren „Cowboyhosen", ihrem Nietengürtel und ihrer Lederjacke gegen Tradition und Autorität. Doch konnte sich wirklich jeder Mann einen Anzug leisten? Und haben sich auch Männer von der neuen Modewelle mitreißen lassen?

Kai S.: *Ich trug lange Hosen, die aus einem Carepaket aus Amerika stammten, irgendwelche Herrenhosen, die trug ich schon mit vierzehn Jahren im Winter, weil ich nichts anderes hatte, und insofern bin ich bis Mitte der 50er Jahre nicht modisch angezogen gewesen, dazu war kein Geld da. Uns bestimmte die Konfektion. Anzüge, Hosen, Pullover, alles, was es in der Konfektion gab, das kaufte man. Und vorher war es viel abgelegte Kleidung, Mäntel, ich kann mich auch erinnern, dass ich Jacketts meines Vaters trug, die der Schneider mühevoll zurecht geschneidert hat, die aber nie richtig passten. Aber das war nun mal so. Bei den Herren war auch der Trenchcoat ein Modeartikel. Wer einen Trenchcoat mit Schulterstücken trug und den Mantel so eng mit einem Gürtel, den man so zusammen knüllte, das war lässig, das war schick. Ich hatte auch, Gott sei dank, irgendwann mal einen.*

Herbert K.: *Es war üblich, Anzüge zu tragen und in der kälteren Jahreszeit Mantel, Hut. Jeder trug Anzüge. Zu Hause hab ich keinen Anzug getragen, da war ich dann leger gekleidet. Die Frauen gingen als Damen.*

Adolf V.: *Jeans waren damals Arbeitshosen. Die hat man zur Arbeit angezogen. Zu Hause hat man so was nicht angezogen.*

Herbert P.: *Am Ende der 50er Jahre wurden die Zimmermannshosen als Jeanshosen angeboten. Sonst gab es ganz normale Jeans. Ganz eng geschnitten, selbst für die Männer, und dann sehr figurbetont, so ganz nach dem Motto, am besten schon eine halbe Nummer zu klein kaufen und dann klatschnass damit in die Badewanne. Die musste dann am Körper getrocknet werden, damit die dann passte. Das haben die Idioten damals gemacht und die Mädels auch. Wir waren damals genauso komisch wie die Jugend heute. Mit der Elvistolle ist auch fast jeder rum gelaufen.*

Herbert K.: *Als Postbote hatte ich zwei Paar Dienstbekleidungen, da gab es eine Winter- und eine Sommeraus-*

führung, die etwas leichter war. Die waren aber absolut unpraktisch, die Dinger. Die Hose vor allem. Also diese schwarze Hose; wenn das geregnet hat, dann war die ja nass, sehr sogar, und dann verloren die Hosen ihre Form. Das war dann wie so eine steife Röhre und das trocknet nicht in drei Wochen, kann man sagen. Gott sei Dank hatten sie die hohen Kragen mit Kragenbinder schon sehr früh abgeschafft. Und dafür sind wir dann mit Schlips gelaufen.

Peter W.: *Die ersten T-Shirts. Hawaii-Hemden, das war sehr eindrücklich. Aber keine Jeans, das gab's noch nicht so richtig. Wir liefen im Sommer immer mit kurzen Hosen rum, und zwar bayrische Lederhosen, bei denen es als ungeheuer schick galt, sie so hoch zu krempeln, dass sie also ganz knapp saßen. Die Schneider gingen in der Zeit sehr zurück, weil man ja Kleidung von der Stange kaufte. Damals gab es einen Laden, der hieß DeFaKa (Deutsches Familienkaufhaus), das war so eine genossenschaftliche Einrichtung des Beamtenbundes, und da ging mein Vater immer hin. Im Sommer trugen wir grundsätzlich kurze Hosen. Ringelsöckchen und ein Jackett ohne Revers und mit einem Gürtel mit Doppelringschließe. Es gab so kleine Mützen, die wie so eine jüdische Kippa waren. Die waren so geviertelt in verschiedenen Farben. Und dann kaufte man sich so kleine Metallanhänger und Metallsticker und klemmte die auf die Mütze, wo man überall gewesen war. Als Junge trug man einen Anorak oder längere Jacken. Das waren so helle Anoraks, keine Parker. Und wenn man im Winter lange Hosen trug, dann gab es die so genannten Bundhosen. Das waren Skihosen, die unten zugebunden wurden. Und dann viel Norweger-Pullover. Dann so Cordjacken mit Reißverschluss. Und dann hatte man so auffällige Taschen mit Reißverschlüssen rechts und links, die man aufziehen konnte.*

Kai S.: *Es gab ja dann allmählich auch Mode- und Frauenmagazine, in denen so was abgebildet wurde. Aber ich kann mich nicht erinnern, dass modisch auffällige Menschen das Stadtbild prägten. Wenn wir mal nach Hamburg fuhren und in der Innenstadt spazieren gingen, dann fielen uns gut gekleidete Herren in Straßenanzügen auf, die wirklich nobel anzusehen waren. Und auch elegante Damen. Das war damals zum Beispiel ein Kostüm, und die Damen trugen auch noch Hüte. Und auch*

Kai S. in einem modischen Anzug, ca. 1959; Priv.-Bes.

im Straßenbild in Kiel kann ich mich erinnern, dass viele Frauen, auch einfacher Herkunft, Hüte trugen. Und auch die Männer trugen Hüte, das war selbstverständlich. Es gab dann auch so kleine Modenschauen, meine ich, Anfang der 50er Jahre, die wurden auch in der Kieler Woche mal vorgeführt, aber mich hat das nicht sehr interessiert.

Wer sich die neue Ware von der Stange nicht leisten konnte, hat auf andere Weise versucht, sich der Mode anzupassen. Besonders die Frauen waren dabei sehr geschickt:

Charlotte W.: *Da wir, wie gesagt, sehr sparsam waren, habe ich viel für meine Familie und mich selbst genäht. Aus alten Kleidern oder Stoffen. Aber wir haben schon versucht, uns an der Mode zu orientieren. Haben uns Zeitschriften angesehen, in denen schicke Kleider abgebildet waren, und haben das dann versucht zu kopieren. Später haben wir dann auch mal Sachen gekauft.*

typische Kleidung aus den frühen 50er Jahren, ca. 1952; Priv.-Bes.

Helga K.: *Bevor ich verheiratet war, hat meine Mutter immer viel für mich genäht. Mittelange Röcke meistens: Midi hieß die Mode da. Es gab ja viele Modezeitschriften mit Schnitten oder man hat im Kino oder in den Schaufenstern etwas gesehen und das hat man sich dann nachgebaut. Es gab so Anfertigungswerkstätten – Modehaus Weipert zum Beispiel – wo man dann Stoff hinbrachte und sich dann etwas zuschneidern ließ. Da hab' ich mir aus einer Wolldecke einen Mantel anfertigen lassen oder aus einem Leinenbettlaken eine Jacke für den Sommer. Das war gang und gäbe.*

Inge V.: *Ich hab' viel selbst genäht. Für die Kleinen. Alles kaufen war einfach zu teuer. Ja, Seidenstrümpfe hatte ich auch.*

Ilse H.: *Und wenn ich nach Hause kam, hab' ich die Klamotten ausgezogen, auf einen Bügel gehängt, damit die schön blieben und nicht so oft gewaschen werden mussten – Seifenpulver hatten wir* *auch nicht so viel – damit man wieder am anderen Tag im Dienst ordentlich aussah. Und hier zu Hause hat man denn alte Klamotten getragen. Was sollten wir machen, es gab nichts! Zum Glück hatten wir noch eine Schneiderin, die konnte aus zwei eine Sache machen.*

Gertrud K.: *Also ganz toll fand ich, das war diese Midi-Mode, also halblange Röcke und alles so ein bisschen luftig und weit. Und ich weiß noch, ich hab' mir dann meinen ersten Mantel gekauft, der auch unten weit war, so auf Taille. Und überhaupt Falten, dann kamen Faltenröcke. Oh, die waren super. Und Bekleidung war eigentlich, wenn ich heute überlege, billig ... Und langsam kamen enge Kleider auf'n Markt, und da ich so ein Strichmännchen war, also Größe 34 - 36, hab' ich die natürlich heiß und innig geliebt. Und ich hab' dann angefangen, selber zu nähen. Ich hatte das in der Schule gelernt und hab' das immer gern gemacht und hab' mir dann billige Stoffe gekauft. Dann gab es zum Beispiel irgendwo Stoff, Meter 'ne Mark. Hast gleich zehn Meter gekauft. Für mich bedeutete Mode sehr viel, aber ich hab' denn immer versucht, das nachzunähen.*

Ruth M.: *Petticoats kamen, ich weiß nicht, wann das war. Bei den Nazis hatten wir ja einen ziemlich strengen Stil, gerade Jacken und so. Und dann kam diese „schwingende Linie", das war, glaub' ich in den Fifties. Da hab ich natürlich meine Röcke auch so genäht. Das war eine Riesenglocke, eine Glocke ... Diese feminine Linie, die hab' ich schon mitbekommen, und hab' die auf meine Weise versucht umzusetzen ... Nicht, dass man für Nylon schwärmte, es war nur praktisch und es hielt! Die Nylonstrümpfe hielten ja. Bei den Nazis gab es Seidenstrümpfe, aber die zerrissen so schnell, die waren schnell kaputt. Und Nylon hielt dann. Und war einfacher zu waschen. Ich hab' versucht, mich modisch zu kleiden, der Mode anzupassen.*

Dazu **Friedrich M.:** *Irgendjemand hat gesagt, du warst die bestangezogendste Studentin! Der Heinz Z., der Studentenpfarrer, hat das gesagt!*

Gertrud B.: *Ja, einen Petticoat hab' ich auch besessen ... Wir hatten ja eine Schneiderin, – also es ging schon los, also '50 , '51 – diese Schneiderin, die war in der Bahnhofstraße. Und Stoffe gab's dann auch immer mal zu kaufen, da musste man allerdings schon ein Ohr für haben, da und da gibt's Stoffe und so weiter. Und dann los, und* *wir haben dann ja auch öfter mal Glück gehabt. Und diese Schneiderin, die nähte dann. Meistens hatten wir nur genähte Kleider, weil gekaufte Kleider noch zu teuer waren. Also gab das dann Stoff, und die Schneiderin war dann auch nicht zu teuer. Aber da konnte man ja für das Geld zwei, drei Kleider sich nähen lassen, als was man dann im Laden als Fertigstellung haben konnte.*

Gertrud K.: *Wer sich welche (Nylonstrümpfe) kaufen oder tauschen konnte, hatte die natürlich. Aber wir legten keinen Wert drauf, wir waren ja sowieso immer die Fußgänger und die Barfuß-Läufer. Und ich hab' die ersten gekriegt, als ich heiratete. Also, zur Hochzeit, zur Trauung hab' ich sie noch angehabt, aber keine zwei Minuten danach. Weil, also ich meinte, die kratzen wie die Pest. Ich konnt' die an den Beinen nicht haben. Ich mochte die nicht. Und dann kamen ja nachher Strumpfhosen aus Amerika, und die waren noch schlimmer für mich. Und deshalb hat mich das überhaupt nicht interessiert. Und denn oh, guck mal, ich hab' Nylon-Strümpfe. Und wenn 'ne Laufmasche lief, denn konntest du so eine Nadel kaufen und so einen Pott, der oben hohl war, den du anfassen konntest, da spanntest du dann diese Laufmasche drüber, und dann hast du mit der Nadel Maschen hoch gehäkelt. Und wenn man 'ne Laufmasche hatte, denn konnte man die auch in den Laden bringen, und denn kostete eine Laufmasche aufhäkeln so fünf Pfennig oder so.*

Helga K.: *Die dreißig Mark, die ich damals bekam, die reichten gerade für ein paar Perlonstrümpfe. Die waren ja kaum zu sehen am Bein, waren ausgesprochen schick, die Revolution in der Strumpfmode, und wenn ich dann eine Laufmasche hatte, brach ich in Tränen aus. Es gab dann aber Werkstätten, wo diese Laufmaschen aufgenommen wurden.*

Gertrud B.: *Ja, das war sehr schwierig mit Nylonstrümpfen, weil Nylonstrümpfe gingen ja viel kaputt, die waren ja nicht so haltbar. Und wenn wir dann welche hatten und da war da mal 'ne Laufmasche, dann gab es solche Nadeln, und dann konnte man sich die einzeln durch die Nadel wieder aufmaschen. Dann wurde das natürlich soweit wie's ging, soweit wie's zu sehen war, fertig gemacht, und das andere blieb dann. Und dann wurde das wieder zusammengenäht. Und dann kamen nachher die Nylonstrümpfe auf mit Naht. Und die waren ja so, da* *haben wir immer drauf geachtet, von der Hacke in der Mitte, dass die schön gerade war. Ja. Und das gab's dann nachher nicht mehr, da kamen nachher wieder die Nylonstrümpfe ohne Naht auf, weil das wohl nicht so hundertprozentig war. Da haben viele sich auch – ich hab's nicht gemacht, ich hab' sie so angezogen – dann eine Naht an dem Bein hochgezogen. Das hab ich aber nicht gemacht, nein.*

Junge Männer in sommerlichen Jacken, ca. 1950; Priv.-Bes.

Essen

Die so genannte Fresswelle ist ein Begriff, der das Essverhalten der Bevölkerung in den 50er Jahren beschreiben soll. Die Meinungen zu diesem Ausdruck könnten allerdings nicht unterschiedlicher sein, insbesondere bei der Befragung von Zeitzeugen.
Zwar veränderte sich das Kaufverhalten der Menschen nach dem Krieg stark, von einem übermäßigen Konsum an Lebensmitteln kann allerdings nicht gesprochen werden. Denn nicht der tatsächliche Genuss von Nahrungsmitteln, sondern der Wunsch nach lange Entbehrtem und etwas Besonderem findet sich im Ausdruck „Fresswelle" wieder. Trotzdem veränderte sich das Ernährungsverhalten in den 50er Jahren erheblich. Nach der Währungsreform im Jahr 1948 wurde auch die Rationierung der Lebensmittel beendet. Die Möglichkeit, Nahrungsmittel nahezu uneingeschränkt zu erwerben, war gegeben. Es herrschte wieder das alte Gesetz „Ware gegen Geld". Das allerdings gestaltete sich, gerade in der Unter- und Mittelschicht, noch schwierig. Von Normalität konnte somit noch nicht gesprochen werden. Die Küche eines Arbeitnehmerhaushaltes blieb weiterhin sparsam. Jedoch lässt sich feststellen, dass trotz der begrenzten Mittel mehr Wert auf eine etwas abwechslungsreichere Kost gelegt wurde. Obst und Gemüse aus

dem eigenen Garten galten zwar noch immer als unverzichtbar, aber es wurde zugekauft. Beispielsweise ergänzten Südfrüchte den Speiseplan. Fleisch hingegen galt noch lange als Luxusgut. Zwar wurde es gekauft und verzehrt, aber in den meisten Fällen nur einmal in der Woche. Fisch war eher erschwinglich und sicherte den Eiweißbedarf der Familien.
Erst in den späten 50er Jahren wurde dann langsam das „Besondere" zum „Normalen". Die Entwicklung bis dahin war allerdings ein langwieriger Prozess, den jeder einzelne Bürger dieser Zeit individuell erlebt hat. Die folgenden Zeitzeugenberichte sollen das veranschaulichen.

Ute und Peter S.: *Der erste Supermarkt war in der Holstenstraße, „Eck Lö", der hatte damals noch einen schwedischen Namen. Das war der erste Supermarkt, wo man mit einem Wagen durchging und sich die Sachen einfach wegnahm. Das war ja das Neue in der Zeit und dass man Salz nicht mehr abgewogen kriegte, sondern in Tüten. Das war die große Neuerung. Das war in unseren Augen damals Verschwendung. Denn wir kamen ja aus der Kriegszeit, und wir brachten ja noch, wenn wir zum Fischmann gingen, die alte Zeitung mit, in die er uns die Fische dann einwickelte. Sonst gab es bei dem Einzelhändler die Sachen in den Schubladen. Zucker wurde geschaufelt, Salz geschaufelt, Nudeln geschaufelt, Mehl, alles war lose. In der Zeit war der Umschwung. Ich hatte ein Eimerchen, da gingen 5 Liter rein, damit habe ich jeden Tag Milch geholt. Nudeln gab es fertig, die machte man nicht mehr selbst. Ja, aber was gab es schon, Spaghetti, Makkaroni, Sternchennudeln, Buchstabennudeln und Hörnchen, das war's aber auch schon. Und es gab Maggi Extrakt und Maggi Brühwürfel, die kleinen Fettdinger. Und als Fertigprodukt die Erbswurst, das war so eine Art Erbsensuppe in Pulverform. Die hatte jeder mit zum Campen. Was die große Errungenschaft danach war, waren die Ravioli. Aber die kamen erst viel, viel später. Nudeln gab es bei uns nur zum Gulasch, und dann gab es Nudeln mit Backobst, so eine süße Variante. Ansonsten aßen wir Kartoffeln, wie das allgemein in Schleswig-Holstein war. Jede Woche gab es Fleisch. In Restaurants ist man kaum essen gegangen. Es gab ja auch nur wenige. So wie heute, dass an jeder Ecke eine Kneipe* *ist, das gab es damals nicht. In der „Palenke" war eine Drogerie drin, „Heinrich VIII." war eine Ruine, „Peter Lammers" war offen und daneben der „Steenberger", das war der echte Steenberger noch.*

Willi A.: *Ja, die Regale waren dann schon gefüllt. Da gab es denn in Wellingdorf einen Supermarkt. Da musste man denn mit dem Fahrrad hin. Es war alles da, nur man konnte sich kaum etwas leisten. Und wenn ich einkaufen ging, ich hatte auch immer mein' Zettel, weil ich ja die Preise schon im Kopf hatte, die Grundnahrungsmittel und wusste ich genau, mehr Geld darf ich ja nicht ausgeben. Da hat man noch ein Achtel Pfund Kaffee gekauft. Gemüse war ein typisches Essen, weil man einen Garten hatte. Meine Eltern oder Schwiegereltern hatten einen Garten. Irgendwo war immer was an Gemüse zu machen. Kartoffeln logisch, die wurden noch gestoppelt zum Teil. Ja, hier auf Gut Schrevenborn habe ich 5 Zentner gestoppelt. So wurde eben auch gespart. Fleisch gab es nicht so*

Frauen auf dem Wochenmarkt,
Foto: Magnussen;
Stadtarchiv Kiel

üppig, wie heute. Fleisch sonntags auf alle Fälle, aber unter der Woche nicht so wie heute. Es wurden mehr Eiergerichte gemacht, Fisch war zu der Zeit auch noch günstig und auch viel Zusammengekochtes. Eingefrorenes war zu der Zeit noch gar nicht möglich, weil die Leute noch gar keine Kühltruhen hatten. Kühlschrank hatten wir erst, als wir ´58 nach Heikendorf zogen. Da hatten wir den ersten Kühlschrank. Vorher mussten die Waren frisch gekauft werden.

Ruth M.: *Damals haben wir immer Kartoffeln gegessen, und außerdem kauften wir viel Milch. Und ich hab' auch immer versucht, dass es ein Obst dazu gab. Das waren die Grundnahrungsmittel. Und das ging dann in der zweiten Hälfte der 50er ohne Fleisch ganz gut. Wir haben uns das im Grunde abgewöhnt.*

Adolf und Inge V.: *Auf Ausflügen gab es dann Kartoffelsalat und Frikadellen. Ich hab den Picknickkorb gepackt, und dann ging das los. Und für die Kinder gab es Brause. Da hab ich denn zwei Flaschen mit Wasser mitgenommen, damit das keinen Streit gab, und dann gab das Brausepulver in die Flaschen.*

Kai S.: *Wir haben im Grunde die Hausmannskost, die in unserer Familie üblich war, während des Krieges und auch nach dem Kriege, nun mit ganz anderen Mitteln natürlich, fortgesetzt. Es hat stets Fleisch gegeben, meine Mutter hat aber auch viele süße Gerichte gekocht. Ich kann mich nur an eine Neuerung erinnern, und das war das Joghurt. Das war etwas, das wir bis dahin überhaupt nicht kannten, in diesen kleinen Töpfen. Wie so eine gesäuerte Dickmilch war das ja. Das war etwas ganz Neues. Und das haben wir aus Gesundheitsgründen damals gegessen, weil wir meinten, das sei besonders gesund. ... An Apfelsinen kann ich mich erinnern. Es war üblich, dass man eine Apfelsine mit beim Schulbrot hatte. Die Schale wurde sorgfältig abgeschnitten, und aus der Schale heraus wurde dann die Feuchtigkeit auf die Haut übertragen, weil wir davon besessen waren, dass Apfelsinen in jeder Hinsicht und in allem, in dem sie bestanden, besonders gesund seien. Es war sicherlich auch ein großer Nachholbedarf. Auch Bananen spielten eine große Rolle. Aber nicht in dem Maße. Apfelsinen, die waren der absolute Schlager damals.*

Essen haben wir immer aus dem Einzelhandel bezogen, es gab ja nichts anderes. Man musste auch anstehen. Es wurde beim Schlachter, beim Bäcker, beim Feinkostladen gekauft. Supermärkte irgendwelcher Art gab es ja überhaupt nicht. Und dann beim Milchmann natürlich, das sind die wichtigsten Nahrungslieferanten gewesen.

Peter W.: *Ab der Obersekunda haben wir dann Arbeitsgemeinschaften mit Schulkameraden gemacht, in denen wir Latein übersetzt haben. Ich weiß, dass wir uns monatsweise zu Hause besucht haben, und da gab es dann Tee und Mohrenköpfe. Bei uns zu Hause wurde Hausmannskost gemacht. Die bestand in der Regel aus Gemüse, Kartoffeln und Fleisch. In ein Restaurant zu gehen, war die absolute Ausnahme. Wir haben immer zu Hause gegessen. Südfrüchte: Bananen, Zitronen, Apfelsinen kamen neu auf den Markt, aber relativ früh in den 50ern waren die da. Ich kann mich noch genau an die erste Banane erinnern, die ich gegessen habe. Fertigprodukte gab es nie. Außer Konserven, Dosengemüse oder Fischkonserven. Die Sachen wurden immer frisch gebracht, einen Kühlschrank hatten wir erst spät. Die Butter wurde anfangs noch geteilt, man konnte kleine Stücke kaufen. Das war aber schon Markenbutter. Und dann gab's Margarine in verschiedensten Formen, und die damals bekannteste war Sanella. Dann kamen Schnäpse auf den Markt. Es muss also in der Zeit getrunken worden sein. Bommerlunder kam auf den Markt, Hansen Rum, Firma Lement, die für Schnäpse Werbung machte. Dann Racke Rauchzart, so eine Art Whisky.*

Helga K.: *Wir haben gegessen, was wir uns leisten konnten. Meistens einfache Hausmannskost. Das Angebot war recht was schmaler, nur am Wochenende gab es bei uns Fleisch. Man konnte nicht immer Kuchen kaufen, und deshalb hab' ich manchmal Tortenkekse gekauft und die dann mit Butter beschmiert, und das war dann unser Kuchen.*

Kai S: *An ausländische Restaurants kann ich mich nicht erinnern. Ich weiß aber, grundsätzlich sind wir sehr wenig ausgegangen, weil das zu teuer war. Man konnte sich das nicht ohne weiteres leisten. Und wenn man ausging, war das schon was Besonderes. Ich weiß noch, meine Schwester machte 1951 Abitur, und ich war noch zu klein um mitzugehen, aber mit meinen Eltern und meiner anderen Schwester ging sie dann ins „Deutsche Eck". Sonst sind wir mal in den Ratskeller gegangen, dann vielleicht auch in die Mensastuben, das war ein bekanntes Abend-*

im Café gegenüber
vom Bahnhof,
Foto: Magnussen;
Stadtarchiv Kiel

lokal, mehr so eine Bar unten unter der heutigen alten Mensa. Wenn man da die Treppen runterging, waren unten einige Räume, das war schick, da ging man hin, da bin ich auch als Student mal hingegangen, aber das konnte ich mir gar nicht öfters leisten.

Politik

Seit dem Jahr 1949 wurde die junge Bundesrepublik Deutschland von einer CDU/CSU-Regierung zusammen mit der FDP unter dem Vorsitz des ersten Bundeskanzlers Konrad Adenauer gelenkt und getragen. Adenauer, der als Idealfigur vorbildlicher Westbindung in die Geschichte einging, gelang es in relativ kurzer Zeit, die volle Souveränität des Landes wiederherzustellen und die Bundesrepublik als gleichberechtigtes Mitglied in die westliche Staatengemeinschaft einzufügen. Die enge Anlehnung an die Vereinigten Staaten, die Aussöhnung mit Frankreich und die unbedingte Mitwirkung bei der beginnenden europäischen Integration markierten wesentliche Grundlinien seiner Außenpolitik.

In Kiel sprach Adenauer am 17. September 1946 erstmalig auf einer CDU Massenkundgebung, einen Monat vor den ersten Stadtvertretungswahlen. Der Ausgang dieser Wahlen vom 13. Oktober 1946 zeigte folgendes Ergebnis: 28 Sitze für die SPD, 16 Sitze für die CDU, 1 Sitz für die KPD (SPD 127.000, CDU 100.000, KPD 19.000, FDP 8.000 Stimmen). Im Zuge dessen wählte kurze Zeit später die Stadtvertretung am 18. Oktober Andreas Gayk (SPD) zum Oberbürgermeister. Bis zu seinem Tod im Jahr 1954 prägte er die Politik der SPD und brachte die Landeshauptstadt zu großem Ansehen. Von der Ratsversammlung gewählt, übernahm Dr. Hans

Müthling (SPD) am 22. Oktober 1954 sein Amt als Oberbürgermeister.
Auch in der nachfolgenden Zeit sollte die Bürgerschaft der Stadt Kiel mehrheitlich der SPD verhaftet bleiben. Im Gegensatz dazu rückte bei den Bundestagswahlen am 14. August 1949 ein CDU-Kandidat, Walter Brookmann, an die Spitze. Mit 65.000 CDU-Stimmen gegenüber 44.000 SPD-Stimmen (und immerhin 7.000 Stimmen für die KPD) behauptete sich die christlich-konservative Partei gegenüber ihrer Konkurrenz.
Ebenso fielen bei den Landtagswahlen am 9. Juli 1950 von den fünf Wahlkreisen in Kiel immerhin noch zwei an die CDU. In zwei weiteren dominierte die SPD, während in einem die FDP Fuß fassen konnte. Bei den Landtagswahlen, die vier Jahre später ausgetragen wurden, setzte sich schließlich die SPD durch. In Kiel wurden vier SPD-Kandidaten an die Spitze gestellt, denen nur ein CDU-Kandidat gegenüberstand. Dass die Kieler Bevölkerung um einen politisch-sozialdemokratischen Kurs kämpfte, geht beispielhaft aus der demonstrativen Bewegung im Zuge der Maifeier 1951 hervor, wo über 20.000 Teilnehmer auf dem Rathausplatz ein erweitertes Mitbestimmungsrecht der Arbeitnehmer sowie soziale Sicherheit und Freiheit forderten.
Kai S.: *Das Zweite wäre die so genannte Adenauer-Ära, das heißt also eine Zeit, in der wir Deutschen nach dem Krieg wieder eine staatliche Sicherheit hatten, in der wir Anerkennung in den Reihen der westlichen Staaten uns erworben hatten und auch die deutsche Souveränität allmählich wieder kam, und es dann schließlich ja, vor den 50er Jahren schon, zur Gründung der BRD kam.*
Willi A.: *Jeder hat sich sehr gescheut, sich politisch irgendwie zu engagieren. Also wir haben uns politisch nie engagiert. Nein, das haben wir nie. Politisch aktiv, die Zeit hatte ich gar nicht. Wir haben ja damals immer noch den Adenauer gehabt, das heißt, die erste Zeit der 50er Jahre war ja die CDU voll und ganz auf der Höhe. Die 50er Jahre waren also die Zeit der CDU, somit waren wir nie in der Situation, eine Kontraeinstellung haben zu müssen. Heuss haben wir erlebt auf der Kieler Woche, oben auf dem Balkon dort. Damals hatte man so genannte Messen in der Ostseehalle gemacht. Und zwar alle Betriebe, Handwerk, Handel, wie auch immer, das, was man für den Aufbau brauchte. Diese Messen, die fanden*

sehr viel statt. Um die Leute zum Kauf zu animieren und damit jeder eben aus seinem Trümmerhaufen ein Haus bauen konnte.

Bundespräsident Theodor Heuss lobte bei seinem ersten Besuch in Kiel im Januar 1950 den Kieler Aufbauwillen.

Peter S.: *Das Interesse der Politik war unterschiedlich. Mein Vater war begeisterter Radiohörer, jeden Abend war das Radio an. Man hörte immer den Kommentar vom Nordwestdeutschen Rundfunk, es spricht Karl Eduard von Schnitzler. Der war damals beim nordwestdeutschen Rundfunk und sprach die Kommentare. Wahlberechtigt war ich ja am Anfang nicht, aber die Adenauerzeit und die Außenpolitik und mit dem Fernseher nachher haben wir das verfolgt. Denn zu dem wenigen, was gezeigt wurde, gehörte auch die Politik.*

Adolf und Inge V.: *Für Politik haben wir uns eigentlich nicht interessiert. Ja, nachher war ich in der Gewerkschaft, und ich bin auch in die Partei eingetreten. Aber eigentlich hat uns das wenig interessiert.*

Werner und Erika F.: *Der Adenauer war ein Hoffnungsträger. Der Erhard, der Nachfolger, das waren die Hauptfiguren, die hier in Westdeutschland 'ne Rolle spielten und auch was durchsetzten.*

Charlotte W.: *Für Politik haben wir uns nicht interessiert. Wir waren zu sehr mit uns selbst beschäftigt. Man hat zwar mal was gehört ... aber die Alliierten haben uns persönlich nicht sehr beeinträchtigt.*

Kai S.: *Sehr empfunden haben wir damals die Marshallplan-Hilfe, die Deutschland nach der Kapitulation finanziell wieder auf die Beine geholfen hat. Benannt nach dem amerikanischen Außenminister Marshall, der damals eine Hilfsaktion für Deutschland in Milliardenhöhe gestartet hat. Das hat uns sehr beeindruckt, und natürlich auch der Atlantik-Pakt, das heißt also, die Einbindung der Bundesrepublik in die westeuropäischen, und darüber hinaus gehend auch dazugehörend Kanada und Amerika usw., in einem Pakt zusammengeschlossen. Das bot uns Sicherheit. Deutschland hat als Bundesrepublik dafür gearbeitet, die notwendige innere und auch äußere Sicherheit zu bekommen.*

Der Ost-West-Konflikt hat uns natürlich täglich beschäftigt, denn es war auf jeder Tageszeitungsseite zu lesen, was in der DDR passierte, wie die Amerikaner mit den Russen zurechtkamen und die verschiedenen Verhand-

lungen, die sie geführt haben. Dann hab' ich, weil ich ja Flüchtling war, Stalins Versuch in Erinnerung, eine Initiative zur Wiedervereinigung Deutschlands zu starten, von der wir fest der Überzeugung waren, dass es eine Finte darstellte und dass er im Grunde ein wiedervereintes Deutschland unter seiner Herrschaft erstrebte. Die Frage nach Westdeutschland, Ostdeutschland, Bundesrepublik, DDR hat uns sehr beschäftigt. Es gab auch verschiedene Institutionen, die sich bildeten. Zum Beispiel gab es eine juristische Gruppierung, die alle Unrechts-Tatbestände in der DDR aufarbeitete und regelrecht juristisch untersuchte, ob die Urteile, die in der DDR gefällt wurden, das waren ja vor allen Dingen Urteile, die gegen Mauerflüchtlinge und so gefällt wurden, ob die tatsächlich rechtlichen Bestand hatten oder nicht. Dann hat mich der Ungarn-Aufstand 1956 sehr berührt. Das war etwas, wo wir geradezu am Radio geklebt haben, um mitzubekommen, was da passierte, als der Einmarsch der Russen dann erfolgte. Das hat uns alles sehr bewegt.

Dann hat mich auch bewegt die Rückkehr des Saarlandes in die Bundesrepublik, ich glaube 1955. Das Saarland mit seinen wechselvollen Schicksalen, das mal zu Frankreich gehörte, dann im Nationalsozialismus sehr früh zu Deutschland. Nach dem Krieg kam es wieder unter das Protektorat der Franzosen, und schließlich kam eine freie Abstimmung, die Saarländer entschlossen sich also, sich der Bundesrepublik anzuschließen.

Dann hat mich auch sehr beeindruckt, dass 18 deutsche Atomwissenschaftler eine Protestnote formulierten, in der sie sich gegen die Produktion von Atomwaffen aussprachen. Und da ich sehr pazifistisch gesonnen war, und wir alle das Hiroshima-Ereignis über die Medien natürlich miterlebt hatten, war ich ganz besonders daran interessiert, dass diese Atomwaffen nicht gebaut wurden. Und es hat mich sehr gefreut. Das war, glaube ich, 1957.

Wahltag in Kiel, 1957,
Foto: Magnussen;
Stadtarchiv Kiel

Landespolitik hat mich interessiert, weil mein Elternhaus daran interessiert war. Mein Elternhaus war CDU-eingestellt, und die CDU hatte ja schnell nach der Währungsreform die Mehrheit errungen. Es gab eigentlich ohne Bruch oder Schwierigkeiten eine CDU-Regierung bis ans Ende der 50er und weit darüber hinaus. Das war für mich fast eine Selbstverständlichkeit. Das war eine bürgerliche Partei, eine bürgerliche Regierung, wir waren bürgerlich eingestellt. Insofern lief die Landespolitik „in den richtigen Bahnen". Was wir sehr gut fanden, war das „Programm Nord", das sich auf den Landesteil Schleswig erstreckte. Das war der Versuch, die etwas marginale wirtschaftliche Rolle Schleswigs zu verändern, vor allen Dingen durch zum Beispiel Flurbereinigung. Das heißt, dass die verschiedenen Grundstücke der Bauern zusammengelegt wurden und sie nicht mehr so viele Fahrwege hatten. Das war ein großes Programm, das an der Insel Föhr begann und an der Westküste langsam fortschritt. Dahinter stand auch der Gedanke, den Landesteil Schleswig „fit" zu machen für eine Auseinandersetzung mit dem dänischen Nachbarn. Nicht in einer „scharfen", sondern in einer Konkurrenz-Auseinandersetzung. Nach dem Krieg hatte eine ganze Reihe in Schleswig die dänische Partei gewählt, und dass das uns noch sehr in den Knochen steckte, sodass da etwas geschehen musste und man Schleswig stabilisieren musste, um nicht einen Rückfall in die dänische Orientierung wieder zu erleben. Also war dieses Programm Nord sehr wichtig. Dann kam noch hinzu die Bonn-Kopenhagener Erklärung von 1955, in der sich Dänemark und Deutschland gegenseitig versicherten, dass sie ihre Minderheiten schützen und fördern würden. Das war für uns ganz wichtig, denn die deutsche Minderheit oben in Nordschleswig hatte nach dem Zweiten Weltkrieg erheblich zu leiden, zum Teil wegen der Kooperation mit der deutschen Wehrmacht, zum Teil auch, weil Dänemark von Deutschland überfallen worden war. Und nun die Dinge zu bereinigen und der deutschen Minderheit das Recht zuzugestehen, sich voll entfalten zu können, das fanden wir damals sehr wichtig. Das war ein Teil der Landespolitik, die auch über Landesgrenzen hinaus in Bundesinteressen hinein reichte.

Frage: Haben Sie die Studentenszene der 50er als politisch in Erinnerung?

Die Studenten waren politisch sehr desinteressiert. Ich

tue wahrscheinlich denen, die sich damals engagiert haben, Unrecht. Ich kann mich nur erinnern, dass eine ganze Weile lang ein Verbindungsstudent der Vorsitzende des AStA war. Das stelle man sich heute mal vor. Er war es nun mal, und wir haben keinen Anstoß daran genommen. Ich bin nie Verbindungs-Student gewesen. Irgendwelche spontanen Aktionen seitens der Studentenschaft, daran kann ich mich überhaupt nicht erinnern. In dem Sinne eine Politisierung, wie sie in den Nach-68ern passierte, ist mir nicht in Erinnerung.

Peter W.: *Eigenartigerweise hat der Ost-West-Gegensatz bei uns kaum eine Rolle gespielt. Ich kann nicht sagen, dass wir da besonders beeindruckt waren. Das Gefühl einer Bedrohung hatten wir nicht. Man nahm das wahr, aber es gab keine unmittelbare Bedrohung. Es gab die so genannte 131er Regelung nach dem Paragraphen 131 des Grundgesetzes, nach dem die finanziellen Beschränkungen und die Einstellungsmöglichkeiten der Beamten, die parteipolitisch bei den Nationalsozialisten gewesen waren, aufgehoben wurden. Das heißt, die 131er konnten wieder in den Dienst zurückkehren. Und dann, natürlich mit einem gewissen Recht, eine Reihe von Leuten, die*

Bundespräsident Heuss besucht die Kieler Woche 1953, er ist zu sehen mit Landtagspräsident Ratz, Ministerpräsident Lübke, Stadtpräsident Schmidt und Oberbürgermeister Gayk, Foto: Magnussen; Stadtarchiv Kiel

unter den Nationalsozialisten gelitten hatten und die nun bevorzugt in Stellungen im öffentlichen Dienst eingestellt wurden.

Horst S.: *Für Politik hab' ich mich damals nicht so sehr interessiert, als Schüler schon gar nicht und als Student eigentlich auch nicht. Man war mit der politischen Entwicklung im Großen und Ganzen einverstanden. Man durfte ja erst ab 21 wählen.*

Ilse H.: *Als 1945 raus kam, was alles passiert war. Ich meine, wir waren ja Kinder, und die Eltern durften ja auch nicht viel sagen. Die Kinder plauderten nachher aus, da wären die Eltern ja abgeholt worden. Man musste ja äußerst vorsichtig sein, nicht. Meine Mutter, wenn die den Namen „Hitler" hörte, da saß die auf dem Kronleuchter! Die konnt' den Kerl nicht ausstehen! ... Und nachdem man dann erfahren hatte, was alles so passiert war und ... Nein! Ich hatte kein Interesse an Politik. Das muss ich Ihnen ganz ehrlich sagen. Ich hatte kein Interesse. Muss ich ganz ehrlich sagen, tue ich auch heute noch nicht viel. Ja, das Notwendigste, so mit der Wahl und so, verfolge ich schon, aber ansonsten ...*

Ruth M.: *Die Atombombe haben wir ja alle mitbekommen. Die deutsche Wiederbewaffnung! Das war ein Thema, da haben wir Diskussionen, Vorträge gehört. Wir hatten einen Lesekreis damals, da haben wir diskutiert. Ein Lesekreis in der Evangelischen Akademikerschaft. Da haben wir mit unseresgleichen, mit Leuten, die wir kannten und schätzten, unendlich diskutiert über die Wiederbewaffnung. Wir haben auch einen Brief geschrieben. Wir waren also Gegner! Unser politisches Vorbild war der spätere Bundespräsident Heinemann! Das war der Mann, an den wir uns politisch ein bisschen halten konnten.*

Obwohl auf der Potsdamer Konferenz der Beschluss zur vollständigen Entmilitarisierung gefasst wurde, kam es im Zuge des Kalten Krieges schon bald zu einer Wiederbewaffnung. Einen ersten Höhepunkt erreichte das Aufrüstungskonzept durch die Formierung zweier Armeen im Jahr 1956, der Bundeswehr auf der einen und der Volksarmee (NVA) auf der anderen Seite.

Friedrich M.: *Als die Wiederbewaffnung eingeführt wurde, haben wir an unserer Schule einen Brief geschrieben, und dann haben wir Unterschriften gesammelt von Schülern und Lehrern und die haben wir nach Bonn geschickt. Damals war's ja noch Bonn. Und haben gesagt: „Wir sind* *alles Menschen, die den Krieg noch erlebt haben, und wir wissen, was Krieg bedeutet, und deswegen sind wir gegen die allgemeine Wehrpflicht!" Die Deutschen sollten nie wieder – am Anfang hieß es doch: „Nie wieder Soldat!" –, und der Adenauer hat immer gesagt: „Wir werden nie wieder Soldaten haben!" Der Abgeordnete von Kiel hat uns auf den Brief geantwortet und hat sich gefreut darüber, dass es junge Leute gibt, die bewusst und aus Überzeugung gegen die Einführung der allgemeinen Wehrpflicht sind. „Ich bin auch dagegen, habe in Bonn auch dagegen gestimmt!", hat er geschrieben. Das war eine sehr lange Diskussion! Aber war ja nichts zu machen! Wir mussten ja wieder Soldaten haben während des Kalten Krieges und dann eben die Wiederbewaffnung!*

Großbritannien/USA: Die Alliierten als Besatzungsmacht

In den Jahren nach dem Zweiten Weltkrieg war die deutsche Bevölkerung in erster Linie darum bemüht, zu neuen bürgerlich geordneten Verhältnissen zu finden. Nach der zerstörerischen Politik der Nationalsozialisten begegneten die Alliierten den Deutschen weitgehend mit Misstrauen. Eine eigenständige Planung und Lenkung lehnten sie dementsprechend zunächst ab.
Der politische Kurs von Bundeskanzler Konrad Adenauer fügte sich der westlichen Blockbildung. Der Lohn dafür war eine sukzessiv vorangetriebene Rückgewinnung der politischen Autonomie. Im März 1951 verzichteten die Westalliierten darauf, die bundesdeutsche Gesetzgebung zu überwachen, und bis 1955 gaben sie schrittweise die Produktionskontrollen über die bundesdeutschen Schlüsselindustrien auf.
Trotz der britischen Besatzungszone wurde in Kiel bereits im Jahr 1950 die deutsche Magistratsverfassung wieder eingeführt. Die Besatzungsmacht forderte eine strenge Trennung zwischen der gewählten Stadtvertretung und der Verwaltung. Vor allem im Bereich der Kulturpolitik hielt sie sich zurück. Für die deutsch-britischen Kontakte wurde 1946 das britische Kulturinstitut „Die Brücke" an der Holstenbrücke eingerichtet, das dann ab 1953 über das Amerika-Haus lief. Ferner sollte auch die 1947 gegründete „Gesellschaft der Freunde Coventrys" den Um-

gang mit der Besatzungsmacht erleichtern, wo jedem Bürger ab 18 Jahren eine Mitgliedschaft zustand, dessen „aufrichtige Friedensgesinnung" zusammen mit seiner „demokratischen Zuverlässigkeit" von zwei Bürgern bestätigt werden musste. Darüber hinaus gaben die Briten mit ihren Zeitungen „Kieler Nachrichten-Blatt" und „Kieler Kurier" 1945/46 bereits einen Anstoß für die späteren Lizenzblätter „Kieler Nachrichten", „Schleswig-Holsteinische Volks-Zeitung" und „Norddeutsches Echo".

Das Verhältnis zu den Besatzungsmächten wird greifbar durch die Erinnerungen der Zeitzeugen:

Willi A.: *Für uns waren das die Siegermächte und nicht die Befreier. Wir haben sie nicht so geliebt, aber da waren sie. Ich weiß, als der Samba damals seiner Zeit aufkam, das war für uns etwas total Neues. Für uns waren das die Siegermächte und nicht die Befreier.*

Ursula A.: *Es ging mit den Carepaketen los. Ich weiß aus der Zeit nichts Negatives. Elvis Presley kam mit seiner Musik.*

Peter S.: *In den 50er Jahren war man den Amerikanern noch dankbar. Erst mit der Studentenbewegung in den 60er Jahren kam der Hass gegen Amerika auf. Alles, was aus Amerika kam, war sowieso gut, weil es uns auch meist voraus war. Deutschland baute erst einmal wieder auf. Aber die Neuentwicklungen kamen aus Amerika, die Mode kam zum Teil da her.*

Ute S.: *Wir kommen ja noch aus der Nachkriegsschulzeit mit der Schulspeisung. Die erste Schokolade nach dem Krieg kam aus Amerika, Cadbury!*

Gertrud K.: *Also damals waren wir noch begeistert. Ich hatte ja die Amerikaner kennen gelernt. Als sie bei uns einfielen, als sie uns übernommen haben, da war ich in Bremen. Aber also die Amis, erst erschienen sie uns wie kleine Wunder. Und wir fanden sie erst ganz toll, aber sehr oberflächlich.*

Reinhold K.: *Nur die Filme. Diese abgelaufenen Western, die sie drüben nicht mehr sehen wollten. Die haben sie denn hier rüber geschickt und so was, du, das haben wir uns denn angeguckt.*

Werner und Erika F.: *Wir fühlten uns nicht als Befreite, sondern als Besiegte. Und das ist auch heute noch so. Wir haben den Amerikanismus abgelehnt. Vor'm Russen hatte man Angst. Die angenehmste Besatzungsmacht waren die Engländer.*

Ruth und Friedrich M.:
F.: *Die Engländer waren hervorragend korrekt, anständig.*
R.: *Und zurückhaltend!*
F.: *Ja, mit Abstand.*
R.: *Sie hatten allerdings ihre Freundinnen, ihre Liebchen. Meine Eltern wohnten ja auf einem Gut. Und die Töchter von den Gutsarbeitern, die hatten alle englische Freunde. Aber das waren immer diese Schokoladenfreunde. Ja und für die Engländer war es angenehm! So waren die Verhältnisse!*
Ilse H.: *Als sie hier reinmarschierten, einfuhren mit Panzern ja praktisch, war ich bei meiner Tante. Die saß da alleine und war damals schon nicht mehr jung. Meine Mutter schickte mich, ich solle doch mal gehen und gucken, wie's der Tante geht und so weiter. Gegenüber von ihr war eine Fahrbereitschaft, das ist heut' aber nicht mehr. Und da hab' ich nur gesehen, wie die Panzer da vor rollten zur Fahrbereitschaft. Und da standen noch Soldaten, dass sie denen sofort die Armbanduhr abnahmen. Das werd' ich nie vergessen. Na, hier meine Freundin nebenan hat ja einen Engländer geheiratet. Sie ist jetzt schon 56 Jahre drüben.*
Kai S.: *Den Eindruck (einer Einflussnahme) hab' ich überhaupt nicht gehabt. Die USA waren ungeheuer weit von hier entfernt. Aus den USA hörten wir bestimmte Nachrichten, was in der Politik passierte, wie sie sich außenpolitisch verhielten gegenüber dem Ostblock usw. Im Übrigen gab es einige Abgeordnete hier im Landtag, die in die USA fuhren, um Demokratie am Ort kennen zu lernen. Das war ein Mekka damals, wo Politiker eingeladen wurden, und ab und zu hörte man, was die da erlebt hatten. Was für ein fremdes Land das war. Dann hatte ich einen Klassenkameraden, der sich bewarb für ein Austauschjahr und tatsächlich auch da gewesen ist. Und dieser Klassenkamerad kam zurück mit Erzählungen aus einer Welt, über die wir nur staunen konnten ... Das, was er erzählte, hat uns interessiert, aber nicht sehr berührt. Das einzige, was mich interessierte, war, dass er ein Magnetofon-Gerät mitbrachte. Das wussten wir aber nicht, als wir mit einer Runde von sechs oder sieben Leuten zusammen saßen und uns unterhielten. Und dann sagte er: „Wollt Ihr mal hören, was das Band eben aufgenommen hat?" Wir wussten gar nicht, was ein Magnetofon*

und die Lautsprecher und so waren. Also hat er es angestellt, und wir haben uns halb krank gelacht über unsere eigenen Stimmen, weil wir uns ja nicht wiedererkannt haben.
Und dann brachte er Magazine mit. Das heißt Prospekte, die die Warenhäuser raus gaben, und in denen einzelne Artikel aufgezählt wurden, die man kaufen konnte. Man ging also in Amerika wohl nicht nur in ein Geschäft, sondern man konnte auch über Warenkataloge etwas bestellen. Und das war sehr aufregend, was da für Dinge drin waren. Aber Amerika war weit weg, und von einer Amerikanisierung hab ich in den 50er Jahren nichts wahrgenommen.
Ruth und Friedrich M.:
R.: *Zunächst mal haben sie uns beim Überleben geholfen, die Amis. Politisch wollten wir und sollten wir ja Demokratie werden. Und die Amis hatten ja dann diese „moralische Aufrüstung", so hieß das damals. Persönlich habe ich nichts gemerkt vom amerikanischen Einfluss. Die Amis waren nicht unsere Feinde, sie gehörten mit zu den Befreiern nach unserer Auffassung. Wir hatten nichts gegen sie ... Der kulturelle Einfluss der USA, also diese Jazz-Geschichten und Pop, das kam ja später, die habe ich als negativ empfunden.*
F.: *Aber wir haben viel gelesen, viel amerikanische Literatur!*
R.: *Ja...*
F.: *Wir haben unendlich viele Amerikaner gelesen!*
R.: *Demokratie kannten wir beide ja nicht. Da haben wir gedacht, da können wir noch was lernen von den Amerikanern und noch mehr von den Engländern vielleicht. Es gibt ja auch sehr viele kritische amerikanische Schriftsteller, die las ich sehr gerne.*
Peter W.: *Mir ist eine Amerikanisierung des täglichen Lebens in Erinnerung geblieben. Zum Beispiel Kaugummi oder die ersten T-Shirts. Hawaii-Hemden, das war sehr eindrücklich. Aber keine Jeans, das gab's noch nicht so richtig. Mein Bild war positiv. Man hatte den Eindruck, dass eine Begegnung mit Ausländern, selbst wenn sie früher Besatzungsmächte waren, eine Bereicherung war. Das Amerika-Haus war Ecke Holstenstraße/Willestraße, da ist jetzt die Hypovereinsbank drin. Die machten sehr viele Vorträge, Musik-Veranstaltungen und Diskussionen. Und dann hatten sie eine große Presseabteilung, und mein*

Vater hatte den Vorteil, dass er von den vielen Exemplaren, die da zur Verfügung gestellt wurden, einen großen Stapel mit nach Hause bekam. Mein Amerika-Bild ist geprägt von diesen Zeitungen. Dann gab es noch den amerikanischen Marinehaarschnitt, der mich damals begeistert hat. Der war so kurz (zeigt weniger als einen cm). *Bei den deutschen Schnitten sagte man, denen setzt man einen Stahlhelm auf, und dann schneidet man mit der Maschine rund rum. Bei den Amerikanern war das so, dass die einmal quer über den Kopf geschoren wurden. Hinten stand das also etwas länger hoch, auf der Kopfhaut waren sie so dünne und vorne stand dann wieder so ein kleiner Ring rum. Das war also der Marineschnitt, den ich schon gut fand, und dann kam eine Zigarettenreklame auf, das muss schon Marlboro gewesen sein oder Camel, und da waren Burschen dabei, die cowboymäßig aussahen und auch ganz kurze Haare hatten, bis ich mir dann irgendwann mal sagen ließ, das sei ein Messerschnitt. Dann bin ich also zum Friseur, hab' dem das Bild mitgenommen und gesagt, ich möchte den Haarschnitt haben. Das heißt, das Haar wurde gewaschen und nass geschnitten mit einem Rasiermesser. Und dann gab*

das Amerikahaus
an der Holstenbrücke,
ca. 1954,
Foto: Magnussen;
Stadtarchiv Kiel

das innerhalb des Haares Stufenschnitte. Die Amerikaner haben also nicht politisch, sondern kulturell auf mich gewirkt.
Ruth M.: *Auch Literatur. Wir haben ja gelesen wie die Weltmeister! Damals auch schon. Alles, was wir nicht gekriegt haben, bei den Nazis, amerikanische Literatur. Und dann auch französische Literatur ... Wir hatten einen Nachholbedarf. Und es wurde natürlich auch viel angeboten von den Amerikanern ... Die Amerikaner waren damals ja nicht unbeliebt. Und es gab ja auch große Literatur, Hemingway und die Lewis-Geschichten. Es gab viele gute Sachen.*

Schlussgedanken

Auch wenn die Erzählschwerpunkte der Zeitzeugen in den Interviews unterschiedlich gelagert waren, gab es übereinstimmend positive Äußerungen zum Lebensgefühl und Optimismus der 50er Jahre.
Gertrud B.: *Das, was ich am meisten mit den 50er Jahren verbinde, ist der Aufbau von Kiel und die Sorge damals, wie das dann wohl weiter gehen sollte. Wie das wohl alles mal wird. Wir hatten ja gar nichts, also es war ja alles kaputt. An Kleidung, was wir auf dem Leib hatten, das hatten wir ja. Dann haben wir uns nach und nach immer Kleidung wieder angeschafft und so. Und wie wir geheiratet haben, ja, da waren wir dann glücklich und zufrieden. Dass wir uns nach und nach dann immer mal Möbel angeschafft hatten und so. Das Ziel war natürlich, dass wir alle gesund blieben und dann nachher runter von den Schulden kommen konnten. Dann lernten wir ja auch, wie ich schon sagte, viele Leute kennen, und ich war ja dann nachher froh, dass die Familie so zusammengehalten hatte. Ja, das war Aufbruchstimmung. Mit dem Ganzen, dass meine Eltern auch zu uns gehalten haben und immer recht gesund blieben. Ja, das war sehr schön: Die ganze Familie hat ja so zusammengehalten, dass man sich immer aufeinander verlassen konnte.*
Adolf V.: *Die Solidarität war damals viel größer als heute. Man hat sich eben gegenseitig geholfen. Nicht so wie heute: Jeder ist sich selbst am nächsten. So was gab das damals nicht. Ganz anders als heute.*
Charlotte W.: *Die Fünfziger? Das war ein kompletter*

Neubeginn für alle. Es war nicht immer eine leichte Zeit, aber ich habe fast nur schöne Gedanken daran. Es ging halt alles bergauf.

Werner und Erika F.: *„Gott sei Dank, der Krieg ist aus, es geht jetzt aufwärts!" Man hat positiv gedacht und konnte sich wieder auf die Zukunft freuen. So war die Stimmung damals.*

Gertrud K.: *Da war die Familie wichtig, da war die Arbeit wichtig, da war der Haushalt wichtig, ja, da waren Freunde sehr wichtig und was denn eigentlich noch? Ja, am wichtigsten war Geld verdienen, an sich ein neues Leben aufbauen, weil wir ja Flüchtlinge sind.*

Reinhold K.: *Wir haben natürlich unseren Spaß im Lager gehabt als Kinder. Und das ist ja auch das gewesen, was ich immer gesagt hab'. Es ist so viel Schlechtes da gewesen. O.K., wir haben Kohldampf gehabt, wir haben dies gehabt, wir haben das gehabt, aber wiederum war es so, wenn wir aus der Baracke raus gekommen sind, dann waren immer irgendwo welche Kinder, mit denen man zusammen spielen konnte. Wir hatten da unseren Spaß.*

Herbert P.: *Wir waren genauso wie die Jugend von heute. Nur etwas geschickter vielleicht. Und selbstständiger. Wenn wir unser Fahrrad nicht reparieren konnten, mussten wir halt laufen! Wir waren pfiffiger, wir waren sehr viel weiter, wir waren sehr viel reifer, wir waren sehr viel aufgeweckter. Das war nicht unbedingt, weil wir das von uns aus wollten, sondern weil wir das auch mussten. Mein Vater sagte, wenn wir was zu essen haben wollen, müssen wir Kaninchen halten, also müssen wir alle zusehen. Dann wurde ein Kaninchenstall selbst gebaut ... Wir waren früher viel selbstständiger, weil wir das auch einfach sein mussten. Wir haben das damals nicht als schlimm empfunden, als ich im Sommer dreizehnjährig zum Kartoffeln sammeln*

in den 50er Jahren
hatte die Familie
eine große Bedeutung,
vor allem für die Vertriebenen;
im Hintergrund der Aufnahme
ist der alte Signalturm
am Hindenburgufer zu sehen;
Priv.-Bes.

ging. Für zehn Tage Arbeit habe ich mir mein Fahrrad selbst verdient. Ich hatte Glück, viele mussten das erarbeitete Geld zu Hause abgeben.

Ute S.: *Wir haben nicht gelitten, das war unsere Jugend. Das war unsere schönste Zeit!*

Horst S.: *Wir haben damals ganz bewusst den Frieden genossen. Dass wir in einem langsam wachsenden Wohlstand lebten und uns satt essen konnten. Dass wir uns kleiden und in zunehmendem Maße auch ins Ausland fahren konnten. Dass wir auch studieren konnten, kurzum: Wir hatten den Eindruck, dass es aufwärts ging und dass wir an dieser Aufwärtsentwicklung beteiligt waren. Eine Zeit, in der wir ein kontinuierliches Elternhaus hatten, anders als im Krieg, da waren wir fast immer getrennt. Man hatte zum ersten Mal das Gefühl, in einer Familie zu leben.*

Willi A.: *Es ging aufwärts, dieses Wort kann man für alles nehmen. Es ging immer aufwärts. In den 50er Jahren kamen wir von 30 m² auf nun 128 m². Aufwärts ging es mit den Kindern, aufwärts ging es mit dem Einkommen. Es festigte sich alles. Die ersten Autos kamen schon für den Normalsterblichen. Alle, die uns in der Familie ab 1948/49 erhalten geblieben sind, die sind alle über die 50er und 60er Jahre hinaus denn bei uns geblieben.*

Kai S.: *Viele Familien waren ja auch nicht nur durch Vertreibung, Flucht, Verlust des Arbeitsplatzes geschädigt, durch Bomben beeinträchtigt usw. Das alles wollte man nun hinter sich haben und in den 50er Jahren nicht mehr so viel darüber nachdenken, was gewesen war. Irgendwie ist es aus der heutigen Sicht verständlich. Wir wissen, dass es ein Eskapismus war, der Versuch, die schreckliche Vergangenheit wieder los zu werden. Wenn also eine Aufarbeitung stattgefunden hätte, z. B. in Filmen, Literatur, glaube ich, hätten die Leute nicht mehr die Kraft gehabt, einen Wiederaufbau zustande zu bringen. Wenn man innerlich so verunsichert war und immer wieder gemahnt wird, dass man Unrecht getan hat, und dann die Ärmel aufkrempeln soll und wieder Wohnraum schaffen soll, Fabriken aufbauen, das ist wahrscheinlich nicht möglich.*

Heinz S.: *Allgemein möchte ich zu den 50ern sagen, dass es schon ein anderes Lebensgefühl war. Wir hatten zwar nicht viel, aber wir waren froh, dass wir uns hatten. Außerdem hatten wir ja viel schlimmere Zeiten durchge-*

macht und waren froh, dass diese vorbei waren und wir nun in einer Demokratie lebten. Auch war es ein ganz anderes Gemeinschaftsgefühl, man lebte mehr zusammen und nicht jeder für sich.

Ruth M.: *Ich wollte nur sagen, dass man also immer Hoffnungen hatte.*

Friedrich M.: *Ja, Ruth, du kommst aus einem frommen Haus, deine Eltern waren auch fromm, dann haben wir hier die Studentengemeinde gehabt. Das war doch für uns ein großer Halt in dieser kaputten Welt, wo alles zertrümmert war. Dass da irgendwas ist, wo man das Gefühl hat, das ist ja nicht das Letzte! Die Trümmer sind nicht das Letzte!*

Ruth M.: *Ich war immer froh, wenn ich nach dieser schrecklichen Nazizeit die Ansätze von Menschlichkeit gesehen habe. Und die habe ich gesehen! Und erlebt! Und man hat sich auch bemüht, selber menschlich zu sein. Das war für mich das Allerwichtigste!*

Literatur
Andersen 1999
Haus der Geschichte 1996
Jensen1985
Jensen/Wulf 1991
Reimers 1999
Schildt 2002
Schuran 2004
Statistisches Landesamt 1951/57
Strobel 2002
Wildt 1993

Quellen und Literatur

Quellen

Görsdorf/Böhmert 1952 Ruth Görsdorf und Gerhard Böhmert: Die Schaufenster-Dekoration. Das Fachbuch der Schaufenster-Dekoration und der Werbung für den gesamten Einzelhandel. Nürnberg o. J. (1952)

Hausbuch 1950 Hausbuch für die deutsche Familie. Hg.: Bundesverband der deutschen Standesbeamten e.V. (Kieler Ausgabe). Frankfurt/M. 1950

Horn 1952 Erna Horn: Der neuzeitliche Haushalt. Ein Führer durch die gesamte Küche und Hauswirtschaft aus der Versuchsküche Buchenau. Kempten (Allgäu) 1952

Schittenhelm 1958 Rosemarie Schittenhelm: Von Tag zu Tag. Das große Mädchenbuch. (1. Aufl. 1954) 19. Aufl. Stuttgart 1958

Schöpflin o.J. Mit Rat und Tat. Ein Schatzkästlein für die Hausfrau. Hg.: Deutschlands volkstümliches Großversandhaus Schöpflin Haagen o.J.

Statistisches Landesamt 1951/57 Statistisches Landesamt Schleswig-Holstein (Hg.): Statistisches Jahrbuch Schleswig-Holstein 1951 und 1957. Kiel 1951/1957

Usinger/Heeren 1956 Hans Usinger und Bodo Heeren: Moderne Schaufenster-Werbung. Essen 1956

Wisdorf 1951 Josef Wisdorf (Hg.): „Von mir aus kanns los gehen!" Unter Mitarbeit von Marianne Latacz, Waltraut Schmitz-Bunse und Rosemarie Harbert. Köln 1951

Wisdorf 1952 Josef Wisdorf (Hg.): „Mein Beruf". Unter Mitarbeit von Hildegard Seidel. o. O., o. J. (1952)

Zeitschriften: Berliner Illustrierte Zeitschrift, Drei/Bertelsmann, Beyers Mode, Constanze, Film und Frau, Günther (Mode), Ihre Freundin, Münchner Illustrierte, Praline, Stimme der Frau. Jg. 1950 - 1963

Literatur

Andersen 1999 Arne Andersen: Der Traum vom guten Leben. Alltags- und Konsumgeschichte vom Wirtschaftswunder bis heute. Frankfurt/M. 1999

Århundredets genstande 2000 Århundredets genstande – Dinge des Jahrhunderts. Eine dänisch-deutsche Ausst. zu den Jahren 1900-1999 im frühen Herzogtum Schleswig. Red.: Axel Johnsen und Heinrich Mehl. O. O., 2000

Borngräber 1979 Christian Borngräber: Stil novo. Design in den 50er Jahren. Phantasie und Phantastik. Frankfurt 1979

Ingeborg Bruhn-Günter: Eva im Nylonland. Die Lebensbedingungen der Frauen in den 50er Jahren. (Ausst.-Kat.) Itzehoe 1991 **Bruhn-Günter 1991**

Christian Degn: Schleswig-Holstein – eine Landesgeschichte. Historischer Atlas. Neumünster 1994 **Degn 1994**

Jutta De Jong: „... und die Wäsche, die war schwarz, ja, wie die Kohle!" Zur Wechselwirkung zwischen männlicher Arbeitswelt und weiblicher Arbeitserfahrung in Bergarbeiterfamilien am Beispiel des Waschens. In: Helming/Scheffran 1988, S. 69-75 **De Jong 1988**

Angela Delille und Andrea Grohn: Blick zurück aufs Glück. Frauenleben und Familienpolitik in den 50er Jahren. Berlin 1985 **Delille/Grohn 1985**

Hannsferdinand Döbler: Kleidung Mode Schmuck. Kultur und Sittengeschichte der Welt. München, Gütersloh, Wien 1972 **Döbler 1972**

Alois Döring und Heidi Gansohr-Meinel: Wäschewaschen im Rheinland – Ergebnisse einer Bestandsaufnahme. In: Helming/Scheffran 1988, S. 12-30 **Döring/Gansohr-Meinel 1988**

Werner Faulstich (Hg.): Die Kultur der fünfziger Jahre. München 2002 **Faulstich 2002**

Heinz Fuchs und François Burkhardt: Produkt Form Geschichte. 150 Jahre deutsches Design. Eine Ausstellung des Instituts für Auslandsbeziehungen Stuttgart. Stuttgart 1985 **Fuchs/Burkhardt 1985**

Hermann Glaser: Kulturgeschichte der Bunderepublik Deutschland. 3 Bde. Bd. 2: Zwischen Grundgesetz und Großer Koalition 1949-1967. München, Wien 1986 **Glaser 1986**

Hermann Glaser: Die 50er Jahre. Deutschland zwischen 1950 und 1960. Hamburg 2005 **Glaser 2005**

Endlich Urlaub! Die Deutschen reisen. (Ausst.-Kat.) Hg.: Haus der Geschichte der Bundesrepublik Deutschland. Köln 1996 **Haus der Geschichte 1996**

Elisabeth Helming und Barbara Scheffran (Red.): Die Große Wäsche. (Ausst.-Kat.) Köln 1988 **Helming/Scheffran 1988**

Jürgen Jensen und Peter Wulf (Hg.): Geschichte der Stadt Kiel. Neumünster 1991 **Jensen/Wulf 1991**

Nikolaus Jungwirth und Gerhard Kromschröder: Die Pubertät der Republik. Die 50er Jahre der Deutschen. Reinbek bei Hamburg 1983 **Jungwirth/Kromschröder 1983**

Almut Junker: Damenhaft und sexy 1945-1960. In: Almut Junker und Eva Stille: Zur Geschichte der Unterwäsche 1700-1960. (Ausst.-Kat.) 3. Aufl. Frankfurt/M. 1988, S. 352-366 **Junker 1988**

Karasek 2006	Hellmuth Karasek: Sehnsucht nach dem Happy End. In: Der Spiegel 3/2006, S. 72-80
Karstadt 1956	Die Frau von gestern und heute. Sonderausgabe zum 75. Geschäftsjubiläum der Rudolf Karstadt AG. Hannover 1956
Karstadt 1981	Karstadt Magazin. Jubiläumsausgabe 1881-1981. 2/1981
Kat. Bonn 1999	Künstliche Versuchung. Nylon – Perlon – Dederon. (Ausst.-Kat.) Hg.: Stiftung Haus der Geschichte der Bundesrepublik Deutschland. Red.: Eva Rommerskirchen. Köln 1999
Kat. Hamburg 2005	Martin Faass: Die Fünfziger Jahre. Alltagskultur und Design. Hg.: Museum für Kunst und Gewerbe Hamburg. Hamburg 2005
Kat. Kiekeberg	Nils Hansen, Giesela und Rolf Wiese (Hg.): Kinderträume. Zur Geschichte der Kindheit von der Nachkriegszeit bis zur antiautoritären Erziehung (1945-1970). Ehestorf 1992
Kat. Stuttgart 1974	Schaufenster – Die Kulturgeschichte eines Massenmediums. (Ausst.-Kat.) Red.: Tilman Osterwold sowie Ilse Czigens und Franziska Schmitt. Stuttgart 1974
Keitz 1997	Christine Keitz: Reisen als Leitbild. Die Entstehung des modernen Massentourismus in Deutschland. München 1997
Krüger 1986	Rudolf Krüger: Schulstunde Null in Schleswig-Holstein. Aus dem Alltag der Volksschule in den ersten Nachkriegsjahren (1945-1948). Kiel 1986
Kuhn 1991	Bärbel Kuhn: Die Kehr-Seite der Geschichte. Frauenalltag im Saarland im 20. Jahrhundert. In: Hermann Heidrich (Hg.): Biographieforschung. (Tagungsband) Bad Windsheim 1991, S. 151-167
Kuhn 1989	Robert Kuhn: Die Warenwelt der 50er Jahre. In: Johannes Potente, Brakel. Design der 50er Jahre. Hg.: Franz Schneider Brakel (FSB). Lüdenscheid 1989, S. 25-37
Kunstalmanach 1953	Schri Kunst schri. Ein Almanach alter und neuer Kunst. 1954. Baden-Baden 1953
Lakotta 2006	Beate Lakotta: „Getrauert wurde nie". Die seelischen Verwundungen der Heimkehrer. In: Spiegel special 1/2006, S. 40-41
Lehmann 1983	Johannes Lehmann (Hg.): Unterwegs durch unser Jahrhundert. Die fünfziger Jahre. Stuttgart-Weilimdorf 1983
Leinemann 2006	Jürgen Leinemann: Vorboten der Revolte. Die Jugend in den fünfziger Jahren und erste Proteste gegen autoritäre Gängelungen. In: Der Spiegel 4/2006, S. 46-56

Peter T. Lenhart: Die Welt auf meinem Teller. Bemerkungen zu einer Archäologie des Geschmacks am Exotischen. In: Herbert May und Andreas Schilz (Hg.): Gasthäuser. Geschichte und Kultur. Petersberg 2004, S. 273-286	**Lenhart 2004**
Angelika Lipinski: Geliebte Zelluloid Puppen. München 1990	**Lipinski 1990**
Ingrid Loschek: Reclams Mode- und Kostümlexikon. Stuttgart 1987	**Loschek 1987**
Birgit Mandel: „Amore ist heißer als Liebe". Das Italien-Urlaubs-image der Westdeutschen in den 50er und 60er Jahren. In: Spode 1996, S. 147-162	**Mandel 1996**
Jutta Matz: Moderne Leuchten. In: Jutta Matz und Heinrich Mehl. (Hg.): Vom Kienspan zum Laserstrahl. Zur Geschichte der Beleuchtung von der Antike bis heute. (Ausst.-Kat.) Husum 2000, S. 74-80	**Matz 2000**
Dieter-J. Mehlhorn: Architekturführer Kiel. Berlin 1997	**Mehlhorn 1997**
Uwe Meiners: Zurück zur Figur. Unterwäsche im Zeichen des Wirtschaftswunders. In: Uwe Meiners (Hg.): Korsetts und Nylon-strümpfe. Frauenunterwäsche als Spiegel von Mode und Gesellschaft zwischen 1890 und 1960. (Ausst.-Kat.) Oldenburg 1994, S. 75-103	**Meiners 1994**
Wolfram Metzger und Jutta Tremmel-Endres: Traumwelten der Fünfziger Jahre. Puppenwelt und Wirklichkeit. (Ausst.-Kat.) Karlsruhe 1996	**Metzger/Tremmel-Endres 1996**
Heinz Oestergaard: Mode für Millionen. Bestände aus dem Berlin Museum. (Ausst.-Kat.) Hg.: Berlin Museum. Bearb.: Christine Waidenschlager. Tübingen, Berlin 1992	**Oestergaard 1992**
Barbara Orland: Wäsche waschen. Technik- und Sozialgeschichte der häuslichen Wäschepflege. Reinbek bei Hamburg 1991	**Orland 1991**
Bernd Polster und Olaf Meyer: Braun. 50 Jahre Produktinnovationen. Köln 2005	**Polster/Meyer 2005**
Horst Reimers: Von der Kaiserkrone zum CinemaxX. Die Geschichte der Kieler Filmtheater. Husum 1999	**Reimers 1999**
Barbara Scheffran: Wohnküche, Waschküche und Waschhaus. In: Helming/Scheffran 1988, S. 60-68	**Scheffran 1988**
Axel Schildt: „Die kostbarsten Wochen des Jahres". Urlaubs-tourismus der Westdeutschen (1945-1970). In: Spode 1996, S. 69-85	**Schildt 1996**

Schuran 2004	Ingrid Schuran u.a.: Gelebte Zeit. Alltag von Kindern und jungen Erwachsenen in den 20er, 30er und 40er Jahren. Erinnerungen und Fotografien aus Kiel-Gaarden. Kiel 2004
Schuwirth 2005	Gesa T. Schuwirth: Design des Alltags. Einrichten – Feiern – Schenken. In: Kat. Hamburg 2005, S. 12-17
Siepmann 1981	Eckhard Siepmann (Hg.): Bikini. Die fünfziger Jahre. Kalter Krieg und Capri-Sonne. Fotos – Texte – Comics – Analysen. Berlin 1981
Spiegel special 2006	Spiegel special – Das Magazin zum Thema. Die Spiegel-Serie: Die 50er Jahre. Vom Trümmerland zum Wirtschaftswunder. 1/2006
Spode 1996	Hasso Spode (Hg.): Goldstrand und Teutonengrill. Kultur- und Sozialgeschichte des Tourismus in Deutschland 1945 bis 1989. Berlin 1996
Strobel 2002	Ricarda Strobel: „Im Petticoat am Nierentisch": Architektur, Mode und Design. In: Faulstich 2002, S. 111-144
Thomas 1981	Karin Thomas: Bis heute. Stilgeschichte der bildenden Kunst im 20. Jahrhundert. 6. Aufl. Köln 1981
Weber-Kellermann 1989	Ingeborg Weber-Kellermann: Die Kindheit. Kleidung und Wohnen, Arbeit und Spiel. Eine Kulturgeschichte. Frankfurt/M. 1989
Wildt 1993	Michael Wildt: Abschied von der „Fresswelle" oder: die Pluralisierung des Geschmacks. Essen in der Bundesrepublik Deutschland der fünfziger Jahre. Alois Wierlacher u.a. (Hg.): Kulturthema Essen. Ansichten und Problemfelder. Berlin 1993, S. 211-225
Wildt 1996	Michael Wildt: Vom kleinen Wohlstand. Eine Konsumgeschichte der fünfziger Jahre. Frankfurt/M. 1996
Wingler 1975	Hans M. Wingler: Das Bauhaus. 1919-1933 Weimar Dessau Berlin und die Nachfolge in Chicago seit 1937. (1. Aufl. 1962) 3. verb. Auflage Schauberg 1975
Wodarz 1998	Corinna Wodarz: 50er Jahre-Alltagsdesign. Oldenburg 1998
Wöhler 2002	Karlheinz Wöhler: Endlich wieder urlauben. Urlaub in den fünfziger Jahren als Phänomen der Moderne. In: Faulstich 2002, S. 263-275
Zimmers 1995	Barbara Zimmers: Geschichte und Entwicklung des Tourismus. Trier 1995